"国家重点基础研究发展计划（973）项目"成果书系

特大跨桥梁安全性设计 | Tedakua Qiaoliang Anquanxing Sheji
与评定基础理论丛书 | yu Pingding Jichu Lilun Congshu

总主编　张建仁

Structural Health Monitoring Based on
Piezoelectric Sensing

基于压电传感的结构健康监测

霍林生　宋钢兵　张建仁　著

人民交通出版社股份有限公司
北京

内 容 提 要

本书从压电陶瓷的基本理论出发,全面介绍了基于压电陶瓷的各种传感技术及其在重大土木工程结构健康监测中的应用。具体内容包括:压电陶瓷的基本理论、种类、主动及被动监测技术;粘贴式和嵌入式压电陶瓷传感器的力学模型;压电传感监测中的"拍"现象及基于"拍"的冲击方向识别方法;基于压电陶瓷传感技术的时间反演理论及其在结构健康监测方面的应用;压电智能垫片及螺栓松动的监测;基于压电传感技术的混凝土早期强度、密实度、裂缝以及钢-混凝土界面剥离等方面的监测。

本书可作为从事土木、压电专业的教学、科研和施工技术人员以及高等院校教师、研究生和高年级本科生的参考书。

图书在版编目(CIP)数据

基于压电传感的结构健康监测 / 霍林生,宋钢兵,张建仁著. — 北京 : 人民交通出版社股份有限公司,2021.12

ISBN 978-7-114-16949-6

Ⅰ.①基… Ⅱ.①霍… ②宋… ③张… Ⅲ.①压电陶瓷—应用—土木工程—工程结构—监测 Ⅳ.①TU317 ②TM282

中国版本图书馆 CIP 数据核字(2020)第 227128 号

Jiyu Yadian Chuangan de Jiegou Jiankang Jiance

书　　名:基于压电传感的结构健康监测
著　作　者:霍林生　宋钢兵　张建仁
策划编辑:孙　玺
责任编辑:王　丹　李　晴
责任校对:孙国靖　魏佳宁
责任印制:张　凯
出版发行:人民交通出版社股份有限公司
地　　址:(100011)北京市朝阳区安定门外外馆斜街 3 号
网　　址:http://www.ccpcl.com.cn
销售电话:(010)59757973
总 经 销:人民交通出版社股份有限公司发行部
经　　销:各地新华书店
印　　刷:北京虎彩文化传播有限公司
开　　本:787×1092　1/16
印　　张:15.25
字　　数:390 千
版　　次:2021 年 12 月　第 1 版
印　　次:2021 年 12 月　第 1 次印刷
书　　号:ISBN 978-7-114-16949-6
定　　价:90.00 元

(有印刷、装订质量问题的图书由本公司负责调换)

前　言

自 19 世纪 80 年代居里兄弟在石英晶体上发现压电效应以来,压电材料的研制和应用范围越来越广。压电陶瓷因其造价低廉,以及频率响应范围宽等优点,在土木工程结构健康监测领域广泛应用,并取得了丰硕的研究成果。基于压电陶瓷的结构健康监测方法可分为被动监测和主动监测两类。被动监测不需要外部提供能量,而是依靠结构构件在外荷载作用下的应力波特性进行损伤判断。主动监测需要外部提供能量来判断结构所处的状态。

压电技术经过 100 余年的发展,压电材料现已广泛用于传感器元件中,例如地震传感器,力、速度和加速度的测量元件以及电声传感器等,形成了一个庞大的产业和一个稳定的研究领域。在结构健康监测方面,虽然目前基于压电陶瓷传感器的结构损伤监测方法众多,但主要为两种结构耦合方式,即粘贴式和嵌入式。然而,目前这两种方式的动态应变传递机制的研究都忽略了黏结层对传感器动态特性的影响,黏结层的材料性质和厚度对传感器动态应变传递机制的影响尚不能确定,力学模型也不完善。此外,由于混凝土中应力波的衰减和频散效应严重,压电陶瓷最高激振频率一般在 400kHz 以下,监测范围也受限,这些都是影响压电陶瓷在大体积混凝土结构中应用的重要因素。

针对以上问题,虽然有一部分学者尝试解决这些问题,但是研究成果散见于各种文献资料中。笔者多年从事智能材料在结构健康监测方面的研究,发表有关研究论文几百余篇,有将研究成果及散见于文献中的论文重新整理成书的想法。本书力图从结构健康监测的角度介绍压电陶瓷传感器技术的基础理论、方法及实际应用。全书分为 9 章,第 1 章为绪论,系统介绍了压电材料、压电效应和压电方程及主动和被动监测技术;第 2 章考虑了黏结层对压电传感器动态特性的影响,对粘贴式和嵌入式压电传感器的黏结层的材料性质和厚度进行了深入全面的研究;第 3 章主要叙述了压电"拍"现象的数学解析式及其在冲击方向识别中的应用;第 4

章系统介绍了时间反演理论,对混凝土中的波动特性和吸收特性进行了分析;第5章利用互相关函数和支持向量机方法对桁架结构试验进行了研究;第6章详细介绍了压电在螺栓松动监测方面的应用,同时运用分形接触理论对螺栓松动特性进行分析;第7章介绍了压电陶瓷在钢筋锈蚀监测中的应用;第8章对压电陶瓷材料在混凝土早期强度、密实度、裂缝以及钢-混凝土界面剥离等方面的监测成果进行了系统而详细的介绍;第9章运用压电陶瓷声发射信号与结构振动信号对钢筋混凝土梁和框架结构进行了多功能监测。

本书是作者及其合作者多年研究工作的总结,其中参与编写工作的有已毕业的博士李旭和梁亚斌,硕士田振和李传波,在读博士生陈冬冬、高伟航、樊黎明、段瑶瑶、陈超豪、王靖凯、尤润州、黄辰、赵楠、周玲珠等。在编写过程中,硕士生刘煜、何枭、王忆泽、成昊等进行了大量的整理和校对工作。研究工作得到国家重点基础研究发展计划(973 计划)(2015CB057704)和国家自然科学基金项目(52178274)资助,在此表示深深的谢意。本书在编写过程中引用了一些公开出版和发表的文献,在此谨向文献作者一并表示感谢。希望本书的出版能够对从事结构健康监测以及压电传感技术领域的科研和工程技术人员、高校相关专业的师生有所帮助。

鉴于作者水平有限,书中难免有疏漏之处,恳请读者批评指正。

作　者

2019 年 8 月

目 录
Contents

第1章 绪 论

1.1 结构健康监测

结构健康监测技术由 20 世纪 50 年代发展而来,是通过有线或无线传感器实时在线监测,形成智能的神经系统,以感知结构的力学性能和整体、局部的变形等相关信息,利用有效的损伤识别智能算法对结构的状态作出评估和损伤预警[1]。一个完整的结构健康监测系统包括软件单元和硬件单元[2]。软件单元包括损伤模型和损伤识别算法,硬件单元本质上指传感器和配套的数据采集、处理系统。相比传统的无损检测技术,结构健康监测系统包括诊断和预警两部分。诊断的目的是在结构运营的整个时间区间,提供不同部分组成材料和结构整体运营状态的过程,对损伤的发生及其位置和程度作出提示。预警过程被用于估算结构的破坏程度和损伤后的残余寿命。因此,结构健康监测不仅仅是无损检测技术的发展,还是传感器、智能材料、数据传输、计算模型、结构内部的处理能力的集成。

概括地说,结构健康监测系统包括如下部分:

(1)被监测结构,即结构健康监测系统的实施对象;

(2)传感器子系统;

(3)数据采集子系统;

(4)信号处理系统;

(5)损伤模型和损伤识别算法;

(6)数据传输和存储机制;

(7)数据处理和管理机制。

因此,结构健康监测是一个多学科交汇发展的领域,包括力学、材料学、电学的发展。结构健康监测的各学科组成如图 1-1 所示[3]。

结构健康监测系统主要通过传感器系统进行数据采集,并对采集到的数据进行诊断,判断损伤发生与否、损伤位置、损伤程度,并对结构进行健康状况评估[4]。近年来,越来越多的大型结构工程采用结构健康监测技术,使得健康监测的规模越来越大。

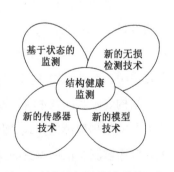

图 1-1 结构健康监测的各学科组成

结构健康监测系统流程图如图 1-2 所示。

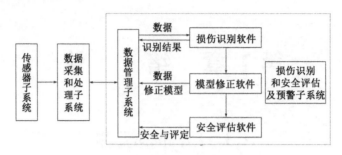

图 1-2　结构健康监测系统流程图

国内外围绕结构健康监测及其相关技术已开展了若干年的研究,取得了较丰硕的成果。结构健康监测的内涵就是利用智能传感技术,实时获取服役中的结构的运营信息并处理、评定结构的性能。作为一项较成熟的技术,结构健康监测既要有对结构状态的监测功能,又能对结构可能出现的状态有自适应控制能力;能充分利用先进的智能传感驱动器、数据传输、信息处理、材料结构力学建模方法、有限元及人工智能等技术在线实时提取与结构健康状态相关的损伤响应特征(如应力、应变、振动模态、裂纹、应力波传播特性等),及时发现损伤并进行损伤程度评定、损伤定位与损伤预警。

根据不同研究和应用领域的特点,结构健康监测系统的要求各不相同。一个完整的结构健康监测系统包括理论分析与建模、实时在线健康监测、损伤识别与分析、状态评估与预警等部分,如图 1-3 所示[5]。其能够完成损伤是否发生、损伤发生的区域、损伤程度的确定、结构安全性评定、剩余使用寿命预测、自适应控制等多个层次的监测任务。结构健康监测的研究主要集中在先进传感驱动元件的性能研究与开发,智能传感驱动器的布置及数量优化,利用响应数据直接进行损伤识别,在线损伤识别及非线性损伤识别,小损伤识别及信息的高效传输,结构损伤机理及损伤识别理论,基于信号处理的损伤识别智能算法建立,基于多学科交叉的结构状态评估理论、损伤预警及实际工程中的应用研究。结构健康监测系统应具有如下特性:监测设备集成性,监测系统自动化性,稳定可靠性,数据采集、传输与处理同步性,监测数据分析共享性,系统远程网络访问性,人财物力节约性,系统运行高效性,以及损伤早期的发现性、识别算法的准确性,结构智能诊断与评估的便捷性、实时性,损伤提前预警性,措施采纳及维护及时性,经验总结系统性、完善性。结构健康监测系统的核心是智能传感器和驱动器。目前的研究主要集中在对其结构、电学、材料参数等进行理论与设计方法研究以及自身性能的优化研究。

结构健康监测技术所涉及的具体方法,可以依据不同的监测方式、原理、范围和时间进行分类[6]。依据监测的方式,即是否发射监测信号,结构健康监测方法可分为被动健康监测和主动健康监测。依据监测的原理,结构健康监测方法可分为基于压电智能传感驱动器波动理论,基于应力、应变分布,基于结构振动分析,基于主动波和基于机械阻抗的结构健康监测方法等。依据监测的范围,结构健康监测方法可分为局部健康监测和全局健康监测。依据监测时间,结构健康监测方法可分为长期健康监测和短期健康监测。

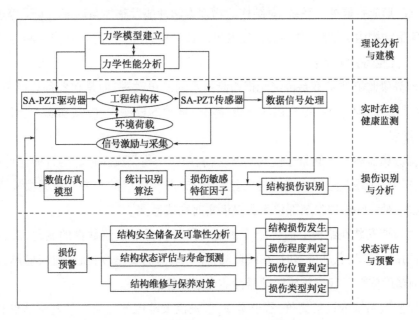

图1-3 结构健康监测系统的组成框图

结构健康监测系统在土木工程中应用较早的是桥梁结构[7]。到20世纪90年代,由美国结构健康监测研究小组提出并建立了Benchmark结构,为结构健康监测的深入研究提供了有效的试验平台。此后,英国、丹麦、瑞士、韩国、日本等国家分别开始对桥梁结构服役状况开展研究,并安装了实时有效的健康监测系统,如佛罗里达州的斜拉桥、英国的三跨变高度连续钢箱梁桥等。

在国内,到20世纪90年代中期,结构健康监测的研究与应用得到了快速发展,先后在航天高科和攀登计划等重大项目中开展了大型结构体系监测的探索性研究,并陆续得到了广泛应用,取得了监测信息完整、监测内容全面、监测仪器多样、监测理论与方法先进等诸多卓越的成果。近年来,随着科学技术的发展,健康监测系统已不再局限于一些大型桥梁结构。在国外,一些经济发达地区将健康监测系统扩展到高层建筑、大型复杂结构的监测研究。在国内,欧进萍等[8]利用无线传感器健康监测网络系统对深圳地王大厦、松花江斜拉桥等工程项目开展健康监测研究,其研究成果大大提升了我国重大工程结构智能健康监测系统及技术在国际上的领先地位。

结构健康监测技术适用于所有类别结构的监测,尤其可针对土木工程这一大项。对土木工程结构来说,结构监测技术可监测结构在严重破坏、灾难下的实时损伤,监测结构在长时间人为破坏或整个大环境变化下的损伤,最终得到结构监测的具体信息,能有效地为以后的结构监测程度标准作参考,更重要的是可以得到结构的剩余使用价值。

结构健康监测技术是智能材料与结构研究的重要分支之一[9,10]。结构健康监测技术融合了大量无损检测技术的方法,并加以创新性研究和应用。通过粘贴式或埋入式传感驱动器与结构完美集成,形成智能神经系统,对结构的物理力学性能及整体与局部的变形等进行在线监测、感知和预报结构内部缺陷,并在遇到突发事故或危险环境时,能实时控制和调节结构继续正常工作。其优越特性如下:

(1)结构健康监测技术不是传统无损检测技术的简单改进,而是在各种环境条件下,运用现代化传感设备与技术,由广泛采用的离线、静态、被动的检测向在线、动态、实时的监测与损伤识别方向发展。

(2)结构健康监测技术侧重于监测的概念,利用同结构集成在一起的智能元件(如压电传感器)长期、实时、在线监测和预报结构的健康状态,而非事后的检测。而无损检测技术侧重于检测的概念,对一些结构隐蔽部位无法提供实时在线监测。

(3)通过长期安装在结构上的智能传感驱动器所获得的监测数据的变化,对各种环境下服役中的结构的健康状态进行实时、在线监测,并对结构的安全性进行评价,监测数据具有连贯性,其识别精度依赖于智能传感驱动器性能和解释算法。

(4)健康监测系统的设备简单,易于实现,可提供大范围的监测。其监测结果和分析结论可以提高研究人员对复杂结构的认识,为设计和建造标准提供技术支持。

1.2 压电材料

压电材料以其集传感和驱动性能于一身的独特优越性,已经成为结构健康监测领域广泛研究和应用的智能材料之一。以压电陶瓷(PZT)为代表的压电智能材料,因其造价低廉、频率响应范围广、易裁剪等优势,在土木工程结构健康监测领域有着广阔的应用前景。

1.2.1 压电材料的分类及优越性

20世纪80年代智能材料兴起。智能材料是指能自发感知外部环境条件或内部状态变化,并随之采取一定措施进行适度响应的材料,具有自我诊断、自我调节和自我修复的特征[11]。智能材料在土木工程领域的应用,极大地促进了结构健康监测技术的发展。

依据功能特点,智能材料可分为感知材料和驱动材料[12]。感知材料是对外界环境和内部状态变化具有感知功能的材料,如光导纤维、碳纤维等。驱动材料是能够对外界环境和内部状态作出响应的材料,如形状记忆合金、磁流变材料、电致伸缩材料等。

具有压电效应的压电材料,经常被用作传感元件和驱动元件。近年来,压电半导体可用于微声技术,用于制作换能器的材料,其研究发展速度很快。压电材料在机电转换和声学延迟方面已获得广泛使用。压电材料被用来制造各种传感器,此外,还有许多其他用途。

压电材料是一种集感知功能和驱动功能于一身的智能材料。自19世纪80年代居里兄弟在石英晶体上发现压电效应以来,压电材料的研制和应用范围越来越广。按照材料成分,压电材料主要分为无机压电材料、有机压电材料(压电聚合物)和复合压电材料等,如图1-4所示[13]。

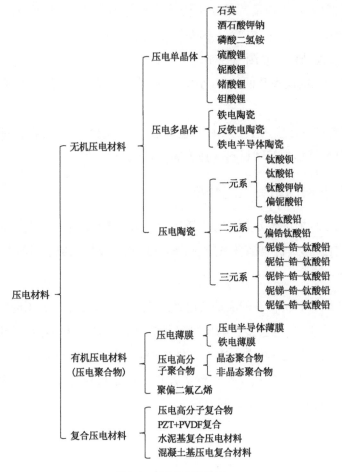

图1-4 压电材料的分类

以压电陶瓷为代表的压电材料在智能材料与结构中的应用,表现出了明显的优越特性:

(1)具有正、逆压电效应,同时兼备传感与驱动双重功能,既可作为传感器,也可作为驱动器,可减少监测设备的使用数量,使用更加便捷。

(2)输入和输出均为电信号,具有良好的线性关系,响应速度快,灵敏度高,易于测量和观测,便于及时采取有效措施。

(3)长期稳定性好,位移控制精度高。一般压电陶瓷单片响应时间在5ms以内。相对整个智能系统而言,压电材料的动态特性可以忽略。通电状态下可以得到连续变形量。在微小电压驱动下,输出的位移值可达到纳米级。对结构初始阶段损伤及整体微小变化较敏感,且测量不依赖模型分析,精度能够满足结构健康监测的要求。

(4)具有高频率特性、宽频响范围。自由状态下的工作频率可达到100kHz,高频运动输出效果好,荷载输出大,最大输出力可达到 10kN 以上。

(5)压电材料质量轻,造价低,易于加工和剪裁,能以较大块的形式使用,也可以小块形式使用。组合灵活,既可以粘贴在结构表面,也可以埋入结构中。

(6)在结构控制中,加工成薄片的压电传感器不需要参考点,作驱动器时不需要支承点,其附加质量和刚度小,可实现同位控制,避免测量值超出量程范围,增强了结构控制的可靠性和实用性,适用于柔性结构的监测与控制。

(7)随着配套的二次仪表及低噪声、小电容、高绝缘电缆的出现,压电材料还具有噪声小、发热小、低能耗等特点。

当然,压电材料本身在应用上也存在一些不足,如应变量小、材质脆、易碎、抗冲击能力差、与基体材料集成时容易影响基体材料的强度等。

1.2.2 压电材料的相关性能参数

压电材料的众多性能参数是其具有广泛用途的重要基础。表征其性能的参数主要有压电常数、介电常数、弹性常数、机电耦合系数、频率常数、机械品质因数、介质损耗及居里温度等。

1. 压电常数

压电常数是压电材料所特有的表征压电效应强弱的参数,反映了压电陶瓷介电性与弹性间的"力与电"的耦合关系,也直接影响压电陶瓷传感器与驱动器的输出灵敏度。压电常数与机械边界条件(如应力、应变)和电学边界条件(如电场强度、电位移)有关。通常表征压电常数的物理参数有压电应力常数 e、应变常数 d、压电常数 g 和刚度常数 h,其中压电常数 g、应变常数 d 比较常用,且两者之间存在如下关系:

$$g = \frac{d}{\varepsilon} \tag{1-1}$$

式中:ε——介电常数。

2. 介电常数

介电常数是表征压电材料介电或极化性质的性能参数,用 ε 表示。当压电材料的形状、尺寸一定时,介电常数 ε 可以通过测量压电陶瓷的电容 C_s 来确定,其关系为:

$$\varepsilon = \frac{C_s h}{A_p} \tag{1-2}$$

常以相对介电常数 ε_r 表示压电材料常数,ε_r 可以表示为:

$$\varepsilon_r = \frac{\varepsilon}{\varepsilon_0} \tag{1-3}$$

式中:ε——介电常数,(F/m);

ε_r——相对介电常数,无量纲;

C_s、A_p——压电陶瓷的电容、面积；

h——压电陶瓷的厚度；

ε_0——真空介电常数，$\varepsilon_0 = 8.85 \times 10^{-12}(\text{F/m})$。

随着机械条件的不同，介电常数通常用自由介电 ε^T 和夹持介电 ε^S 常数来表述。当考虑振动方向时，则有两个独立的介电常数，即 $\varepsilon_{11} = \varepsilon_{22} \neq \varepsilon_{33}$。

3. 弹性常数

压电陶瓷除了具有介电特性以外，还具有一般弹性体的弹性特征，即服从胡克定律。压电材料的弹性特征一般用弹性常数来描述，通常用短路弹性柔顺常数 s^E 和刚度常数 c^E 以及开路弹性柔顺常数 s^D 和刚度常数 c^D 表示。

4. 机电耦合系数

机电耦合系数表征压电体机械能与电能互相转换的耦合效应，用 K 表示。机电耦合系数定义为压电晶体所吸收的能量与输入能量之比的平方根，即：

$$K^2 = \frac{\text{机械能转化为电能获得的能量}}{\text{输入总机械能}} \quad \text{（正压电效应）} \tag{1-4}$$

$$K^2 = \frac{\text{电能转化为机械能获得的能量}}{\text{输入总电能}} \quad \text{（逆压电效应）} \tag{1-5}$$

对于不同的构件，在不同的振动模式下，会有不同的耦合系数。一般包括 4 个基本耦合系数：

（1）平面耦合系数 k_p：结构属于薄圆片，在其厚度方向上，当做径向伸缩振动时，结构所显示的机电耦合效应参数为 k_p。

（2）横向耦合系数 k_{13}：结构属于细长条，在其厚度方向上，当做长度伸缩振动时，结构所显示的机电耦合效应参数为 k_{13}。

（3）纵向耦合系数 k_{33}：结构属于细棒，在其长度方向上，当做长度伸缩振动时，结构所显示的机电耦合效应参数为 k_{33}。

（4）厚度切变机电耦合系数 k_{15}：结构为矩形板，其极化方向沿长度方向，且垂直于激励电场方向，当做厚度切变振动时，结构所显示的机电耦合效应参数为 k_{15}。

5. 频率常数

频率常数是压电体的谐振频率与决定谐振线性尺寸的乘积，通常用 N 表示，即：

$$N = f_r l \text{ 或者 } N = f_r d \tag{1-6}$$

式中：f_r——谐振频率；

l、d——压电振子主振方向的长度和直径。

6. 机械品质因数

机械品质因数是表征压电材料内部能量耗散程度的参数,用 Q_m 表示。由等效电路原理,Q_m 定义为:

$$Q_m = 2\pi \frac{E_1}{E_2} \tag{1-7}$$

式中:E_1——压电振子储存的机械能;

E_2——一个周期内损耗的机械能。

由于 Q_m 越大,能量耗散越小,因此,在实际应用中应该选择 Q_m 较大的压电材料。

7. 介质损耗

对于任何电介质来说(包括压电材料在内),如果受到交变电场作用,或者长时间工作,就会出现发热现象。介质内部发生了某种能量的耗散能够很好地解释这种现象——介质损耗现象。介质损耗是表征介质品质的一个重要指标。

当对压电陶瓷材料施加外加交变电场时,其内部所积累的电荷可以分为两种:一种为有功部分,命名为同相;另一种为无功部分,命名为异相。同相部分的产生是由于电导过程,而异相部分的产生是由于介质的弛豫过程。介质损耗的定义就是异相与同相的比值,一般用 $\tan\delta$ 表示,其中 δ 为介质损耗角。介质损耗是衡量材料性能的重要依据。一般来说,介质损耗越小,材料性能也就越好。

8. 居里温度

对于压电陶瓷材料来说,其压电效应只出现在某一温度范围之内,当压电陶瓷在一临界温度 T_c 开始发生结构相转变时,这一临界温度 T_c 就是居里温度。

1.2.3　压电材料的电学、力学性能

压电体受到外力作用,除了产生应力和应变外,在压电体表面还会产生电位移,其中,电位移 D 和电场强度 E 的关系可以表示为:

$$D = \varepsilon E \tag{1-8}$$

式中:E——电场强度矢量,(V/m);

D——电位移矢量,(C/m²)。

压电体的力学性能用应力 T 和应变 S 来表示,描述了机械力和机械变形的关系,在弹性范围内,根据胡克定律,二者关系满足:

$$T = cS \tag{1-9}$$

式中:c——弹性刚度常数矩阵,(N/m²),其逆矩阵为弹性柔顺常数矩阵,用 s 表示,(m²/N);

T——应力矢量,(N/m²);

S——应变矢量,无量纲。

由正压电效应可知,当压电体在外力作用下发生变形时,虽然没有电场作用,却在表面产生异号电荷,则电位移 D 与应变 S 的关系可表示为:

$$D = eS \tag{1-10}$$

式中:e——压电应力常数矩阵,(C/m^2)。

根据逆压电效应,应力 T 和电场强度 E 的关系可表示为:

$$T = e^T E \tag{1-11}$$

式中:e^T——e 的转置矩阵。

1.3 压电效应原理及应用

1.3.1 正、逆压电效应

具备压电效应是压电材料的一个显著特点。压电效应最早在石英晶体上发现,体现了介质弹性性质与介电性质的耦合。压电效应分为正压电效应和逆压电效应两种,如图 1-5 所示。由于晶体在外力作用下发生变形,在晶体内产生电荷极化的现象称为正压电效应。利用正压电效应可制作测量应变、应力等物理量的传感器,以及接收弹性波的换能器。对压电晶体施加电场作用而使晶体外部产生应力或应变的现象称为逆压电效应。利用逆压电效应可制作超声波的换能器、驱动器等。

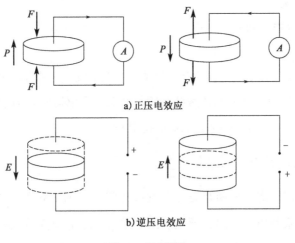

a) 正压电效应

b) 逆压电效应

图 1-5 压电效应

1. 正压电效应

当外力作用到压电晶体时,其会发生形变,而在其表面上会出现正、负电荷,随之而来的是出现极化强度。这种情况就是在外力作用下,压电材料产生了形变,而形变又导致产生极化现象,这种现象就叫作正压电效应。当对各向异性晶体施加应力 T_j(相应的应变为 S_j)时,各向异性晶体将会在 X、Y、Z 3 个方向出现极化强度,且与 T_j 成正比,即:

$$P_m = d_{mj}T_j \text{、} P_m = e_{mj}S_j \tag{1-12}$$

式中:d_{mj}、e_{mj}——压电应力常数与压电应变常数;

　　　　P_m——电荷面密度。

2. 逆压电效应

当外加电场作用到压电晶体时,其会发生极化现象,不仅如此,压电晶体还会出现形变,这种现象就叫作逆压电效应。这种现象出现的原因是,当对压电晶体施加外加电场时,其内部会产生应力,即压电应力,然后压电应力又会使其内部产生压电应变。存在如下关系:

$$S_i = d_{nj}E_n \text{、} T_j = e_{nj}T_n \tag{1-13}$$

或者

$$S = a^{\mathrm{T}}E \text{、} T = e^{\mathrm{T}}E \tag{1-14}$$

式中:a^{T}、e^{T}——a 和 e 的转置矩阵;

　　　　S_i——应变场;

　　　　T_j——应力场;

　　　　S——应变;

　　　　T——应力;

　　　　E_n——电场强度;

　　　　T_n——应力强度;

　　　　d_{nj}——压电应力常数;

　　　　e_{nj}——压电应变常数。

压电陶瓷不仅具有一般介质材料的介电性能和弹性性能,还具有压电性能。由晶体学观点可知,晶体材料的物理性质与晶体的微观结构密切相关,而晶体成为压电体需具备 3 个条件,即必须是电介质、无对称中心、内部必须有正负电荷中心。

1.3.2　压电效应的物理机制

压电性是压电晶体内部结构所具有的自发极化状态。图 1-6 表征了 F_x 方向作用力与压电电偶极矩分布的关系及压电性简化原理。由于原始的压电陶瓷呈现各向同性而不具有压电性,为使其具有压电性,需将其置于强电场(一般是 $100 \sim 170℃$,$20 \sim 30kV/cm$ 直流电场)下进行人工极化。

压电陶瓷中产生的放电或充电现象是通过其内部极化强度的变化引起电极面上自由电荷的释放或补充来实现的。图 1-7 揭示了压电陶瓷的电畴极化及压电晶体产生压电效应的微观机理。

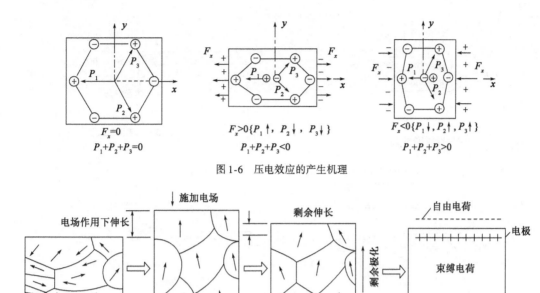

图 1-6 压电效应的产生机理

图 1-7 压电陶瓷电畴极化

通俗地讲,正压电效应就是当只把外力施加到压电材料上,其上下表面会产生电位差;反之,逆压电效应就是当只把外加电场施加到压电材料上,其内部会产生机械应力。进一步研究发现,对于正压电效应,当外力属于高频振动时,压电材料内部产生的电流也属于高频电流;相反,对于逆压电效应,当外加电场属于高频率电场时,压电材料内部就会产生机械振动。

1.3.3 压电振子的振动模式

压电体一般被制成各种形状并覆盖激励电极的压电陶瓷晶片,称为压电振子。压电振子是最基本的弹性体压电元件,具有多个固有振动频率。压电材料的力电转换效应就是通过压电振子在某种特定条件下产生机械振动来实现的。根据极化方向与振动方向的关系,压电振子可以产生各种振动模式。通过对压电振动模式进行分析,可以更加深入地了解压电元件的物理参数与工作原理。图 1-8 为常见的压电振子的振动模式。

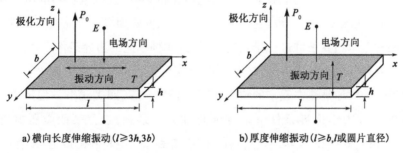

a) 横向长度伸缩振动($l \geqslant 3h, 3b$)   b) 厚度伸缩振动($l \geqslant b, l$或圆片直径)

图 1-8

11

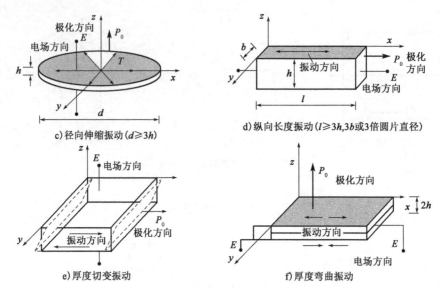

c) 径向伸缩振动($d \geqslant 3h$)   d) 纵向长度振动($l \geqslant 3h, 3b$ 或3倍圆片直径)

e) 厚度切变振动   f) 厚度弯曲振动

图1-8   压电振子的振动模式

1.4 压 电 方 程

压电材料可以制成各种不同形状以满足实际需要,但是在实际应用中压电材料所处的电学边界条件和机械边界条件是不同的。因此,对于处在不同机械和电学边界条件下的压电材料而言,应选取与之相对应的自变量和因变量来表达压电方程。

压电材料的边界条件有两种:机械边界条件和电学边界条件[14]。其中,机械边界条件又有两种:机械夹持和机械自由;电学边界条件也有两种:电学开路和电学短路。当压电材料的中心被固定,且压电材料的可变形边界不受约束时,压电材料边界的应力为零,而应变不为零,此类边界条件即为机械自由边界条件[15]。当压电材料的可变形边界受到刚性夹持时,压电材料的可变形边界是不可以自由变形的,因此可变形边界的应变为常数,但应力不为常数,这种边界条件为机械夹持边界条件。压电材料的电学边界取决于压电材料的几何形状、电路情况和电极设置。当压电材料内部的电场强度为常数,而压电材料的电位移不为常数时,即为电学短路边界条件。如果压电材料的电极上的自由电荷保持不变,且压电材料的电位移矢量为常数,则压电材料的电场强度不为常数,这样的电学边界条件称为电学开路边界条件。将两种机械边界条件和两种电学边界条件进行排列组合,得到4种不同的边界条件[16,17]。

根据力学边界条件和电学边界条件的不同,对应可分为四类压电方程[18]。其中,第一类压电方程是根据热力学原理建立起来的独立方程,而第二、三、四类压电方程是由第一类压电方程在不同的电学和力学边界条件下推导演化而来。第一、二、三、四类压电方程分别见式(1-15)~式(1-18),式中,S 表示压电材料的应变,T 表示压电材料的应力,E 表示电场强度,D 表示电位移。

$$\begin{bmatrix} S \\ D \end{bmatrix} = \begin{bmatrix} \boldsymbol{s}^E & \boldsymbol{d}^{\mathrm{T}} \\ \boldsymbol{d} & \boldsymbol{\varepsilon}^{T} \end{bmatrix} \begin{bmatrix} T \\ E \end{bmatrix} \tag{1-15}$$

式中：$\boldsymbol{s}^E$——短路弹性柔顺常数矩阵；

$\quad \boldsymbol{\varepsilon}^{T}$——自由介电常数矩阵；

$\quad \boldsymbol{d}$——压电应变常数矩阵；

$\quad \boldsymbol{d}^{\mathrm{T}}$——$d$ 的转置矩阵。

第一类压电方程的边界条件是机械自由和电学短路边界条件；自变量为应力 T 和电场强度 E；因变量为应变 S 和电位移 D。

$$\begin{bmatrix} T \\ D \end{bmatrix} = \begin{bmatrix} \boldsymbol{c}^E & -\boldsymbol{e}^{\mathrm{T}} \\ \boldsymbol{e} & \boldsymbol{\varepsilon}^{S} \end{bmatrix} \begin{bmatrix} S \\ E \end{bmatrix} \tag{1-16}$$

式中：$\boldsymbol{c}^E$——短路弹性刚度常数矩阵；

$\quad \boldsymbol{\varepsilon}^{S}$——夹持介电常数矩阵；

$\quad \boldsymbol{e}$——压电应力常数矩阵；

$\quad \boldsymbol{e}^{\mathrm{T}}$——$e$ 的转置矩阵。

第二类压电方程的边界条件是机械夹持和电学短路边界条件；自变量为应变 S 和电场强度 E；因变量为应力 T 和电位移 D。

$$\begin{bmatrix} S \\ E \end{bmatrix} = \begin{bmatrix} \boldsymbol{s}^D & \boldsymbol{g}^{\mathrm{T}} \\ \boldsymbol{g} & \boldsymbol{\beta}^{T} \end{bmatrix} \begin{bmatrix} T \\ D \end{bmatrix} \tag{1-17}$$

式中：$\boldsymbol{s}^D$——开路弹性柔顺常数矩阵；

$\quad \boldsymbol{\beta}^{\mathrm{T}}$——自由介电隔离率矩阵；

$\quad \boldsymbol{g}$——压电电压常数矩阵；

$\quad \boldsymbol{g}^{\mathrm{T}}$——$g$ 的转置矩阵。

第三类压电方程的边界条件是机械自由和电学开路边界条件；自变量为应力 T 和电位移 D；因变量为应变 S 和电场强度 E。

$$\begin{bmatrix} T \\ E \end{bmatrix} = \begin{bmatrix} \boldsymbol{c}^D & \boldsymbol{h}^{\mathrm{T}} \\ -\boldsymbol{h} & \boldsymbol{\beta}^{S} \end{bmatrix} \begin{bmatrix} S \\ D \end{bmatrix} \tag{1-18}$$

式中：$\boldsymbol{c}^D$——开路弹性刚度常数矩阵；

$\quad \boldsymbol{\beta}^{S}$——夹持介电隔离率矩阵；

$\quad \boldsymbol{h}$——压电刚度常数矩阵；

$\quad \boldsymbol{h}^{\mathrm{T}}$——$h$ 的转置矩阵。

第四类压电方程的边界条件是机械夹持和电学开路边界条件;自变量为应变 S 和电位移 D;因变量为应力 T 和电场强度 E。

1.5　基于压电传感的被动监测技术

被动监测方法仅仅利用压电材料的感知功能被动接收外部信号来构筑结构健康监测系统。这种方法可用作结构的动态应力和应变监测、振动测试以及声发射监测。

1.5.1　压电传感器的动态应力、应变测量及其应用

对于压电传感器的应变、应力测量和应用,具典淑等[19]研究了 PVDF 压电薄膜应变传感器的应变传感特性,并分析了 PVDF 尺寸、制作和粘贴工艺对传感器灵敏度的影响,结果表明,PVDF 压电薄膜应变传感器制作工艺简单,适用于土木工程的动态应变测量。Song 等[20]开发了一种集料大小的嵌入式压电陶瓷传感器,称为"智能集料",如图 1-9 所示。将智能集料埋置在混凝土内构建了超载车辆桥梁撞击监测系统,结果表明,撞击能量和传感器信号幅值呈线性关系,可有效应用于公路桥梁的安全性监测。张海滨[21]开发了一种应用压电陶瓷、环氧树脂胶和大理石制作的新一代"智能集料",并用其监测混凝土框架的地震应力。湖南大学的李立飞[22]、刘益明[23]制作了嵌入式压电陶瓷应力传感器,并开展了对混凝土结构内部动态应力的研究。

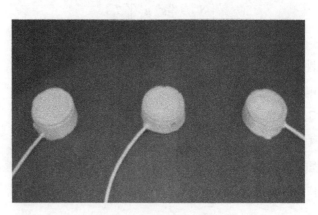

图 1-9　"智能集料"实物图

1.5.2　基于压电传感器的振动测试和损伤识别方法

压电陶瓷传感器由于其良好的动态性能,适用于基于振动理论的结构损伤识别中。Tzou[24]建立了作用于悬臂梁结构,用于系统识别和振动控制的分布式压电陶瓷传感器系统。杨晓明[25]将水泥基压电陶瓷传感器埋入一跨两层一榀的混凝土框架模型中,用于测量结构的

动力响应。Wang 等[26]将 PVDF 粘贴于悬臂钢梁表面,用于对悬臂梁结构的模态识别,在冲击荷载的激励下,分析的结果与用有限元方法得到的结果相符,其试验示意图和结果如图 1-10 所示。

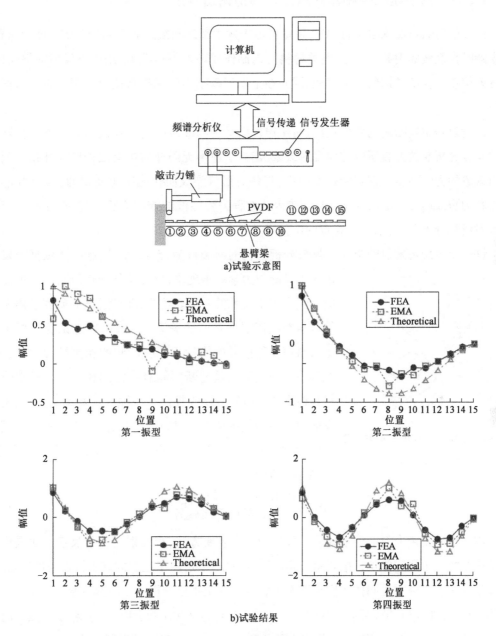

图 1-10 应用压电薄膜传感器的悬臂梁结构的模态识别试验

对于冲击荷载的识别,周晚林等[27]提出了一种基于人工神经网络的压电智能薄板的荷载识别方法。Ciampa 提出了一种复合材料板的冲击源定位和 A_0 模态 lamb 波的群速度识别方法。首先,利用连续小波变换的平方和获得精确的 lamb 波的到达时间,再通过线性搜索的牛顿迭代法与多项式回溯技术结合,从而求解非线性方程组,得到冲击源的坐标和群速度。该方法不需要预先知道传播介质的性质。

1.5.3　基于压电传感器的声发射损伤识别方法

声发射(Acoustic Emission,AE)是材料由于发生断裂和缺陷而引起局部应变能快速释放,产生瞬时弹性波的现象[28]。压电类材料可以制作成声发射传感器,用于声发射的损伤评估。声发射信息可反映结构的破坏过程,因此在土木工程结构的无损检测以及损伤识别方面应用广泛[29]。

声发射是材料断裂的伴生现象,对于声发射行为与断裂间的关系,Lysak 等[30-32]从断裂力学的角度分析裂纹开裂所致的声发射现象,建立了由半无限介质中有限裂纹尺寸拓展引起声发射现象的力学模型。在其所建模型中,将任意形状裂纹简化成同等面积的、半径为 r_0 的硬币形状的裂纹(penny-shaped crack),其运动方程为弹性波的控制方程。通过 Laplace 变换和求解对偶积分方程,可求得任意点的位移场。

许多学者用声发射的统计参数来分析材料的断裂行为,秦四清、李造鼎[33]依据声发射测

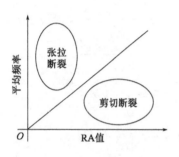

图 1-11　JCMS-Ⅲ B5706 的断裂模式分类方法

试原理及断裂力学基本理论,导出了低脆性岩石声发射总数与应力强度因子关系的一般表达式,并通过试验研究了声发射事件数与裂纹拓展增量间的关系。Landis 通过试验分析了混凝土材料声发射信号的能量与断裂能间的相关性,结果表明,水泥砂浆的声发射能量与断裂能有一定的相关性。日本建筑与材料标准 JCMS-Ⅲ B5706 提供了一种基于概率的方法,利用声发射信号平均频率和上升时间的统计分布,确定钢筋混凝土内部的断裂模式,其原理如图 1-11 所示,其中 RA 数值如式(1-19)所示。

$$RA = \frac{声发射信号的上升时间}{声发射信号的峰值} \tag{1-19}$$

震源机制是声发射应用于地震学领域的一个重要方法,声发射矩张量反演方法是声发射震源机制的一个研究热点。矩张量分析源于地震学领域,由于地震的许多特点与声发射相似,地震学的许多研究方法同样适用于声发射领域。在矩张量分析中,t 时刻在场点 x 处 i 方向的位移 $u_i(x,t)$ 如式(1-20)所示。其中,$G_{ij,k}(x,t,\xi,0)$ 为格林函数,表示由 j 点处(ξ 点 0 时刻 j,k 方向)的点源在 i 处(x 点 t 时刻)产生的位移场,$M_{jk}(\xi,t)$ 表示断裂源的矩张量,$S(t)$ 为断裂源的时间函数。Ohtsu 等[34]、Yuyama 等[35]将矩张量分析引入声发射震源机制的研究中,并依据矩张量方法反演计算混凝土中的声发射源的位置。Groose 等[36]利用声发射的定位技术,定量地评估了混凝土试件的断裂区域。Schechinger 等[37]用声发射技术监测钢筋混凝土梁四点

弯曲的破坏过程,得到了裂纹区域的演化过程。刘培洵等[38]提出根据远场 P 波反演声发射的矩张量算法,并分析了花岗岩单轴压缩试验的声发射源特征。

$$u_i(x,t) = \int_F G_{ij,k}(x,t,\xi,0) m_{jk} * S(t) \, \mathrm{d}S \tag{1-20}$$

结构的破坏过程伴随着数量巨大的声发射事件。声发射事件的统计参数,如声发射事件数、振铃数、持续时间、上升时间、声发射信号能量等常被用于土木工程结构的损伤评估中,Yuyama 等[39]相继开展了钢筋混凝土构件加载破坏的声发射试验,通过声发射信号参数的统计信息随加载或断裂的变化情况来评估损伤。Ohtsu 等[40]、纪洪广等[41]、朱宏平等[42]提出了声发射速率理论,用于定量评估实际混凝土结构损伤。

根据声发射的 Kaiser 效应,日本无损检测协会(JSNDI)提出了一种 NDIS-2421 标准,用于评估钢筋混凝土结构的损伤情况,即利用两种参数(声发射活动率和加载速率)的分布来评估损伤,如图 1-12 所示[43]。其中加载速率和声发射活动率如式(1-21)所示。另外一种常用的统计声发射事件数和幅值分布的方法为 b 值法[44]。该方法源于地震学,用于捕捉微裂纹从形成到宏观拓展的过程,监测试验模型以及全尺寸结构的裂纹开裂及损伤状况。

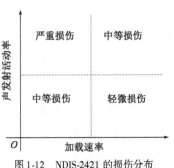

图 1-12 NDIS-2421 的损伤分布

$$加载速率 = \frac{声发射活动时的荷载值}{上一循环周期的峰值荷载}$$

$$声发射活动率 = \frac{卸载阶段的累计声发射活动数}{上一循环荷载周期总的声发射活动数} \tag{1-21}$$

1.6 基于压电传感的主动监测技术

在实际研究和应用中,主要有两种方法可以实现基于压电材料的主动健康监测,即阻抗分析方法和压电波动分析方法。

1.6.1 阻抗分析方法

阻抗分析方法是机电耦合效应在结构健康监测领域的应用之一。基于阻抗分析方法的结构健康监测的原理是:当结构处于一种稳定的状态时,结构的机械阻抗是稳定不变的。一旦结构所处的状态发生改变,则结构的机械阻抗也会发生相应的变化。因此,可以通过监测结构机械阻抗值的变化去判断结构的健康状态是否出现改变,从而可以实现对结构健康状况的监测[45]。结构的机械阻抗值很难被直接量测,因此可以将压电陶瓷传感器粘贴在结构表面或者埋置在结构内部,通过监测压电陶瓷传感器的电阻抗变化来反映结构机械阻抗的变化。图 1-13 为基于压电阻抗分析法的结构健康监测的一维模型。

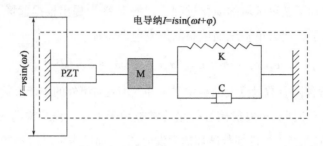

图 1-13 基于压电阻抗分析法的结构健康监测的一维模型

Liang 等[46]利用压电阻抗分析法,通过测量销钉连接部位的阻抗变化来测量销钉连接位置处的荷载大小,试验结果表明,基于压电阻抗分析的技术可以成功地用于监测销钉连接在实际中的负载状态。此外,Liang 等[47]通过测量型钢混凝土组合结构的阻抗变化去监测型钢与混凝土之间的黏结滑移行为,试验结果表明,压电阻抗分析技术可以成功地用于监测型钢与混凝土之间的黏结滑移行为,型钢与混凝土之间的黏结滑移会明显影响阻抗的大小,因此,压电阻抗分析法可以有效地监测黏结滑移行为的产生与发展。Lu 等[48]利用压电阻抗分析法监测预应力锚杆的预应力变化,试验结果表明,基于压电阻抗分析法可以有效地监测岩石预应力锚杆中预应力的退化行为。

1.6.2 压电波动分析方法

基于压电波动分析方法的结构健康监测的原理是:将压电传感器合理布设于结构上(粘贴于结构表面或者埋置于结构内部),对一个压电传感器进行激励,产生应力波,应力波经介质传播后,由另一个压电传感器接收,然后可以通过分析结构健康状态变化前后压电传感器接收到的应力波的变化去识别结构的损伤,为监测结构健康状态提供参考。结构缺陷和损伤的产生将会引起应力波的幅值、能量、模态、波速、传播路径及传播时间等发生变化[49]。基于波动法的结构健康监测原理图如图 1-14 所示。

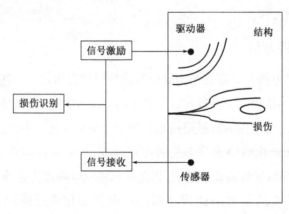

图 1-14 基于波动法的结构健康监测原理图

基于波动法的结构健康监测技术最早应用于金属或者复合材料之中,其中以 Lamb 波为基础的波动法监测方式在板状结构损伤监测中的应用最为广泛[50]。例如,Lu 等[51]采用压电陶瓷片去激励和接收 Lamb 波,在铝板上实现了损伤成像。而基于波动法的结构健康监测技术在土木工程领域的应用最早是在 20 世纪 90 年代后期。1998 年美国田纳西大学的 Kawiecki 等将两个压电陶瓷片分别粘贴于混凝土梁的两端来监测混凝土梁的模拟损伤,发现混凝土梁模拟损伤的大小和位置与系统的传递函数、自然频率等相关特性之间存在特定关系。在国内,武汉理工大学的孙明清等[52]将压电陶瓷片粘贴于混凝土结构的表面,研究了混凝土介质中应力波的传播规律。基于波动法的结构健康监测具有监测区域大、可选取多种类型的激励信号等特点,因此特别适用于混凝土结构的健康监测,近年来引起大家的广泛重视。针对压电陶瓷片的易碎特点,Song 等[53]提出了"智能集料"的概念,将压电陶瓷片用大理石加以封装,可以更好地适应混凝土介质的高盐碱环境,并与混凝土保持良好的相容性。Jiang 等[54]采用波动法监测了后张法预应力管道的灌浆密实度,结合小波分析理论,将信号能量作为监测指标,取得了良好的效果。Zeng 等[55]基于压电波动法,采用剪切型压电智能集料激励产生剪切型应力波,监测型钢混凝土组合结构的黏结滑移行为,试验结果表明,采用剪切型应力波可以很好地实现型钢与混凝土之间黏结滑移行为的监测,可以准确地监测到黏结滑移的发生与发展过程。Luo 等[56]采用压电波动法并结合飞行时间质谱分析技术,监测了 FRP 管道的混凝土灌浆密实度,取得了良好的试验效果。Wang 等[57]基于压电波动法,利用压电智能集料去监测土壤的冻融变化过程,试验结果表明,基于压电波动法可以有效地实现土壤冻融循环变化过程的监测。但是,由于压电波动分析法容易受到噪声干扰,所以在土木工程中的应用受到一定限制。因此,利用压电波动分析法监测土木工程结构的健康状态时,应对信号进行抗噪处理。

1.7 本书内容简介

本书详细介绍了压电陶瓷材料在结构健康监测方面的理论依据和实践应用。首先,针对广泛使用的压电传感器提出了其一般力学模型。结合时间反演理论,对介质,尤其是土木工程常用的混凝土中时间反演波动特性和混凝土对应力波吸收特性进行了研究,提出了基于瑞利阻尼的波动衰减模型。其次,应用互相关函数以及支持向量机方法,结合压电传感器,对桁架结构损伤识别进行研究,同时应用 Benchmark 模型进行数值分析。应用压电陶瓷传感器,对螺栓松动进行监测。基于分形接触理论,对螺栓松动机理进行研究,提出了基于分形接触理论的压电耦合效应模型。基于压电传感技术,对钢筋锈蚀进行初步探究,结合数值仿真,进行钢筋锈蚀位置监测。再次,针对混凝土的早期强度、裂缝、密实度以及界面等损伤问题,结合小波分析,提出了一系列创新性研究方法。最后,基于压电传感器宽频响应,结合 b 值理论,对钢筋混凝土梁弯曲和框架结构地震模拟试验进行了多功能监测。

本章参考文献

[1] Shiryayev O V,Slater J C. Supplemental Investigations on Structural Damage Detection Using Randomdec Signatures from Experimental Data. [C] // 50th AIAA Structures, Structural Dynamics, and Materials Conference,2009.

[2] Gopalakrishnan S,Ruzzene M,Hanagud S. Computational Techniques for Structural Health Monitoring[M]. London:Springer,2011.

[3] 李旭. 基于压电陶瓷传感器宽频响应的结构损伤识别[D]. 大连:大连理工大学,2015.

[4] 李宏男,田亮,伊廷华,等. 大跨斜拱桥结构健康监测系统的设计与开发[J]. 振动工程学报,2015,28(4):574-584.

[5] 姜绍飞. 结构健康监测-智能信息处理及应用[J]. 工程力学,2009,26(S2):184-212.

[6] 高长银. 压电石英晶片扭转效应研究及新型扭矩传感器的研制[D]. 大连:大连理工大学,2004.

[7] Kwon K,Dan F. Bridge fatigue reliability assessment using probability density functions of equivalent stress range based on field monitoring data[J]. International Journal of Fatigue,2010,32(8):1221-1232.

[8] 欧进萍. 重大工程结构智能传感网络与健康监测系统的研究与应用[J]. 中国科学基金,2005,19(1):8-12.

[9] 李宏男,赵晓燕. 压电智能传感结构在土木工程中的研究和应用[J]. 地震工程与工程振动,2004,24(6):165-172.

[10] 吴克恭. 埋入压电材料的智能复合材料结构振动主动控制理论和试验研究[D]. 西安:西北工业大学,2003.

[11] 杨大智. 智能材料与智能系统[D]. 天津:天津大学出版社,2000.

[12] 高培德. 智能材料和结构[J]. 功能材料与器件学报,2002,8(2):93-98.

[13] 蒙彦宇. 压电智能集料力学模型与试验研究[D]. 大连:大连理工大学,2013.

[14] 陶艺. 基于压电阻抗的转子损伤定量检测方法研究[D]. 重庆:重庆大学,2015.

[15] 孙艾薇. 结构健康监测中的压电传感技术研究[D]. 长沙:中南大学,2010.

[16] 刘颖. 基于压电效应的低频宽频带振动能量采集器研究[D]. 太原:太原理工大学,2014.

[17] 张福学. 现代压电学(上)[M]. 北京:科学出版社,2001.

[18] 赵晓燕. 基于压电陶瓷的结构健康监测与损伤诊断[D]. 大连:大连理工大学,2008.

[19] 具典淑,周智,欧进萍. PVDF压电薄膜的应变传感特性研究[J]. 功能材料,2004,35(4):450-452.

[20] Song G,Olmi C,Gu H. An overheight vehiclebridge collision monitoring system using piezoelectric transducers [J]. Smart Material & Structures,2007,16(2):462-468.

[21] 张海滨. 基于压电智能集料的钢筋混凝土结构地震应力监测方法[D]. 大连:大连理工大学,2012.

[22] 李立飞. 基于压电陶瓷的应力测量和混凝土构件的损伤识别研究[D]. 长沙:湖南大学,2011.

[23] 刘益明. 基于嵌入式压电陶瓷的混凝土动态应力监测研究[D]. 长沙:湖南大学,2013.

[24] Tzou H S. Distributed vibration control and identification of coupled elastic/piezoelectric shells:Theory and ex-

periment[J]. Mechanical Systems & Signal Processing,1991,5(3):199-214.

[25] 杨晓明.土木工程结构的性能监测系统与损伤识别方法研究[D].天津:天津大学,2006.

[26] Wang B T,Chen P H,Chen R S. Finite Element Model Verification for the Use of Piezoelectric Sensor in Structural Modal Analysis[J]. Journal of Mechanics,2006,22(2):107-114.

[27] 周晚林,王鑫伟,胡自力.压电智能结构荷载识别方法的研究[J].力学学报,2004,36(4):491-495.

[28] 纪洪广,贾立宏,李造鼎.混凝土损伤的声发射模式研究[J].声学学报,1996(4):601-608.

[29] 宗金霞.基于声发射技术的钢筋混凝土梁损伤识别研究及数值分析[D].武汉:武汉理工大学,2010.

[30] Nazarchuk Z,Skalskyi V,Serhiyenko O. Analysis of Acoustic Emission Caused by Internal Cracks[J]. Engineering Fracture Mechanics,2001,68(11):1317-1333.

[31] Lysak M V. Development of the theory of acoustic emission by propagating cracks in terms of fracture mechanics [J]. Engineering Fracture Mechanics,1996,55(3):443-452.

[32] Andreykiv O,Skalsky V,Serhiyenko O,et al. Acoustic emission estimation of crack formation in aluminium alloys[J]. Engineering Fracture Mechanics,2010,77(5):759-767.

[33] 秦四清,李造鼎.岩石声发射参数与断裂力学参量的关系研究[J].东北大学学报:自然科学版,1991,12(5):437-444.

[34] Ohtsu M,Shigeishi M,Sakata Y. Nondestructive evaluation of defects in concrete by quantitative acoustic emission and ultrasonics[J]. Ultrasonics,1998,36(1-5):187-195.

[35] Yuyama S,Li Z W,Ito Y,et al. Quantitative analysis of fracture process in RC column foundation by moment tensor analysis of acoustic emission[J]. Construction & Building Materials,1999,13(1-2):87-97.

[36] Grosse C U,Finck F. Quantitative evaluation of fracture processes in concrete using signal-based acoustic emission techniques[J]. Cement & Concrete Composites,2006,28(4):330-336.

[37] Schechinger B,Vogel T. Acoustic emission for monitoring a reinforced concrete beam subject to four-point-bending[J]. Construction & Building Materials,2007,21(3):483-490.

[38] 刘培洵,陈顺云,郭彦双,等.声发射矩张量反演[J].地球物理学报,2014,57(3):858-866.

[39] Yuyama S,Li Z W,Yoshizawa M,et al. Evaluation of fatigue damage in reinforced concrete slab by acoustic emission[J]. Ndt & E International,2001,34(6):381-387.

[40] Ohtsu M,Watanabe H. Quantitative damage estimation of concrete by acoustic emission[J]. Construction & Building Materials,2001,15(5-6):217-224.

[41] 纪洪广,张天森,蔡美峰,等.混凝土材料损伤的声发射动态检测试验研究[J].岩石力学与工程学报,2000,19(2):165-165.

[42] 朱宏平,徐文胜,陈晓强,等.利用声发射信号与速率过程理论对混凝土损伤进行定量评估[J].工程力学,2008,25(1):186-191.

[43] Colombo S,Forde M C,Main I G,et al. AE energy analysis on concrete bridge beams[J]. Materials & Structures,2005,38(9):851-856.

[44] Yun H D,Choi W C,Seo S Y. Acoustic emission activities and damage evaluation of reinforced concrete beams

strengthened with CFRP sheets[J]. NDT & E International,2010,43(7):615-628.

[45] 焦莉,李宏男.压电陶瓷的 EMI 技术在土木工程健康监测中的研究进展[J].防灾减灾工程学报,2006, 26(1):102-108.

[46] Liang Y,Li D,Kong Q,et al. Load monitoring of the pin-Connected structure using time reversal technique and piezoceramic transducers—a feasibility study[J]. IEEE Sensors Journal,2016,16(22):7958-7966.

[47] Liang Y,Li D,Parvasi S M,et al. Bond-slip detection of concrete-encased composite structure using electro-mechanical impedance technique[J]. Smart Material & Structures,2016,25(9):095003.

[48] Lu G,Feng Q,Li Y,et al. Characterization of ultrasound energy diffusion due to small-size damage on an aluminum plate using piezoceramic transducers[J]. Sensors,2017,17(12):2796.

[49] 孙威,阎石,蒙彦宇,等.基于压电波动法的混凝土裂缝损伤主动被动监测对比试验[J].沈阳建筑大学学报:自然科学版,2012,28(2):193-199.

[50] Pavlopoulou S,Staszewski W J,Soutis C. Evaluation of instantaneous characteristics of guided ultrasonic waves for structural quality and health monitoring[J]. Structural Control & Health Monitoring,2013,20(6):937-955.

[51] Lu G,Li Y,Song G. A delay-and-Boolean-ADD imaging algorithm for damage detection with a small number of piezoceramic transducers[J]. Smart Material & Structures,2016,25(9):095030.

[52] 孙明清,S W J,S R N.混凝土中的 Lamb 波传播[J].武汉理工大学学报,2004,26(1):31-34.

[53] Song G,Gu H,Mo Y L,et al. Concrete structural health monitoring using embedded piezoceramic transducers [J]. Smart Materials & Structures,2007,16(4):959-968.

[54] Jiang T,Kong Q,Wang W,et al. Monitoring of grouting compactness in a post-tensioning tendon duct using piezoceramic transducers[J]. sensors,2016,16(8):1343.

[55] Zeng L,Parvasi S M,Kong Q,et al. Bond slip detection of concrete-encased composite structure using shear wave based active sensing approach[J]. Smart Materials & Structures,2015,24(12):125026.

[56] Luo M,Li W,Hei C,et al. Concrete infill monitoring in concrete-filled FRP tubes using a PZT-based ultrasonic time-of-flight method[J]. Sensors,2016,16(12):2083.

[57] Wang R,Zhu D,Liu X,et al. Monitoring the freeze-thaw process of soil with different moisture contents using piezoceramic transducers[J]. Smart Materials & Structures,2015,24(5):057003.

第 2 章　压电传感器及其力学模型

2.1　引　言

应用于土木工程结构健康监测领域的压电陶瓷传感器,根据与结构的结合方式可分为两种,即粘贴式和嵌入式。粘贴式传感器是将传感器粘贴于结构表面,测量结构应变等物理量,或者用来接收、发射 Lamb 波等。嵌入式传感器埋置在结构内部,用于监测结构内部的应力,以及激励、接收结构内部传播的弹性波。由于压电陶瓷(PZT)传感器的卓越特性,近年来,诸多学者开展了对压电陶瓷传感器的制作工艺及力学模型的研究。本章对压电陶瓷传感器进行了介绍,对粘贴式压电陶瓷传感器的力学模型和嵌入式压电陶瓷传感器的动态力学模型进行了详细研究。

本章在对粘贴式和嵌入式压电陶瓷传感器进行研究的基础上,提出了粘贴式压电陶瓷传感器的动态应变传递模型,建立了拉伸状态下"压电陶瓷—黏结层—被测结构"耦合体系的运动方程。与以往的研究相比,在模型中考虑了黏结层的剪切滞后效应;分析了被测结构的驱动频率、压电陶瓷厚度、黏结层剪切模量和黏结层厚度,以及被测结构对传感器动态应变传递特性的影响;利用 ANSYS 有限元分析和验证了所提方法的正确性;并通过试验分析了不同的制作材料和制作工艺对传感器动态性能的影响。

此外,还建立了嵌入式压电陶瓷传感器"外包层—防水层—压电陶瓷"结构的动态力学模型。利用 ANSYS 有限元分析和验证了模型的正确性;分析了驱动频率、外包层、防水层的材料和厚度,以及压电陶瓷厚度对传感器动态应变传递特性的影响;并通过试验研究了不同的制作材料和制作工艺对传感器动态性能的影响。

2.2　压电陶瓷传感器

压电传感器是利用某些电介质受力后产生的压电效应制成的传感器。所谓压电效应,是指某些电介质在受到某一方向的外力作用而发生形变(包括弯曲和伸缩形变)时,由于内部电荷的极化现象,会在其表面产生电荷的现象。目前压电传感器中用得最多的是属于压电多晶的各类压电陶瓷和压电单晶的石英晶体。以压电陶瓷为代表的压电智能材料成本低廉、易于裁剪、机电耦合性能好、易于和结构结合(粘贴或者埋置),适合于制作不同功能的传感器,如测量压力、温度、湿度、加速度、应变等物理量的传感器[1,2]。压电效应的自发性和可逆性,使得压电陶瓷传感器成为一种典型的双向传感器件,既可作为信号发射的驱动器,又可作为信号接收的传感器。基于这一特性,压电陶瓷传感器已被广泛应用于超声、通信、宇航、雷达和引爆等领域,并与激光、红外线等技术相结合,成为发展新技术和高科技的重要器件[3]。

常见的压电陶瓷传感器主要有压电陶瓷片、压电陶瓷圆环、压电陶瓷管、压电陶瓷球、叠堆式压电陶瓷、超声探头和智能集料等。图 2-1 展示了几种常见的压电陶瓷传感器[4]。

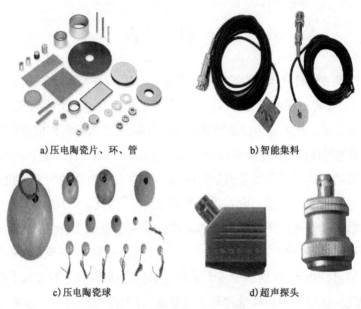

a)压电陶瓷片、环、管   b)智能集料

c)压电陶瓷球   d)超声探头

图 2-1   常见的压电陶瓷传感器

2.3   粘贴式压电陶瓷传感器的动态力学模型

压电陶瓷传感器由于其制作简单、造价低廉、频率响应范围广等特点,在土木工程监测领域有着广泛的应用前景。根据在结构上的放置方式不同,压电陶瓷传感器可分为粘贴式和嵌入式两种。压电陶瓷传感器具有较宽的频率响应范围,在 0 ~ 300kHz 的宽频范围内,将传感器粘贴于被测结构表面,既可用于测量低频的结构应变响应,又可作为高频的应力波收发载体。在不同的监测目标下,信号的频率范围有所不同。因此,有必要研究 0 ~ 300kHz 宽频范围内传感器输入与输出的关系,即被测结构与粘贴式压电陶瓷传感器间的应变传递机制。

目前关于粘贴式压电陶瓷传感器动态应变传递机制的研究,通常将计算模型简化为压电陶瓷直接作用于主体结构表面,从而忽略黏结层对传感器动态特性的影响。然而,实际上,黏结层的材料性质和厚度对传感器动态应变传递机制的影响尚不能确定。

针对上述问题,本节提出了"压电陶瓷—黏结层—被测结构"的粘贴式压电陶瓷传感器动态力学模型,分析了驱动频率对传感器体系应变传递的影响。与以往研究相比,所述模型考虑了黏结层的剪切滞后效应,此外,还分析了压电陶瓷的厚度、黏结层材料及厚度、被测结构对传感器动态应变传递特性的影响;分别利用 ANSYS 有限元分析和试验验证了所提方法的正确性,并通过试验分析了制作材料和制作工艺对传感器动态特性的影响,为不同使用频率范围的压电陶瓷传感器的制作提供依据。

2.3.1　动态力学模型

被用作传感器时,压电陶瓷极化面的初始应力为零或常数,压电陶瓷具有沿电极面方向自由变形的能力,故力学边界条件为"力学自由";为了使压电陶瓷电极间的电荷不泄漏,通常测量仪器被要求具有很高的阻抗,因此,压电陶瓷在整个电路中近似开路状态,电学边界条件为"电学开路"。所以采用第一类压电方程:

$$\begin{cases} D = d^d \sigma + e^\sigma \overline{E} \\ \varepsilon = s^E \sigma + d^c \overline{E} \end{cases} \tag{2-1}$$

式中:D——电位移向量,即单位面积上的电荷;

$\quad\varepsilon$——应变向量;

$\quad\sigma$——应力向量,代表电场强度向量;

$\quad s^E$——弹性柔顺常数矩阵;

$\quad e^\sigma$——介电常数矩阵,上标 σ 和 E 分别表示在应力常数和应变常数条件下测量的量;

$\quad d^d\text{、}d^c$——压电常数矩阵,上标 d 和 c 用来区分正负压电效应;

$\quad\overline{E}$——电场强度向量。

压电陶瓷的计算简图如图 2-2 所示。

对于粘贴式压电陶瓷传感器,极化方向为 3 方向,仅考虑 1 方向的振动,压电方程简化为:

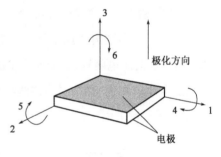

图 2-2　压电陶瓷的计算简图

$$\begin{cases} D_3 = d_{31}\sigma_1 + e_{33}\overline{E}_3 \\ \varepsilon_1 = s_{11}\sigma_1 + d_{31}\overline{E}_3 \end{cases} \tag{2-2}$$

对于理想的传感器,没有额外施加电场,电学边界条件为"电学开路",则自变量 $\overline{E}_3$ 为零。极化面上的电荷为:

$$Q = \iint\limits_{A} \sigma_1 d_{31} \mathrm{d}A \tag{2-3}$$

传感器输出的电压为:

$$V = \iint\limits_{A} \frac{\varepsilon_1 d_{31}}{s_{11} C} \mathrm{d}A \tag{2-4}$$

式中:C——电容。

假设 x 为沿 1 方向长度的坐标,压电陶瓷为长条形,忽略宽度方向泊松比的影响,长宽与宽宽分别为 l_p 与 b_p,则传感器输出电压为:

$$V = \int_{l_p} \frac{\varepsilon_1 d_{31} b_p}{s_{11} C} \mathrm{d}x \tag{2-5}$$

同理,对于嵌入式传感器,传感器的输出电压为:

$$V = \int_{l_p} \frac{\varepsilon_3 d_{33} b_p}{s_{33} C} \mathrm{d}x \tag{2-6}$$

式中,压电陶瓷的压电常数 d_{31}、d_{33},以及弹性系数 s_{11}、s_{33} 是常数,压电陶瓷的输出电压与累积应变成比例关系。故本节将研究被测结构与压电陶瓷传感器的应变传递随频率的变化特性。

压电陶瓷传感器由黏结层粘贴于结构表面,其耦合体系的力学模型可简化为"压电陶瓷—黏结层—被测结构"的层状结构剪切应变传递模型。为了建立传感器体系的数学模型,做出如下假设:

(1)仅考虑压电陶瓷片 x 方向的拉伸应变,且该拉伸应变沿着 y 方向保持不变。

(2)压电陶瓷面上的剪应力沿压电陶瓷片宽度方向均匀分布。

(3)黏结层与压电陶瓷的界面和与被测结构的界面为完全黏结,通过黏结层来传递应变。

对于拉伸的梁结构,"压电陶瓷—黏结层—被测结构"的计算模型如图 2-3 所示。其中,h_p、h_b、h_s 分别为压电陶瓷、黏结层和被测结构的厚度,l_p 为压电陶瓷沿 x 方向的长度。

分别取压电陶瓷、黏结层和被测结构的微元为分析对象。对于压电陶瓷片的微元结构,计算简图如图 2-4 所示。

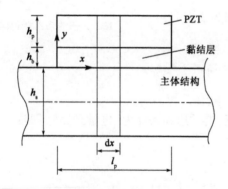

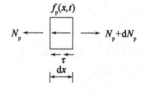

图 2-3 "压电陶瓷—黏结层—被测结构"的计算模型　　　图 2-4 压电陶瓷的计算简图

N_p 表示 x 方向的轴向应力,$f_p(x,t)$ 表示 x 方向的惯性力,$\tau(x,t)$ 表示压电陶瓷片与黏结层交界面上的剪应力。根据 x 方向力的平衡,可得:

$$\frac{\partial N_p}{\partial x}dx - b_p \tau\,dx = f_p(x,t) \qquad (2\text{-}7)$$

其中,

$$f_p(x,t) = \rho_p b_p h_p dx \frac{\partial^2 u_p(x,t)}{\partial t^2} \qquad (2\text{-}8)$$

$$N_p = b_p h_p E_p \frac{\partial u_p(x,t)}{\partial x} \qquad (2\text{-}9)$$

式中:u_p——沿 x 方向的位移;

ρ_p——压电陶瓷的密度;

E_p——压电陶瓷的弹性模量;

b_p——压电陶瓷的宽度。

代入式(2-7)得:

$$h_p E_p = \frac{\partial^2 u_p(x,t)}{\partial x^2} - \tau = \rho_p h_p \frac{\partial^2 u_p(x,t)}{\partial t^2} \qquad (2\text{-}10)$$

由于黏结层较薄,可忽略黏结层的惯性力作用,仅将其作为剪力传递的媒介,即主体结构的变形通过黏结层以剪切应变的形式传递到压电陶瓷面上。取黏结层的微元结构为分析对象,受力分析如图 2-5 所示。

忽略黏结层泊松比的影响,剪切应力为:

$$\tau(x,t) = G_b \gamma(x,t) \qquad (2\text{-}11)$$

$$\gamma(x,t) = \frac{u_p(x,t) - u_s(x,t)}{h_b} \qquad (2\text{-}12)$$

式中:G_b——黏结层的剪切模量;

$\gamma(x,t)$——剪应变;

$u_s(x,t)$——被测结构沿 x 方向的位移。

取被测结构的微元结构为分析对象,受力分析如图 2-6 所示。由 x 方向力平衡,可得到:

$$\frac{\partial N_s}{\partial x}dx + b_p \tau\,dx = f_s(x,t) \qquad (2\text{-}13)$$

其中,

$$f_s(x,t) = \rho_p b_s h_s dx \frac{\partial^2 u_s(x,t)}{\partial t^2} \qquad (2\text{-}14)$$

$$N_s = b_s h_s E_s \frac{\partial u_s(x,t)}{\partial x} \qquad (2\text{-}15)$$

代入式(2-13)得:

$$h_s b_s E_s \frac{\partial^2 u_s(x,t)}{\partial x^2} + b_p \tau = \rho_s h_s b_s \frac{\partial^2 u_s(x,t)}{\partial t^2} \qquad (2\text{-}16)$$

式中:ρ_s——被测结构的密度。

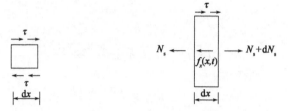

图 2-5　黏结层的计算简图　　　　图 2-6　被测结构的计算简图

方程的边界条件为压电陶瓷片的边缘自由,令梁结构两端的拉应变为 ε_0,即:

$$\begin{cases} \dfrac{du_p}{dx}(0) = 0, \dfrac{du_p}{dx}(l_p) = 0 \\ \dfrac{du_s}{dx}(0) = \varepsilon_0, \dfrac{du_s}{dx}(l_p) = \varepsilon_0 \end{cases} \tag{2-17}$$

仅考虑结构的稳态响应时,被测结构、压电陶瓷片沿 x 方向的运动都是平稳简谐振动。令

$$\begin{cases} u_p = U_p e^{i\omega t} \\ u_s = U_s e^{i\omega t} \end{cases} \tag{2-18}$$

式中:U_p、U_s——压电陶瓷、被测结构位移的振型坐标。

将式(2-18)代入式(2-10)和式(2-16),并联立式(2-11)、式(2-12),得:

$$\begin{cases} \dfrac{\partial^2 U_p(x,t)}{\partial x^2} = \left(\dfrac{G_b}{h_b E_p h_p} - \dfrac{\rho_p \omega^2}{E_p} \right) U_p - \dfrac{G_b}{h_b E_p h_p} U_s \\ \dfrac{\partial^2 U_s(x,t)}{\partial x^2} = -\dfrac{G_b b_p}{b_s E_s h_s h_b} U_p + \left(\dfrac{G_b b_p}{b_s E_s h_s h_b} - \dfrac{\rho_s \omega^2}{E_s} \right) U_s \end{cases} \tag{2-19}$$

为了得到式(2-19)的通解,可将其变换为:

$$\frac{d^2 Y}{dX} = AY \tag{2-20}$$

其中,

$$\frac{d^2 Y}{dX^2} = \left[\frac{d^2 U_p}{dx^2} \ \frac{d^2 U_s}{dx^2} \right]^T \tag{2-21}$$

$$Y = \left[U_p \quad U_s \right]^T \tag{2-22}$$

$$A = \begin{bmatrix} \dfrac{G_b}{h_b E_p h_p} - \dfrac{\rho_p \omega^2}{E_p}, & -\dfrac{G_b}{h_b E_p h_p} \\ -\dfrac{G_b b_p}{b_s E_s h_s h_b}, & \dfrac{G_b b_p}{b_s E_s h_s h_b} - \dfrac{\rho_s \omega^2}{E_s} \end{bmatrix} \tag{2-23}$$

对矩阵 A 求特征值与特征向量,特征值为 $\boldsymbol{\lambda} = \begin{bmatrix} \lambda_1 & 0 \\ 0 & \lambda_2 \end{bmatrix}$,特征向量为 $\boldsymbol{\xi} = \begin{bmatrix} \xi_1 & \xi_2 \end{bmatrix}$,其中 $\xi_1 = \begin{bmatrix} \xi_{11} & \xi_{12} \end{bmatrix}^T$,$\xi_2 = \begin{bmatrix} \xi_{21} & \xi_{22} \end{bmatrix}^T$。则有:

$$A = \left[\xi^{-1} \lambda \xi \right] \tag{2-24}$$

代入式(2-20)中,并令

$$\boldsymbol{F} = \begin{bmatrix} \xi^{-1}Y \end{bmatrix} \tag{2-25}$$

可得:

$$\frac{\mathrm{d}^2 \boldsymbol{F}}{\mathrm{d}X^2} = \lambda \boldsymbol{F} \tag{2-26}$$

$\boldsymbol{F}$ 的通解为:

$$\boldsymbol{F} = \begin{bmatrix} C_1 M_1(x) + C_2 M_2(x) \\ C_3 M_3(x) + C_4 M_4(x) \end{bmatrix} \tag{2-27}$$

其中,

$$\begin{bmatrix} M_1(x) \\ M_2(x) \end{bmatrix} = \begin{cases} \begin{bmatrix} \sin x & \cos x \end{bmatrix}^{\mathrm{T}} & \lambda_1 > 0 \\ \begin{bmatrix} x & x \end{bmatrix}^{\mathrm{T}} & \lambda_1 = 0 \\ \begin{bmatrix} \sin x & \cos x \end{bmatrix}^{\mathrm{T}} & \lambda_1 < 0 \end{cases} \tag{2-28}$$

$$\begin{bmatrix} M_3(x) \\ M_4(x) \end{bmatrix} = \begin{cases} \begin{bmatrix} \sin x & \cos x \end{bmatrix}^{\mathrm{T}} & \lambda_2 > 0 \\ \begin{bmatrix} x & x \end{bmatrix}^{\mathrm{T}} & \lambda_2 = 0 \\ \begin{bmatrix} \sin x & \cos x \end{bmatrix}^{\mathrm{T}} & \lambda_2 < 0 \end{cases} \tag{2-29}$$

则 $\boldsymbol{Y}$ 的通解为:

$$\boldsymbol{Y} = \begin{bmatrix} \xi_1 & \xi_2 \end{bmatrix} \begin{bmatrix} C_1 M_1(x) + C_2 M_2(x) \\ C_3 M_3(x) + C_4 M_4(x) \end{bmatrix} \tag{2-30}$$

将式(2-30)代入式(2-22),可得 U_{p} 和 U_{s} 分别为:

$$\begin{cases} U_{\mathrm{p}} = \xi_{11} C_1 M_1(x) + \xi_{11} C_2 M_2(x) + \xi_{21} C_3 M_3(x) + \xi_{21} C_4 M_4(x) \\ U_{\mathrm{s}} = \xi_{12} C_1 M_1(x) + \xi_{12} C_2 M_2(x) + \xi_{22} C_3 M_3(x) + \xi_{22} C_4 M_4(x) \end{cases} \tag{2-31}$$

则压电陶瓷和被测结构沿 x 方向的应变分布为:

$$\begin{cases} \varepsilon_{\mathrm{p}} = \xi_{11} C_1 M_1'(x) + \xi_{11} C_2 M_2'(x) + \xi_{21} C_3 M_3'(x) + \xi_{21} C_4 M_4'(x) \\ \varepsilon_{\mathrm{s}} = \xi_{12} C_1 M_1'(x) + \xi_{12} C_2 M_2'(x) + \xi_{22} C_3 M_3'(x) + \xi_{22} C_4 M_4'(x) \end{cases} \tag{2-32}$$

将边界条件式(2-17)代入式(2-32),可得到如下的线性方程组:

$$\begin{bmatrix} \xi_{11} M_1'(0) & \xi_{11} M_2'(0) & \xi_{21} M_3'(0) & \xi_{21} M_4'(0) \\ \xi_{11} M_1'(l_{\mathrm{p}}) & \xi_{11} M_2'(l_{\mathrm{p}}) & \xi_{21} M_3'(l_{\mathrm{p}}) & \xi_{21} M_4'(l_{\mathrm{p}}) \\ \xi_{12} M_1'(0) & \xi_{12} M_2'(0) & \xi_{22} M_3'(0) & \xi_{22} M_4'(0) \\ \xi_{12} M_1'(l_{\mathrm{p}}) & \xi_{12} M_2'(l_{\mathrm{p}}) & \xi_{22} M_3'(l_{\mathrm{p}}) & \xi_{22} M_4'(l_{\mathrm{p}}) \end{bmatrix} \begin{bmatrix} C_1 \\ C_2 \\ C_3 \\ C_4 \end{bmatrix} = \begin{bmatrix} 0 \\ 0 \\ \varepsilon_0 \\ \varepsilon_0 \end{bmatrix} \tag{2-33}$$

解式(2-33)所示的线性方程组,可得到系数 $C_1 - C_4$。

由于传感器与被测结构间黏结层的存在,传感器与被测结构间的应变传递存在剪切滞后效应,即被测结构的应变并不完全等于压电陶瓷的应变,被测结构与压电陶瓷表面的应变通过黏结层的剪切应力来传递。定义压电陶瓷与被测结构的应变之比沿 x 轴的分布函数为 $k(x)$,如式(2-34)所示,用来衡量被测结构与传感器间的剪切应变传递效果。需要指出的是,$C_1 - C_4$ 都含有系数 ε_0,因此,$k(x)$ 中不含 ε_0。$k(x)$ 越接近于1,传感器的应变越接近于被测结构的应变。

$$k(x) = \frac{\varepsilon_p}{\varepsilon_s} = \frac{\xi_{11}C_1 M_1'(x) + \xi_{11}C_2 M_2'(x) + \xi_{21}C_3 M_3'(x) + \xi_{21}C_4 M_4'(x)}{\xi_{12}C_1 M_1'(x) + \xi_{12}C_2 M_2'(x) + \xi_{22}C_3 M_3'(x) + \xi_{22}C_4 M_4'(x)} \tag{2-34}$$

另外,定义传感器与被测结构的应变比如式(2-35)所示,由于黏结层的剪切滞后效应,压电陶瓷沿 x 方向的应变与被测结构的真实应变不等,故利用应变比来衡量传感器与被测结构间的应变传递性能。应变比越接近于1,则被测结构的应变越能完整地传递到传感器上。

$$K = \frac{\int_0^{l_p} \varepsilon_p(x)\,\mathrm{d}x}{\int_0^{l_p} \varepsilon_s(x)\,\mathrm{d}x} \tag{2-35}$$

2.3.2 参数分析

以粘贴于铝结构梁上的压电陶瓷传感器为数值算例,分别说明驱动频率、压电陶瓷片厚度、黏结层的剪切模量和厚度,以及被测结构对传感器的动态应变传递特性的影响。若不额外标出,压电陶瓷、梁结构和黏结层的参数按表2-1选取。计算简图如图2-7所示,在沿长度方向的压电陶瓷两端,对称施加 $e^{i\omega t}$ 的应变激励。

粘贴式传感器中压电陶瓷、黏结层和被测结构的参数 表2-1

压电陶瓷		被测结构		黏结层	
h_p	0.001m	h_s	0.005m	G_b	$3.5 \times 10^8 \text{N/m}^2$
b_p	0.01m	b_s	0.05m	h_b	0.0001m
E_p	$7.65 \times 10^{10}\text{N/m}^2$	E_s	$6.9 \times 10^{10}\text{N/m}^2$		
ρ_p	7600kg/m^3	ρ_s	2700kg/m^3		
l_p	0.01m				

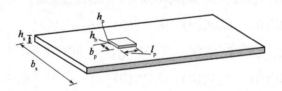

图2-7 压电陶瓷、黏结层与被测结构的计算简图

首先,分别对比分析静态拉伸时,不同压电陶瓷片厚度、黏结层剪切模量和厚度的情况下,压电陶瓷与被测结构沿拉伸方向的应变比的分布,如图2-8所示。由图2-8可知,压电陶瓷和黏结层厚度越薄,黏结层的剪切模量越大,则传感器的静态应变传递特性越好。

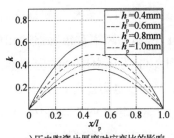 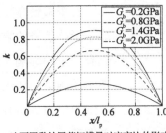 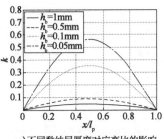

　　a)压电陶瓷片厚度对应变比的影响　　　b)不同黏结层剪切模量对应变比的影响　　c)不同黏结层厚度对应变比的影响

图2-8　压电陶瓷片厚度、黏结层剪切模量和厚度对应变比分布的影响

1. 驱动频率的影响

　　压电陶瓷传感器是一种多用途的传感器,在不同的监测目标下,监测信号的频率是不同的。在不同的测量频率下,传感器的应变传递特性有所不同。因此,有必要分析测量信号的频率对传感器应变传递特性的影响。

　　图2-9所示为驱动频率为$0 \sim 2\text{kHz}$时,压电陶瓷与被测结构的应变比随驱动频率的变化情况。由图2-9可知,在这个频率范围内,应变比随着驱动频率的变化增长较缓慢。当被测结构的驱动频率为0Hz时,压电陶瓷与被测结构的应变比为0.56346;驱动频率为2000Hz时,应变比上升到0.56349,仅仅有0.005%的增长。故在这一频率范围内,传感器的应变比可近似为一常数。土木工程结构的振动响应通常在几赫兹到几百赫兹的频率范围内变化,故当粘贴式压电陶瓷传感器用于土木工程结构振动响应的监测时,可忽略频率对粘贴式压电陶瓷传感器动态应变传递的影响。

　　图2-10所示为驱动频率为$2\text{kHz} \sim 200\text{kHz}$时,压电陶瓷与被测结构的应变比随驱动频率的变化情况。在这一频率范围内,驱动频率越大,压电陶瓷与被测结构的应变比越大,故粘贴式压电陶瓷传感器更易于接收到高频的应变信号。因此,当传感器被用于监测频率较低的目标,如土木工程结构的振动响应时,可用一个灵敏度值来表达测量值与传感器实际信号幅值的对应关系。而对于高频的应力波信号,除非测量的频率范围很小,否则测量值与传感器实际信号幅值的对应关系无法用一个灵敏度值来表达。此外,由于传感器体系的共振现象,针对不同频率范围的测量信号,选择传感器时应避开传感器的共振频率。

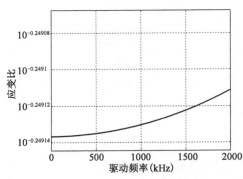 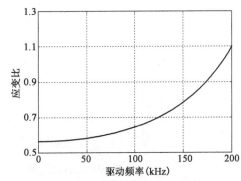

图2-9　$0 \sim 2\text{kHz}$频率范围内,应变比随驱动频率的变化　　　图2-10　$2\text{kHz} \sim 200\text{kHz}$频率范围内,应变比随驱动频率的变化

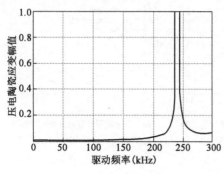

图 2-11　压电陶瓷的应变幅值随驱动频率的变化

对于采集高频弹性波的压电陶瓷传感器而言，除了影响信号的幅值外，驱动频率对传感器的相位也有一定的影响。图 2-11 为压电陶瓷的应变幅值随驱动频率的变化情况。压电陶瓷沿 x 方向振动的一阶频率为 240kHz，当驱动频率小于 240kHz 时，压电陶瓷沿 x 方向的运动状态与被测结构的运动状态相同，同时为拉伸或压缩状态，此时的压电陶瓷传感器在长度方向的应变均大于零，激励信号与压电陶瓷应变相同，如图 2-12 所示的驱动频率为 150kHz 时的应变分布和压电陶瓷的应变信号。

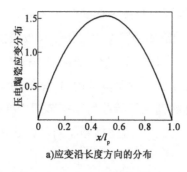

a)应变沿长度方向的分布

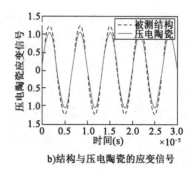

b)结构与压电陶瓷的应变信号

图 2-12　150kHz 激励下，压电陶瓷的应变分布和压电陶瓷的应变信号

当驱动频率大于 240kHz 时，压电陶瓷沿 x 方向的运动状态与被测结构相反，此时传感器在长度方向的应变均小于零，此时，被测结构的应变信号与压电陶瓷的应变信号的方向相反，与激励信号相比，传感器信号出现了值为 π 的相位变化，如图 2-13 所示的 300kHz 驱动频率下压电陶瓷传感器的应变分布和压电陶瓷的应变信号。因此，当驱动频率大于沿传感器长度方向振动的一阶频率时，传感器的应变信号与被测结构的应变信号间出现值为 π 的相位差。

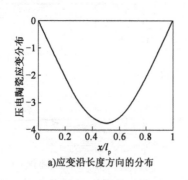

a)应变沿长度方向的分布

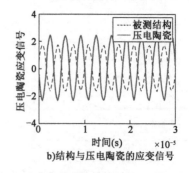

b)结构与压电陶瓷的应变信号

图 2-13　300kHz 激励下，压电陶瓷的应变分布和压电陶瓷的应变信号

因此,若在同一位置上有不同动态性质的两个传感器 A 和 B,一阶频率分别为 ωA、ωB,则在不同的驱动频率下,两个传感器的相位差如图 2-14 所示。

2. 压电陶瓷片厚度的影响

图 2-15 所示为不同压电陶瓷片厚度的情况下,压电陶瓷与结构的应变比随频率的分布。需要说明的是,压电陶瓷片厚度对应变幅值的影响,已在图 2-8 中给出。从图中可以看出,厚度为 0.05mm 的压电陶瓷片与被测结构的应变比随频率的变化最缓慢,厚度为 1mm 的压电陶瓷片的应变比随频率的变化最急剧。压电陶瓷片厚度越薄,驱动频率对传感器动态应变传递的影响越小。

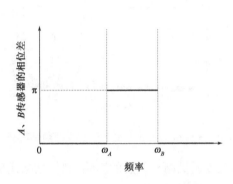

图 2-14 同一位置的 A、B 传感器的相位差

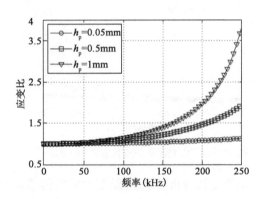

图 2-15 不同 h_p 的情况下,应变比随频率的分布

图 2-16 所示为不同压电陶瓷片厚度情况下,传感器长度方向的应变幅值随频率的变化情况。从图中可以看出,厚度为 0.05mm 的压电陶瓷片沿传感器长度方向振动的一阶频率最大,而厚度为 1mm 的压电陶瓷片沿传感器长度方向振动的一阶频率最小。所以压电陶瓷片越薄,传感器体系沿长度方向振动的自振频率越大。因此,制作粘贴式传感器,应尽可能选择厚度薄的压电陶瓷片。

3. 黏结层剪切模量的影响

由于黏结层的剪切滞后效应,应用不同性质的黏结剂,会使压电陶瓷传感器的动态应变传递特性

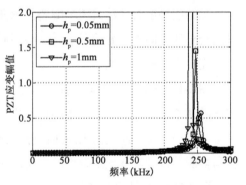

图 2-16 不同 h_p 的情况下,传感器应变幅值随频率的分布

出现较大差异。因此,有必要研究不同性质黏结剂对传感器动态应变传递特性的影响。本节以黏结层剪切模量分别为 0.3MPa、200MPa、1000MPa 的情况为例,说明黏结剂的材料性质对压电陶瓷传感器动态应变传递特性的影响。

图 2-17 所示为不同黏结层剪切模量的情况下,压电陶瓷与被测结构的应变比随频率的变化情况。从图中可以看出,剪切模量为 1000MPa 的情况下,应变比随频率的变化最平缓。而

剪切模量为0.3MPa的情况下,应变比随频率的变化最急剧。黏结层的剪切模量越大,压电陶瓷与被测结构的应变比随频率的变化越平缓。

图2-18所示为不同黏结层剪切模量的情况下,压电陶瓷沿 x 方向的应变幅值随频率的变化。从图中可以看出,剪切模量为1000MPa时的压电陶瓷沿长度方向振动的一阶频率最大,而剪切模量为0.3MPa时,压电陶瓷沿长度方向振动的一阶频率最小。黏结层剪切模量越大,压电陶瓷沿长度方向的自振频率越大。

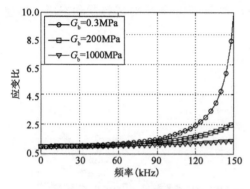

图2-17 不同 G_b 情况下,应变比随频率的分布

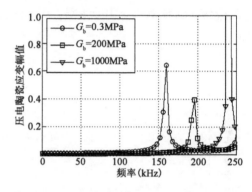

图2-18 不同 G_b 情况下,压电陶瓷应变幅值随频率的分布

结合上述分析结果,黏结层性质对传感器的应变传递机制有重要的影响,制作粘贴式压电陶瓷传感器,应尽可能选择剪切模量高的黏结层材料。

4. 黏结层厚度的影响

黏结层厚度对粘贴式压电陶瓷传感器的应变传递性质有很大的影响,不同的黏结层厚度可能会导致相同输入的情况下,传感器的输出电压不同。因此,需要分析不同黏结层厚度对动态应变传递特性的影响。

图2-19为黏结层厚度分别为1mm、0.5mm、0.05mm的情况下,压电陶瓷与被测结构的应变比随频率的变化情况。从图中可看出,当黏结层厚度为0.05mm时,应变比随频率的变化最平缓。而当黏结层厚度为1mm时,应变比随频率的变化最急剧。故黏结层厚度越小,压电陶瓷与被测结构的应变比随频率的变化越小。

图2-20为黏结层厚度分别为1mm、0.5mm、0.05mm的情况下,压电陶瓷沿长度方向的应变幅值随频率的变化情况。从图中可以看出,黏结层厚度为0.05mm的传感器体系沿长度方向振动的一阶频率最大,厚度为0.5mm的次之,厚度为1.0mm的传感器体系沿长度方向振动的一阶频率最小。由此可知,黏结层厚度越薄,粘贴式压电陶瓷传感器体系沿长度方向振动的自振频率就越大。

由上述分析可以看出,黏结层的材料性质和厚度对传感器的动态应变传递特性有重要的影响,对于用于动态测量的压电陶瓷传感器来说,黏结层的剪切滞后效应是不可忽略的。

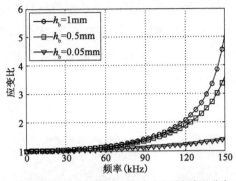

图 2-19 不同的黏结层厚度情况下,应变比随频率的分布

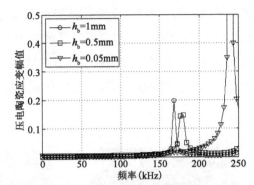

图 2-20 不同的黏结层厚度情况下,压电陶瓷应变幅值随频率的分布

5. 被测结构的影响

对于"压电陶瓷—黏结层—被测结构"体系,当压电陶瓷沿 x 方向的截面面积与被测结构相近时,需考虑被测结构对传感器体系动态特性的影响。定义 A_s 和 A_p 分别为被测结构与压电陶瓷沿 x 方向的截面面积。图 2-21 为 A_s/A_p 不同的情况下,压电陶瓷沿 x 方向振动的一阶频率变化情况。对于本节研究而言,当 A_s/A_p 大于 50 后,一阶频率接近于 248kHz。从图中可以看出,A_s/A_p 越大,压电陶瓷沿 x 方向振动的一阶频率越趋向于一个固定值。故对于截面积较小的结构,被测结构的尺寸效应是不能忽略的,只有当被测结构与压电陶瓷沿 x 方向的截面比达到一定值后,基本上可忽略被测结构对传感器动态特性的影响。

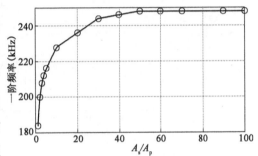

图 2-21 压电陶瓷沿 x 方向自振频率随 A_s/A_p 的变化曲线

2.3.3 数值模拟

利用 ANSYS 数值分析来验证上述压电陶瓷动态应变传递分析的正确性。ANSYS 是一种大型的通用有限元分析软件,广泛应用于航空、电子、机械制造和土木工程领域的力学、热学和电磁学分析和科学研究中。ANSYS 在压电陶瓷和弹性波分析中也具有广泛应用。

被测结构的厚度取 1mm,压电陶瓷、黏结层、被测结构的其他参数按表 2-1 选取。沿 x 方向取对称结构分析,压电陶瓷、黏结层、被测结构均采用 Plane 82 单元,对 $x=0$ 一端的压电陶瓷、黏结层、被测结构施加全部约束,对被测结构的底面施加 y 方向约束。先对其进行模态分析,前三阶频率为 172.195kHz、176.638kHz、185.643kHz。前三阶振型如图 2-22 所示。再对结构进行谐响应分析,分析压电陶瓷与被测结构沿 x 方向的应变比。利用 ANSYS 有限元分析软件得到的数值解与理论解对比来说明上述计算过程的正确性。图 2-23 所示为驱动频率分别为 0Hz、50kHz、100kHz、210kHz 时,压电陶瓷与被测结构的应变比的理论解与数值解的对比。从图中可以看出,理论计算与有限元仿真的计算结果相近,说明了上述理论模型的正确性。此外,由于黏结层的剪切滞后效应,压电陶瓷的应变与被测结构的应变不等,才会出现如式(2-35)所示的应变比。在一定频率范围内,结构的应变比分布函数 $k(x)$ 随着频率的增加而变化。因此,结构的动态激励会加剧黏结层的剪切滞后效应。

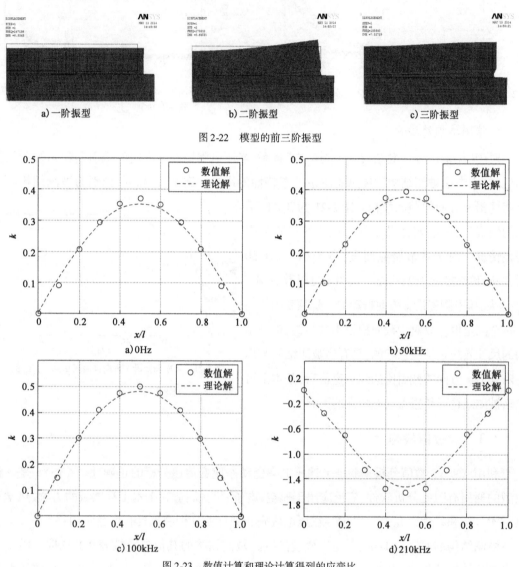

a)一阶振型 b)二阶振型 c)三阶振型

图 2-22 模型的前三阶振型

a)0Hz b)50kHz

c)100kHz d)210kHz

图 2-23 数值计算和理论计算得到的应变比

2.3.4 试验验证

本节进行了粘贴式压电陶瓷传感器在动态拉伸作用下的应变传递试验,分析了驱动频率对传感器动态应变传递特性的影响,并分别选取不同的压电陶瓷厚度、黏结层材料、黏结层厚度来说明制作工艺对粘贴式压电陶瓷传感器体系动态特性的影响。

　　试验模型简图如图 2-24 所示,试验试件为一悬臂梁状态的有机玻璃,厚度为 1mm,将两种用于不同工况对比的压电陶瓷对称地粘贴于有机玻璃一面,将一片驱动用的压电陶瓷粘贴于有机玻璃的另一面。有机玻璃的密度为 1.18kg/m³,弹性模量为 4.1GPa。试件2-1 和试件2-2 的黏结层材料为502 胶水,其剪切模量约为0.1GPa,用游标卡尺测量的黏结层厚度为 0.15mm,试件 2-3 的黏结层材料为硅胶与 502 胶水,试件 2-4 的黏结层材料为 502 胶水和环氧树脂,试件 2-5 和试件 2-6 的黏结层材料为环氧树脂,其弹性模量为 0.35GPa。压电陶瓷参数与表 2-1 中的压电陶瓷相同。由于激励所用压电陶瓷为长条形,故忽略短边方向泊松比的影响,激励用的压电陶瓷沿长边方向做拉伸振动,使有机玻璃沿着薄板面法线方向弯曲振动,从而带动有机玻璃另一侧的表面产生拉伸应变。

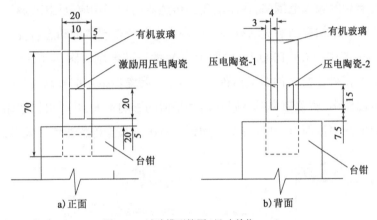

a) 正面　　　　　　　　　　　　　　　　　b) 背面

图 2-24　试验模型简图(尺寸单位:mm)

　　激励设备为 Aglient 33250A 型任意波形发生器。采集设备为 Tektronix 数字示波器,采样频率为 3.13MHz。激励设备和采集设备分别如图 2-25 和图 2-26 所示。试件照片如图 2-27 所示。激励所用压电陶瓷厚度为 1mm,如无特别提出,传感器所用压电陶瓷厚度为 1mm。

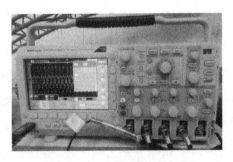

图 2-25　任意波形发生器　　　　图 2-26　Tektronix 数字示波器　　　　图 2-27　试件照片

　　用任意波形发生器对驱动用的压电陶瓷施加正弦波形式的电压激励,采集两个用于不同工况对比的压电陶瓷传感器信号,分别分析不同压电陶瓷片厚度、黏结层材料及黏结层厚度对传感器体系自振频率的影响。试件的编号和试件中传感器的工况见表 2-2。

试 件 工 况 列 表　　　　　　　　　表2-2

试件名称	对比工况	压电陶瓷-1	压电陶瓷-2
试件2-1	压电陶瓷厚度	0.3mm	1.5mm
试件2-2	压电陶瓷厚度	0.3mm	1.0mm
试件2-3	黏结层材料	硅胶	502胶水
试件2-4	黏结层材料	502胶水	环氧树脂
试件2-5	黏结层厚度	0.05mm	0.45mm
试件2-6	黏结层厚度	0.45mm	1mm

1. 低频响应范围内压电陶瓷传感器的动态特性

压电陶瓷传感器常被用于监测结构振动的应力、应变响应。土木工程结构振动响应通常在几赫兹到几百赫兹的频率范围内,在压电陶瓷传感器的频率响应范围中,属于低频范围。本节分析了在土木工程结构振动响应的频率范围内压电陶瓷传感器的动态特性。对驱动用的压电陶瓷片施加频率范围为 0 ~ 1000Hz、幅值为 20V 的正弦激励。图 2-28 所示为驱动频率为 0 ~ 1000Hz 范围内,试件2-2、试件2-4、试件2-6 中压电陶瓷传感器信号幅值随驱动频率的变化情况。从图中可以看出,驱动频率对传感器信号幅值的影响不大,几乎可以忽略。故在土木工程结构振动响应的频率范围内,可以忽略驱动频率对压电陶瓷传感器信号幅值的影响。

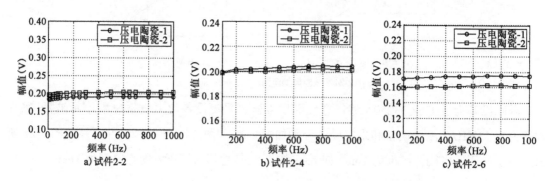

图2-28　试件2-2、试件2-4、试件2-6 中传感器幅值随驱动频率的变化

2. 高频响应范围内压电陶瓷片厚度的影响

通过试件2-1 和试件2-2 来分析压电陶瓷片厚度对传感器动态特性的影响。图 2-29 是试件2-1 和试件2-2 中两个传感器信号的相位差的试验结果和计算结果。从图中可以看出,试验结果与计算结果比较相近,且图中均出现了类似于图2-14 的幅值约为 π 的相位差,根据2.3.2节的分析,出现相位差的两个频率分别为两个传感器的自振频率。随着驱动频率的增加,自振频率小的传感器将先发生相位的变化。图 2-30 所示为试件2-1 和试件2-2 在不同驱动频率下的两个传感器信号和激励信号。从图中可以看出,与激励信号相比,当驱动频率为 50kHz 时,每个试件上的激励信号和两个传感器信号的相位相近,而当驱动频率为 150kHz 时,试件2-1 上厚度为 1mm 的压电陶瓷片和试件2-2 上厚度为 1.5mm 的压电陶瓷片信号发生了

约为 π 的相位变化。因此,试件 2-1 中厚度为 0.3mm 和厚度为 1.0m 的压电陶瓷片沿拉伸方向的自振频率分别为 171kHz 和 125kHz。试件 2-2 中厚度为 0.3mm 和厚度为 1.5mm 的压电陶瓷片沿拉伸方向的自振频率分别为 171kHz 和 110kHz。压电陶瓷片厚度越薄,则压电陶瓷传感器体系的自振频率越大。

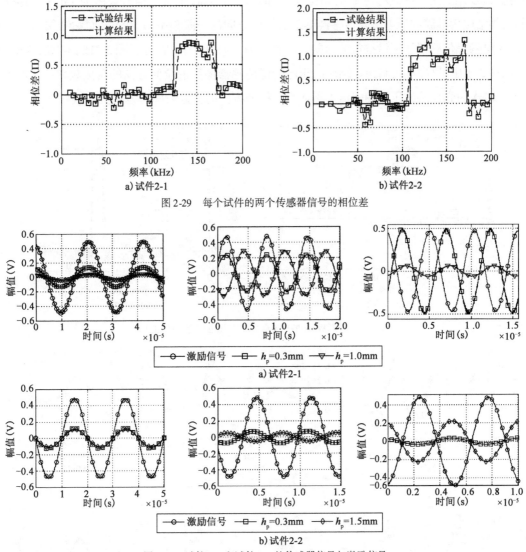

图 2-29 每个试件的两个传感器信号的相位差

图 2-30 试件 2-1 和试件 2-2 的传感器信号与激励信号

3. 高频响应范围内黏结层材料的影响

环氧树脂、502 胶水、硅胶为 3 种压电陶瓷传感器常用的黏结剂。502 胶水和环氧树脂固化后质地较硬,有较好的传力特性。硅胶剪切模量较小,约为 4.5MPa,但可使压电陶瓷均匀受力,不易产生应力集中。下面分别对比在使用 502 胶水、环氧树脂、硅胶 3 种黏结剂情况下压电陶瓷传感器的动态特性。

图 2-31 所示为试件 2-3 和试件 2-4 中两个传感器相位差的计算结果和试验结果,计算结果与试验结果比较相近。图 2-32 所示为试件 2-3 和试件 2-4 中的两个传感器信号和激励信号。对于试件 2-3[图 2-31a)],在 50kHz ~ 125kHz 的频率范围内,出现了幅值约为 π 的相位差,说明两个传感器的自振频率分别约为 50kHz 和 125kHz。随着驱动频率的增加,黏结层为硅胶的压电陶瓷传感器信号先发生了幅值约为 π 的相位变化,例如图 2-32a)中激励信号频率为 75kHz 的情形。因此,黏结层为硅胶的压电陶瓷传感器体系沿拉伸方向的一阶频率为 50kHz,而黏结层为 502 胶水的压电陶瓷传感器体系沿拉伸方向的一阶频率为 125kHz。同理,分析图 2-31b)和图 2-32b)可知,试件 2-4 中,以环氧树脂为黏结层的压电陶瓷传感器体系沿拉伸方向的自振频率为 135kHz,以 502 胶水为黏结层的压电陶瓷传感器体系沿拉伸方向的自振频率约为 125kHz。

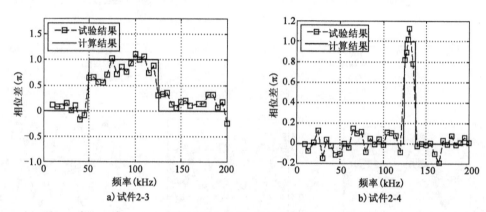

图 2-31 不同黏结层的压电陶瓷-1 与压电陶瓷-2 的相位差

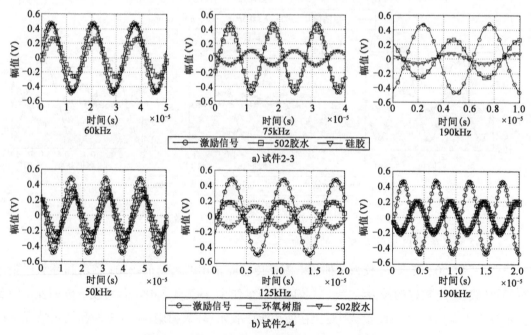

图 2-32 试件 2-3 和试件 2-4 的传感器信号与激励信号

无论是以环氧树脂还是 502 胶水为黏结剂,其压电陶瓷传感器体系沿拉伸方向振动的自振频率都要大于以硅胶为黏结剂的压电陶瓷传感器体系的自振频率。

4. 高频响应范围内黏结层厚度的影响

本节对比分析了黏结层厚度对压电陶瓷传感器动态性能的影响。通过涂抹多遍的环氧树脂来设置不同厚度的黏结层。图 2-33 所示为试件 2-5 和试件 2-6 中两个传感器相位差的计算结果和试验结果。图 2-34 所示为试件 2-5 和试件 2-6 中两个传感器信号和激励信号。通过图 2-33可以看出,试件 2-5 中两个传感器体系沿拉伸方向的自振频率分别为 106kHz 和 150kHz,试件 2-6 中两个传感器体系拉伸方向的自振频率分别为 66kHz 和 106kHz。通过图 2-34可以看出,随着驱动频率的增大,试件 2-5 中黏结层厚度为 0.45mm 和试件 2-6 中黏结层厚度为 1mm 的传感器信号的相位先发生改变。因此,黏结层厚度为 1mm、0.45mm、0.05mm的压电陶瓷传感器体系沿拉伸方向的自振频率依次为 66kHz、106kHz、150kHz。黏结层厚度越薄,压电陶瓷传感器体系沿拉伸方向的自振频率越大。

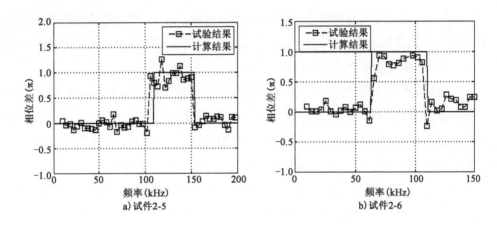

图 2-33　不同黏结层厚度的压电陶瓷-1 与压电陶瓷-2 的相位差

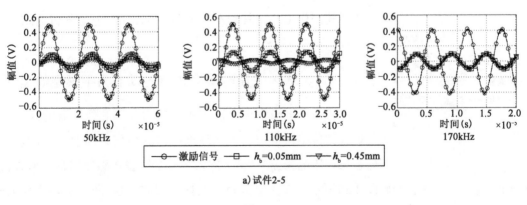

图　2-34

41

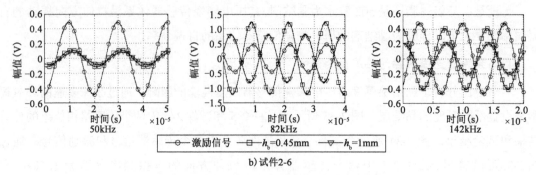

b) 试件2-6

图 2-34　试件 2-5 和试件 2-6 的传感器信号与激励信号

2.4　嵌入式压电陶瓷传感器的动态力学模型

嵌入式压电陶瓷传感器是另一种常用的压电陶瓷传感器。将压电陶瓷包以防水层和保护层后,埋置在被测结构内部,可用于测试振动引起的低频结构应力响应,以及接收结构中传播的高频应力波。与粘贴式压电陶瓷传感器类似,监测目标不同时,传感器信号的频率范围也有所不同。因此,研究宽频响应范围内嵌入式传感器的动态特性,即不同频率下传感器所受应力与信号幅值的关系是十分必要的。

以往对于嵌入式压电陶瓷传感器的力学模型研究,一方面通过试验标定的方法来确定应力与传感器信号幅值的关系,但试验标定的方法所适用的频率范围有限,无法实现高频激励下压电陶瓷传感器输入与输出的关系的标定;另一方面是将嵌入式压电传感器模型简化为集中质量模型,这种简化方式忽略了传感器极化方向应变分布不均匀的情况。

本节针对上述目前研究中存在的不足,建立了"外包层—防水层—压电陶瓷"形式的压电陶瓷传感器动态力学模型,分析了压电陶瓷极化方向应力随频率的变化规律;利用 ANSYS 有限元验证了分析的正确性;分别分析了驱动频率,不同的外包层、防水层的材料和厚度,以及压电陶瓷厚度对传感器动态性能的影响;进行了嵌入式压电陶瓷传感器动态应力传递试验,分析了传感器制作工艺对其动态特性的影响,并对理论分析的结果加以验证。

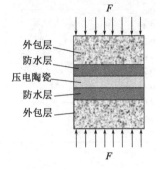

图 2-35　嵌入式压电陶瓷传感器的模型简图

2.4.1　嵌入式压电陶瓷传感器动态力学模型的建立

嵌入式压电陶瓷传感器多用于应力监测和弹性波的收发,这种形式的传感器常被用于混凝土结构的损伤识别中。"外包层—防水层—压电陶瓷"结构为嵌入式压电陶瓷传感器的常用形式,如图 2-35 所示。在压电陶瓷上涂抹一层防水层,防水层多为环氧树脂、硅胶等黏结剂材料,起到绝缘和黏结外包层的作用。在防水层外再包一层外包层,以防传感器在结构内部被压碎,起到保护的作用。嵌入式压电陶瓷传感器通常基于极化方向的压电常数 d_{33} 来测量传感器的轴向力或轴向应力波。因此,做出如下假设:①传感器主要承受轴向力,忽略其他方向应力的影响;②轴向力在传感器极化面上均匀分布。

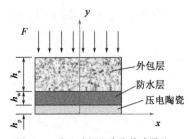

图 2-36　嵌入式压电陶瓷传感器的
计算模型

　　取对称结构分析,如图 2-36 所示。其中, h_s、h_w 为外包层、防水层的厚度,h_p 为压电陶瓷一半的厚度。外包层、防水层和压电陶瓷沿 y 方向的运动方程为:

$$E \frac{\partial^2 u}{\partial y^2} = \rho \frac{\partial^2 u}{\partial t^2} \tag{2-36}$$

式中:u——$u = u_p$、u_w、u_c 压电陶瓷、防水层、外包层沿着 y 方向的位移;

　　　E——$E = E_p$、E_w、E_c 压电陶瓷、防水层、外包层的弹性模量;

　　　ρ——$\rho = \rho_p$、ρ_w、ρ_c 压电陶瓷、防水层、外包层的密度。

　　外力 F 为简谐平稳振动 $F_0 e^{i\omega t}$,仅考虑结构的稳态响应。假设压电陶瓷、防水层和外包层的位移均为 $U e^{i\omega t}$,其中 $U = U_p$、U_w、U_c,分别为 u_p、u_w、u_c 沿 y 方向的振型坐标。则式(2-36)变为:

$$\frac{\partial^2 U}{\partial y^2} + \frac{\rho \omega^2}{E} U = 0 \tag{2-37}$$

　　则压电陶瓷、防水层和外包层沿 y 方向位移的通解为:

$$\begin{cases} U_p = C_1 \sin(\Gamma_p y) + C_2 \cos(\Gamma_p y) \\ U_w = C_3 \sin(\Gamma_w y) + C_4 \cos(\Gamma_w y) \\ U_c = C_5 \sin(\Gamma_c y) + C_6 \cos(\Gamma_c y) \end{cases} \tag{2-38}$$

　　其中,$\Gamma_p = \rho_p \omega^2 / E_p$,$\Gamma_w = \rho_w \omega^2 / E_w$,$\Gamma_c = \rho_c \omega^2 / E_c$。压电陶瓷、防水层和外包层的边界条件分别为:

　　当 $y = 0$ 时,

$$U_p = 0 \tag{2-39}$$

　　令 $h_1 = h_p$,当 $y = h_1$ 时,

$$\begin{cases} U_p \\ E_p \dfrac{dU_p}{dy} = E_w \dfrac{dU_w}{dy} \end{cases} \tag{2-40}$$

令 $h_2 = h_p + h_w$，当 $y = h_2$ 时，

$$\begin{cases} U_w = U_c \\ E_w \dfrac{dU_w}{dy} = E_c \dfrac{dU_c}{dy} \end{cases} \tag{2-41}$$

令 $h_3 = h_p + h_w + h_s$，当 $y = h_3$ 时，

$$E_c A \frac{dU_c}{dy} \tag{2-42}$$

式中：A——压电陶瓷极化面的面积。

令 $\varepsilon_0 = F_0 / (E_s A)$，将上述边界条件代入运动方程的通解，可得到如下的线性方程组：

$$\begin{bmatrix} \sin 0 & \cos 0 & 0 & 0 & 0 & 0 \\ \sin(\Gamma_p h_1) & 0 & -\sin(\Gamma_w h_1) & -\cos(\Gamma_w h_1) & 0 & 0 \\ E_p\Gamma_p\cos(\Gamma_p h_1) & 0 & E_w\Gamma_w\sin(\Gamma_w h_1) & 0 & 0 & \\ 0 & 0 & \sin(\Gamma_w h_2) & \cos(\Gamma_w h_2) & -\sin(\Gamma_c h_2) & \\ 0 & 0 & E_w\Gamma_w\cos(\Gamma_w h_2) & -E_w\Gamma_w\sin(\Gamma_w h_2) & -E_c\Gamma_c\cos(\Gamma_c h_2) & E_c\Gamma_c\sin(\Gamma_c h_2) \\ 0 & 0 & 0 & 0 & \Gamma_c\cos(\Gamma_c h_3) & -\Gamma_c\sin(\Gamma_c h_3) \end{bmatrix}$$

$$\begin{bmatrix} C_1 \\ C_2 \\ C_3 \\ C_4 \\ C_5 \\ C_6 \end{bmatrix} = \begin{bmatrix} 0 \\ 0 \\ 0 \\ 0 \\ 0 \\ \varepsilon_0 \end{bmatrix} \tag{2-43}$$

解式(2-43)的非齐次方程组可得到系数 $C_1 - C_6$。需要指出的是，$C_1 - C_6$ 都含有系数 ε_0。则压电陶瓷应变的振型为：

$$\frac{dU_p}{dy} = C_1\Gamma_p\cos(\Gamma_p y) \tag{2-44}$$

沿 y 方向的应变为：

$$\varepsilon_p = \frac{2}{h_p}\int_0^{h_p}\frac{dU_p}{dy}dy e^{i\omega t} = \frac{2}{h_p}C_1\sin(\Gamma_p h_p)e^{i\omega t} \tag{2-45}$$

将式(2-45)代入压电方程，得到传感器的输出电压为：

$$V = \frac{\varepsilon_p d_{33} A}{s_{33} C} \tag{2-46}$$

44

由式(2-46)得出传感器的输出电压与极化方向的应变成比例关系。若要分析传感器的动态特性,须研究压电陶瓷极化方向应变的动态应变传递特性。

2.4.2 数值模拟

利用有限元软件 ANSYS 模拟了"外包层—防水层—压电陶瓷"结构在简谐荷载激励下极化方向的应变分布随频率的变化情况,并与理论解进行对比,验证理论分析的正确性。压电陶瓷、防水层、外包层均采用 Plane 82 单元,尺寸参数见表 2-3。对图 2-36 所示的结构沿 x 方向取对称结构分析,对 x 为零的边界施加 x 方向的约束,对 y 为零的边界施加 y 方向的约束。首先进行模态分析,前三阶频率分别为 48.18kHz、101.08kHz、139.9kHz,前三阶振型如图 2-37 所示。其中,一阶振型是沿着 y 方向拉伸振动,二阶振型以外包层的扭转为主,第三阶振型以外包层和防水层的 x 方向拉伸为主。第二、三阶振型都包含 x 方向拉伸的分量,尽管这与数学模型中忽略 x 方向应变的假设不相符,然而对于以 d_{33} 为主的压电陶瓷,剪切方向应变对传感器的输出电压影响较小,所以可认为在使用频率范围内,模型的假设合理。

压电陶瓷、防水层和外包层的模型参数 表 2-3

压电陶瓷		防 水 层		外 包 层	
h_p	0.001m	h_w	0.0001m	h_c	0.015m
ρ_p	7600kg/m³	ρ_w	1105kg/m³	ρ_c	2700kg/m³
E_p	7.65×10^{10}N/m²	E_w	3×10^9N/m²	E_c	5×10^{10}N/m²

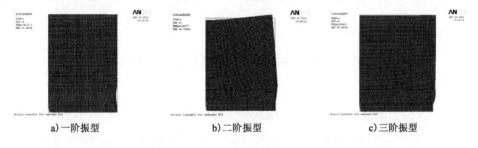

a)一阶振型　　　　　b)二阶振型　　　　　c)三阶振型

图 2-37 嵌入式压电陶瓷传感器的前三阶振型

下面对模型进行谐响应分析,并与"外包层—防水层—压电陶瓷"模型的理论解进行对比。图 2-38 所示为频率分别在 1kHz、10kHz、30kHz、50kHz 的情况下,压电陶瓷应变随 y 方向分布的理论解和数值解。从图中可以看出,本节所提数学模型理论解与数值解吻合良好,说明了所提模型的合理性。

2.4.3 参数分析

对一嵌入式压电陶瓷传感器的特性进行数值模拟,说明驱动频率、外包层、防水层和压电陶瓷片厚度对传感器动态特性的影响。传感器外包层采用大理石,防水层采用环氧树脂材料,材料性质和传感器参数见表2-3。对传感器施加 y 方向的简谐激励 $e^{i\omega t}$，分析压电陶瓷沿极化方向的应变幅值随驱动频率的变化情况。

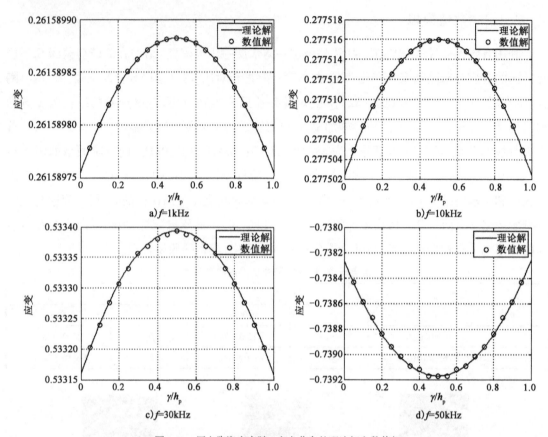

图 2-38　压电陶瓷应变随 y 方向分布的理论解和数值解

1. 驱动频率的影响

土木工程结构的振动频率一般在几百赫兹的频率范围内，而弹性波的振动频率通常在上千赫兹。因此，分别分析在 $0\sim1\mathrm{kHz}$ 和 $1\mathrm{kHz}\sim100\mathrm{kHz}$ 频率范围内传感器的动态特性。

图 2-39 为驱动频率在 $0\sim1\mathrm{kHz}$ 的范围内压电陶瓷极化方向的应变幅值随频率的变化情况。从图中可以看出，当驱动频率为 0Hz 时，压电陶瓷沿极化方向的应变幅值为 0.0003438；当驱动频率为 1kHz 时，应变幅值为 0.0003439，仅有 0.03% 的增长。因此可以认为，在土木工程结构振动测试的频率范围内，驱动频率对传感器沿极化方向的应变没有影响，可用灵敏度来表达传感器的输出与测量值间的关系。

图 2-40 为驱动频率在 $1\mathrm{kHz}\sim100\mathrm{kHz}$ 范围内压电陶瓷极化方向的应变幅值随频率的变化情况。从图中可以看出，压电陶瓷沿极化方向振动的一阶频率为 48kHz，驱动频率越接近48kHz，压电陶瓷的应变幅值的增长越急剧。因此，当传感器被用于应力波的监测，且应力波的频率不同时，应力波幅值与传感器的输出无法用一个恒定的线性关系来表达。此外，相比于

低频的土木工程结构应力响应信号,压电陶瓷传感器更易于接收到高频的应力波信号,在传感器信号幅值相等的条件下,用于激励的应力波幅值要小于土木结构应力响应的幅值。

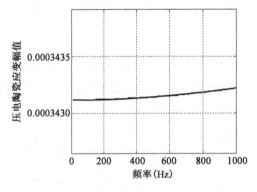

图2-39　压电陶瓷应变幅值随驱动频率的变化
（0~1kHz 范围内）

图2-40　压电陶瓷应变幅值随驱动频率的变化
（1kHz~100kHz 范围内）

图 2-41 为驱动频率分别为 20kHz、50kHz 时,式(2-44)所示的应变振型坐标 dU_p/dy 随 y 的分布,以及激励信号和压电陶瓷应变信号。当驱动频率小于传感器沿极化方向振动的一阶频率时,dU_p/dy 为正值［图 2-41a)］,此时压电陶瓷应变响应与激励信号符号相同［图2-41b)］。当驱动频率大于传感器体系的自振频率时,dU_p/dy 为负值［图2-41c)］,此时

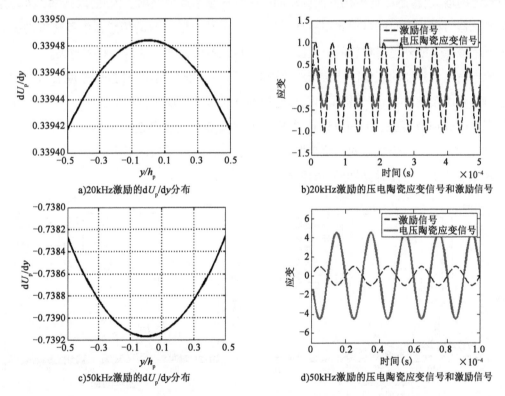

a)20kHz激励的dU_p/dy分布

b)20kHz激励的压电陶瓷应变信号和激励信号

c)50kHz激励的dU_p/dy分布

d)50kHz激励的压电陶瓷应变信号和激励信号

图 2-41　驱动频率分别为 20kHz、50kHz 时,dU_p/dy 沿 y 方向的分布,以及激励信号和压电陶瓷的应变信号

压电陶瓷的应变响应与激励信号符号相反,此时的压电陶瓷极化方向的应变响应与激励信号相比,将出现值为 π 的相位差[图2-41d)]。当需要测量信号的相位时,这种由于振型坐标引起的相位差是不可忽略的因素。

2. 外包层的影响

嵌入式压电陶瓷的制作有多种外包层的材料。不同外包层材料对传感器动态性能的影响有所不同。本小节讨论不同外包层材料对传感器动态性能的影响,数值的模型参数按表2-3选取。不同外包层材料的性质按表2-4选取,其中 $E_c/\rho_c = c^2$,其中 c 为材料的纵波波速。

不同外包层材料的性质 表2-4

材　　料	密度(kg/m²)	弹性模量(GPa)	E_c/ρ_c
混凝土	2500	23	9.20×10^6
黄铜	8000	70	11.41×10^6
花岗岩	3000	43	14.54×10^6
大理石	2700	55	20.37×10^6
碳素钢	7400	206	27.83×10^6

图2-42所示为不同的外包层材料对传感器应变幅值的影响。由图可知,随着外包层材料纵波波速的增大,传感器沿极化方向振动的一阶自振频率逐渐递增。因此,以碳钢为外包层材料的传感器沿极化方向的自振频率最高,以混凝土做外包层材料的传感器沿极化方向振动的自振频率最低。故外包层材料的纵波波速越大,传感器极化方向的自振频率越大。

压电陶瓷传感器的制作往往会选取不同的外包层厚度。然而,外包层厚度会对传感器的动态特性有所影响,本小节分析了不同外包层厚度对传感器动态特性的影响。图2-43所示为外包层厚度分别为5mm、10mm、15mm情况下,压电陶瓷应变幅值随频率的变化情况。从图中可以看出,厚度越薄,传感器的一阶自振频率越大。因此,为了获取更大的使用频率范围,制作嵌入式压电陶瓷传感器时,尽可能选择薄的外包层厚度。

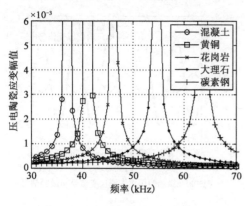

图2-42　外包层材料对累计应变的影响

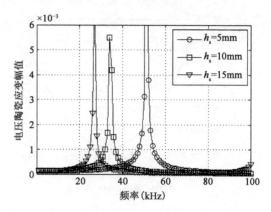

图2-43　外包层厚度对累计应变的影响

3. 防水层的影响

通常情况下,常采用环氧树脂材料作为压电陶瓷传感器的防水层。由于环氧树脂种类不同,材料的弹性模量分布在 1~5GPa,而环氧树脂的密度的浮动范围很小,故弹性模量越大,纵波波速就越大。本小节分析了不同性质的防水层对传感器动态特性的影响,如图 2-44 所示。图中防水层的密度取 $1105kg/m^3$,弹性模量分别取 1.5GPa、3.5GPa、4.5GPa。从图中可以看出,防水层的弹性模量越大,传感器体系沿极化方向振动的一阶自振频率越大。因此,应尽可能选择弹性模量较大的材料作为防水层。

制作嵌入式压电陶瓷传感器往往会选择不同厚度的防水层,故有必要分析防水层厚度对传感器动态特性的影响。图 2-45 所示为防水层厚度为 0.5mm、1mm、1.5mm 时,压电陶瓷的应变幅值随频率的变化情况。由图可知,防水层厚度越薄,传感器体系沿极化方向振动的一阶频率越大。故在保证传感器可靠性的同时,尽可能选择更薄的防水层。

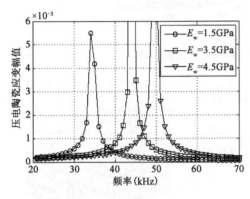

图 2-44　防水层材料对应变的影响

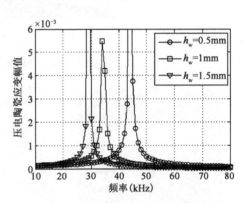

图 2-45　防水层厚度对累计应变的影响

4. 压电陶瓷片厚度的影响

本小节还分析了压电陶瓷片厚度对传感器动态特性的影响。图 2-46 是压电陶瓷片厚度分别为 0.25mm、0.5mm、1mm 时,传感器应变幅值随频率的变化情况。由图可知,压电陶瓷片厚度对沿极化方向振动的自振频率并无影响。

2.4.4　试验分析

对嵌入式压电陶瓷传感器在简谐荷载作用下的动态应力传递进行试验研究,分别选取不同外包层、防水层的材料和厚度,压电陶瓷片厚度,分析驱动频率对传感器应力传递特性的影响,以及制作工艺对嵌入式压电陶瓷传感器动态特性的影响,并验证本节所述计算模型的正确性。

所制作的嵌入式压电陶瓷传感元件如图 2-47 所示,外包层的尺寸为 15mm × 15mm × 15mm,压电陶瓷片为方形片,尺寸为 15mm × 15mm × 1mm。压电陶瓷的两极焊上导线后,将环氧树脂涂抹均匀,再包以外包层。为了对比不同工况的两个压电陶瓷元件的动态性能,将两个对比用的压电陶瓷传感元件对称粘紧于驱动用的压电陶瓷片两侧,如图2-48所示。对驱动用的压电陶瓷片施加简谐激励。将试件两端夹持在台钳上并用橡皮泥固定试件两端(图2-49)。由于橡皮泥材质较软、易变形,可将橡皮泥作为试件与台钳夹持的缓冲区,以避免台钳对试件夹持过紧导致试件损伤。测试所用压电陶瓷试件的编号和工况见表2-5。

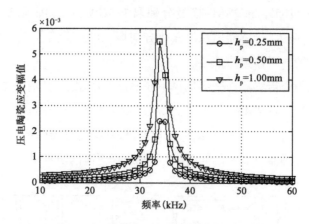

图2-46 压电陶瓷片厚度对压电陶瓷应变幅值的影响

 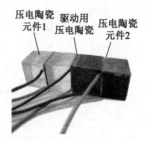 

图2-47 压电陶瓷传感元件　　图2-48 试验试件　　图2-49 试件夹持方式

试 件 工 况 列 表　　　　　　　　表2-5

名称	对比工况	压电陶瓷(PZT)传感元件	外包层材料	防水层材料	防水层厚度(mm)	压电陶瓷片厚度(mm)
试件1	外包层材料	压电陶瓷-1 压电陶瓷-2	钢 大理石	环氧树脂 环氧树脂	0.4 0.4	1 1
试件2	外包层材料	压电陶瓷-1 压电陶瓷-2	大理石 有机玻璃	环氧树脂 环氧树脂	0.4 0.4	1 1
试件3	黏结层材料	压电陶瓷-1 压电陶瓷-2	大理石 大理石	硅胶 环氧树脂	0.4 0.4	1 1
试件4	黏结层材料	压电陶瓷-1 压电陶瓷-2	大理石 大理石	硅胶 环氧树脂	0.4 0.4	1 1

名称	对比工况	压电陶瓷(PZT)传感元件	外包层材料	防水层材料	防水层厚度(mm)	压电陶瓷片厚度(mm)
试件5	黏结层厚度	压电陶瓷-1 压电陶瓷-2	大理石 大理石	环氧树脂 环氧树脂	0.25 0.45	1 1
试件6	黏结层厚度	压电陶瓷-1 压电陶瓷-2	大理石 大理石	环氧树脂 环氧树脂	0.25 0.45	1 1
试件7	压电陶瓷厚度	压电陶瓷-1 压电陶瓷-2	大理石 大理石	环氧树脂 环氧树脂	0.45 0.45	0.5 1
试件8	压电陶瓷厚度	压电陶瓷-1 压电陶瓷-2	大理石 大理石	环氧树脂 环氧树脂	0.45 0.45	0.5 1

采集压电陶瓷信号后,提取出信号的相位信息。由于不同加载频率下驱动用的压电陶瓷片所产生的驱动力有所不同,故通过信号的幅值难以判断出压电陶瓷传感器的自振频率。本小节利用一个试件上两个传感元件相位差的变化来分别说明外包层材料、防水层材料及厚度、压电陶瓷片厚度对压电陶瓷传感器自振频率的影响。

1. 低频响应范围内传感器的动态特性

嵌入式压电陶瓷传感器常被用于结构的振动测试,监测结构内部的动态应力,而在压电陶瓷频率响应范围内,土木工程结构的振动响应属于低频范围。对驱动用的压电陶瓷施加频率范围为 0 ~ 1000Hz、幅值为 20V 的正弦激励。图 2-50 所示为驱动频率分别为 100Hz、300Hz 时试件 3 中两个压电陶瓷传感器信号。图 2-51 所示为试件 1、试件 3、试件 5 和试件 7 中两个传感器信号的幅值随驱动频率的变化情况。从图中可以看出,在土木工程结构振动响应的频率范围内,驱动频率对传感器信号的幅值的影响几乎可以忽略,在此频率范围内,可以用灵敏度来表达传感器所受应力与输出电压的关系。

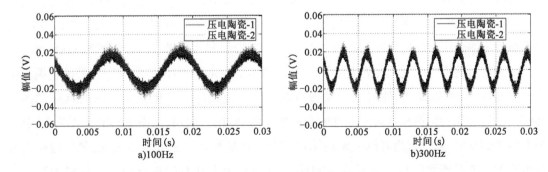

图 2-50 试件 3 中两个压电陶瓷传感器信号

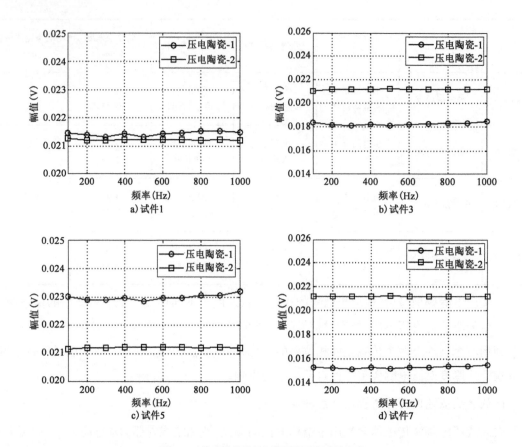

图 2-51　传感器信号的幅值随驱动频率的变化

2. 高频响应范围内外包层材料的影响

　　分别采用有机玻璃、大理石、钢作为外包层,分析外包层材料对压电陶瓷传感元件动态特性的影响。图 2-52 所示为试件 1 和试件 2 中两个压电陶瓷元件的相位差的计算结果与试验结果,计算结果与试验结果误差均在 5% 以内,比较相近。同时,说明了试件 1 中两个压电陶瓷元件沿极化方向振动的自振频率分别为 48kHz 和 55kHz,试件 2 中两个压电陶瓷元件的自振频率分别为 30kHz 和 48kHz。图 2-53 所示为不同驱动频率下,试件 1 和试件 2 的激励信号,以及试件中两个压电陶瓷元件的时域信号。由图 2-53a)可以看出,驱动频率为 52kHz 时,外包层为大理石的压电陶瓷元件先发生了值为 π 的相位变化,说明该压电陶瓷元件的自振频率小于 52kHz。也可以说明,外包层为大理石的压电陶瓷元件沿极化方向振动的自振频率为 48kHz,而外包层为钢的压电陶瓷元件的自振频率为 55kHz。同理,由图 2-53b)可以看出,驱动频率为 40kHz 时,外包层为有机玻璃的压电陶瓷元件信号相位已经发生改变,故外包层为有机玻璃的压电陶瓷元件自振频率为 30kHz,而外包层为大理石的压电陶瓷元件自振频率为 48kHz。试验结果与理论结果比较相符,说明理论分析是正确的。

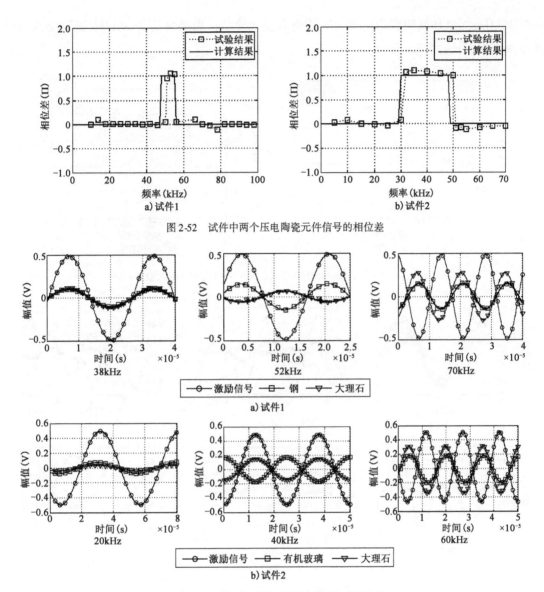

图2-52　试件中两个压电陶瓷元件信号的相位差

图2-53　试件1和试件2的激励信号与时域信号

3.高频响应范围内防水层材料的影响

制作嵌入式压电陶瓷传感器时,常用环氧树脂和硅胶作为传感器的防水层。本小节分析了环氧树脂、硅胶作为防水层的压电陶瓷传感器的动态特性。图2-54所示为试件3和试件4中两个压电陶瓷元件相位差的计算结果和试验结果,从图中可以看出两者结果比较相近,且试件3和试件4中两个压电陶瓷元件沿极化方向振动的自振频率分别为16kHz和48kHz。图2-55所示为试件3和试件4在不同驱动频率下的传感器信号和激励信号。从图中可以看出,以硅胶为防水层的压电陶瓷元件在30kHz频率的激励下已经发生了相位变化,故自振频率小于30kHz。据此判断出以硅胶为防水层的压电陶瓷元件沿极化方向振动的自振频率为16kHz,而以环氧树脂为防水层的压电陶瓷元件的自振频率约为48kHz,试验结果与计算结果较相近。

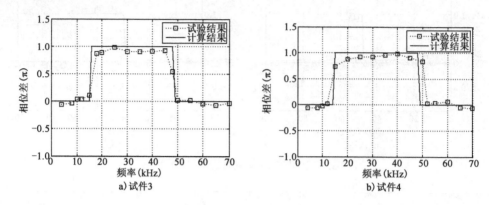

图 2-54　试件 3 和试件 4 中两个压电陶瓷传感器的相位差

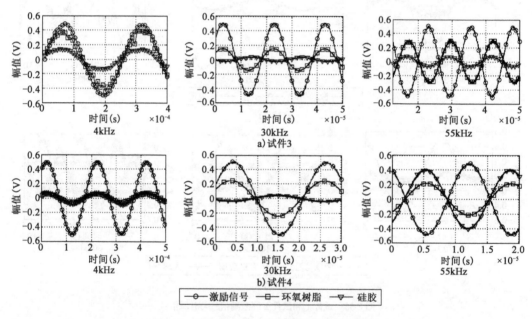

图 2-55　试件 3 和试件 4 的传感器信号和激励信号

4. 高频响应范围内防水层厚度的影响

分别制作防水层厚度为0.25m和0.45mm的压电陶瓷传感器,分析防水层厚度对压电陶瓷传感器动态特性的影响。图2-56所示为试件5和试件6中两个传感器的相位差,从图中可以看出,两者的自振频率约为46kHz和56kHz。图2-57所示为驱动频率分别为20kHz、50kHz、65kHz时的传感器信号和激励信号。从图中可看出,随着驱动频率的增加,防水层厚度为0.45mm的压电陶瓷元件信号先发生了相位的变化。因此可以判断,防水层厚度为0.45mm的压电陶瓷元件沿极化方向振动的自振频率为46kHz,而防水层厚度为0.25mm的压电陶瓷元件的自振频率约为56kHz。试验结果与计算结果比较相近。防水层厚度越薄,传感器沿极化方向振动的自振频率越大。

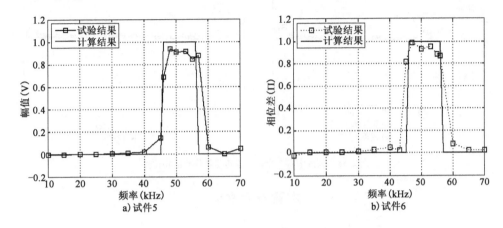

图 2-56 试件 5 和试件 6 中两个压电陶瓷传感器的相位差

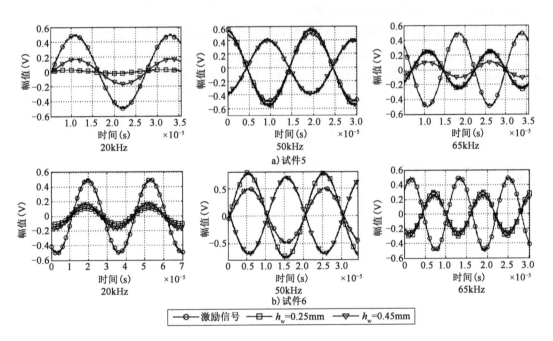

图 2-57 试件 5 和试件 6 的传感器信号和激励信号

5. 高频响应范围内压电陶瓷片厚度的影响

试件 7 和试件 8 分析了压电陶瓷片的厚度对传感器动态特性的影响。分别以 0.5mm 和 1mm 厚的压电陶瓷片制作传感器。图 2-58 所示为试件 7 和试件 8 中两个压电陶瓷元件的相位差,从图中可以看出,试验结果与计算结果相符,即压电陶瓷片厚度对传感器沿极化方向振动的自振频率没有影响。

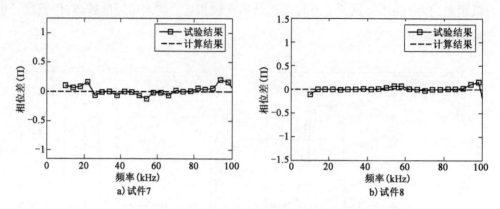

图 2-58　试件中两个压电陶瓷传感器信号的相位差

本章参考文献

［1］ Gautschi G. Piezoelectric sensorics：force，strain，pressure，acceleration and acoustic emission sensors，materials and amplifiers［M］. New York：Springer，2002.

［2］ 李旭. 基于压电陶瓷传感器宽频响应的结构损伤识别［D］. 大连：大连理工大学，2015.

［3］ 孙威. 利用压电陶瓷的智能混凝土结构健康监测技术［D］. 大连：大连理工大学，2009.

［4］ 田振. 基于时间反演的混凝土中应力波传播特性研究［D］. 大连：大连理工大学，2017.

第 3 章　基于压电传感器的"拍"信号解析

3.1　引　言

压电陶瓷传感器已经在结构的振动和冲击测试中有广泛应用,如 Seydel 等[1]将压电陶瓷换能器粘贴在复合材料板中,将监测到的应力时程用于识别冲击荷载;周晚林等[2]应用压电陶瓷传感器,对飞机常用的复合材料板进行冲击荷载和位置的识别;Li 等[3]用压电陶瓷传感器监测模拟人流量和交通量;Song 等[4]将压电陶瓷传感器埋入混凝土梁中,用来监测高速公路桥受超载货车冲击的响应。此外,压电陶瓷传感器还被用于悬臂梁结构的模态识别[5]。

土木结构振动响应通常在 1000Hz 以下的低频范围内,在这一频率范围内,压电陶瓷传感器低频响应信号能准确地表达由于振动引起的结构应力、应变响应。本章研究了压电陶瓷传感器信号在 1000Hz 以下低频响应的"拍"现象。有阻尼体系的自由振动应为指数形式衰减,然而,振动测试中压电陶瓷传感器的低频响应时常会出现一种有趣的现象,即振幅时而增强,时而减弱,有规律地交替变化的现象,这种现象叫作"拍"现象。这种现象源于两个频率相近的振动合成,在不同领域中都有发生,如霍林生等[6]分析了振动控制领域中环形调液阻尼器体系"拍"现象的形成机理。冲击测试时,相比其他类传感器,压电陶瓷传感器更易于接收到频率相近的模态信号,产生"拍"信号。这种"拍"信号的出现,可能会对冲击测试结果造成一定影响,如进行模态识别时,这种叠加了其他模态响应的"拍"信号会降低模态识别的准确性。因此,有必要研究振动测试中压电陶瓷传感器"拍"信号的形成机理和规律。

本章从数学的角度分析了压电陶瓷传感器"拍"信号的形成机理,通过旋转矢量法分析了"拍"现象的影响因素,结果表明,当结构阻尼足够大时,"拍"现象消失;经历不同方向的冲击,压电陶瓷传感器响应的"拍"信号将有规律性地变化;可以通过改变嵌入结构内的截面位置变化来控制"拍"信号。最后,提出了一种基于压电陶瓷传感器的"拍"信号荷载撞击方向识别方法,并利用悬臂钢柱的冲击试验验证了该方法的有效性。

3.2　"拍"信号解析

以埋置压电陶瓷传感器的混凝土悬臂柱为例来分析受到冲击作用后压电传感器信号的

"拍"现象。

所用混凝土柱的尺寸为 $B \times W \times L$。将压电陶瓷传感器嵌入混凝土柱内,用于监测混凝土的轴向应力响应。假设封装后传感器的尺寸小于集料的最大粒径,对混凝土柱的性能不产生影响。给柱顶施加初始速度为 v_0 的撞击,传感器的埋置位置和撞击方向角 θ 如图 3-1 所示。

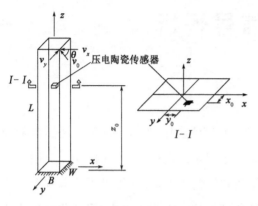

图 3-1　传感器的埋置位置和冲击方向

3.2.1　压电陶瓷片极化面应力的计算

假设压电陶瓷片只承受极化面轴向应力,忽略极化面剪切方向的应力。将初始速度 v_0 分解为 x 方向的分量 v_x 和 y 方向的分量 v_y。按图 3-1 的计算方向,则压电陶瓷片极化面的内力 σ_3 分解为 v_x 引起的应力 σ_{3x} 与 v_y 引起的应力 σ_{3y},即:

$$\sigma_3 = \sigma_{3x} + \sigma_{3y} \tag{3-1}$$

分别计算 σ_{3xy} 和 σ_{3y}。先分析初始速度为 v_x 的冲击引起柱的自由振动。有阻尼体系的自由振动方程为:

$$E_x I_y \frac{\partial u_x^{(4)}(z,t)}{\partial z^4} + m \frac{\partial^2 u_x(z,t)}{\partial t^2} + a_1 E_x I_y \frac{\partial u_x^{(5)}(z,t)}{\partial z^4 \partial t} + a_0 m \frac{\partial u_x(z,t)}{\partial t} = 0 \tag{3-2}$$

式中:u_x——x 方向的位移;

E_x——柱的弹性模量;

I_y——y 方向的惯性矩;

m——柱的单位长度的质量;

a_0、a_1——Rayleigh 阻尼的质量和刚度系数。

用分离变量法解式(3-2),将方程的解分解为振型坐标 $Z_x(z)$ 和振型坐标上与时间相关的幅值 $Y_x(t)$ 的组合,即:

$$u_x(z,t) = Z_x(z) Y_x(t) \tag{3-3}$$

将式(3-3)代入式(3-2),将其分解为:

$$\begin{cases} Z_x^{(4)}(z) - a^4 Z_x(z) = 0 \\ \ddot{Y}_x(t) + 2\xi_x \omega_x \dot{Y}(t) + \omega_x^2 Y_x(t) = 0 \end{cases} \tag{3-4}$$

其中,ξ_x 为 x 方向振动的阻尼比,a_0、a_1 分别为 Rayleigh 阻尼的质量和刚度系数,ξ_x 表示为:

$$\xi_x = \frac{a_0}{2\omega_x} + \frac{a_1 \omega_x}{2} \tag{3-5}$$

a 是与柱频率相关的系数，x 方向的自振频率可表示为：

$$\omega_x = a^2 \sqrt{\frac{E_x I_y}{m}} \tag{3-6}$$

则式(3-2)的通解为：

$$Z_x(z) = A_1\cos(az) + A_2\sin(az) + A_3\cosh(az) + A_4\sinh(az) \tag{3-7}$$

其边界条件如式(3-8)所示。

$$Z(0) = Z'(0) = M(L) = V(L) = 0 \tag{3-8}$$

式中：M、V——弯矩和剪力。

将边界条件代入式(3-7)，可得到第 i 阶响应的 a 值，进而求得第 i 阶振型和自振频率。第一阶振型对结构反应的贡献最大，故可将第一阶振型的动力反应 $u_{1x}(z,t)$ 近似为结构的总反应 $u(z,t)$。第一阶频率对应的 a 值[7]为：

$$a = \frac{1.875}{L} \tag{3-9}$$

则悬臂柱的第一阶频率为：

$$\omega_x = 1.875^2 \sqrt{\frac{E_x I_y}{mL^4}} \tag{3-10}$$

根据悬臂柱振型的正交性，第一振型正规坐标的初始速度为：

$$\dot{Y}_{1x}(0) = \frac{\int_0^L m Z_1(z) v(z,0)\,\mathrm{d}z}{\int_0^L m Z_1^2(z)\,\mathrm{d}z}\cos\theta \tag{3-11}$$

解式(3-4)关于 $Y_x(t)$ 的微分方程，并将式(3-11)的初始条件代入，计算出第一阶振型下的位移 $Y_x(t)$。$Y_x(t)$ 是频率为 ω_x 的谐波信号，如式(3-12)所示。

$$Y_{1x}(t) = \frac{\dot{Y}_{1x}(0)}{\omega_{Dx}}\sin(\omega_{Dx}t)\exp(-\xi_x\omega_x t) \tag{3-12}$$

式中：ω_{Dx}——有阻尼体系下的自振频率，$\omega_{Dx} = \omega_x\sqrt{1-\xi_x^2}$；

　　　ξ_x——x 方向的阻尼比。

则由初始速度 v_x 引起的压电极化面的内力 σ_{3x} 为：

$$\sigma_{3x} = \frac{x_0 E_x I_y Z_{1x}''(z_0) Y_{1x}(t)}{I_y} = x_0 E_x Z_{1x}''(z_0) Y_{1x}(t) \tag{3-13}$$

其中，z_0 为传感器位置到原点的 z 方向的距离，x_0 为 x 轴到压电陶瓷片极化面轴心的距离。同样，σ_{3x} 也为频率为 ω_x 的谐波信号。同理，可得到由初始速度 v_y 引起极化面的内力 σ_{3y}

如式 (3-14) 所示,其中, y_0 为 y 轴到压电陶瓷片极化面轴心的距离。

$$\sigma_{3y} = y_0 E_y Z''_{1y}(z_0) Y_{1y}(t) \tag{3-14}$$

3.2.2 压电陶瓷传感器的输出响应

应力和应变等力学参量,通过压电传感器和信号采集系统以电压的形式输出。根据实际情况,对压电材料做出如下假设:压电陶瓷被视为理想的弹性材料和理想的介电材料,不存在自由移动电荷;压电陶瓷电极面为等电势面,即在压电陶瓷正负两个电极面之间所形成的电场为均匀电场,且无其他方向的分量。取图 3-1 所示的计算方向,将压电方程表示成矩阵形式为:

$$
\begin{bmatrix} D_1 \\ D_2 \\ D_3 \end{bmatrix} =
\begin{bmatrix} & & & & & d_{15} \\ & & & & d_{24} & \\ d_{31} & d_{32} & d_{33} & & & \end{bmatrix}
\begin{bmatrix} \sigma_1 \\ \sigma_2 \\ \sigma_3 \\ \sigma_4 \\ \sigma_5 \\ \sigma_6 \end{bmatrix} +
\begin{bmatrix} e_{11} & & \\ & e_{22} & \\ & & e_{33} \end{bmatrix}
\begin{bmatrix} E_1 \\ E_2 \\ E_3 \end{bmatrix} \tag{3-15}
$$

$$
\begin{bmatrix} \varepsilon_1 \\ \varepsilon_2 \\ \varepsilon_3 \\ \varepsilon_4 \\ \varepsilon_5 \\ \varepsilon_6 \end{bmatrix} =
\begin{bmatrix} s_{11} & s_{12} & s_{13} & & & \\ s_{21} & s_{22} & s_{23} & & & \\ s_{31} & s_{32} & s_{33} & & & \\ & & & s_{44} & & \\ & & & & s_{44} & \\ & & & & & s_{66} \end{bmatrix}
\begin{bmatrix} \sigma_1 \\ \sigma_2 \\ \sigma_3 \\ \sigma_4 \\ \sigma_5 \\ \sigma_6 \end{bmatrix} +
\begin{bmatrix} & & d_{31} \\ & & d_{32} \\ & & d_{33} \\ & d_{24} & \\ d_{15} & & \end{bmatrix}
\begin{bmatrix} E_1 \\ E_2 \\ E_3 \end{bmatrix} \tag{3-16}
$$

压电陶瓷片被用作传感器时,外加电场为零,极化方向是 3 方向的时候,式 (3-15) 表示为:

$$D_3 = d_{31}\sigma_1 + d_{32}\sigma_2 + d_{33}\sigma_3 \tag{3-17}$$

产生的电荷 Q 为:

$$Q = \iint D_3 dA_3 \tag{3-18}$$

式中: A_3 ——压电陶瓷电极面的表面积。

则输出电压 V 只与电荷 Q 和反馈电容 C_F 有关,如式 (3-19) 所示。

$$V = \frac{Q}{C_F} \tag{3-19}$$

对于压电陶瓷片结构,忽略 1、2 方向的剪切应力,将式 (3-17)、式 (3-18) 代入式 (3-19),得:

$$V = \frac{d_{33}\sigma_3 A_3}{C_F} \tag{3-20}$$

定义压电陶瓷的灵敏度 S_q 为：

$$S_q = \frac{d_{33}A_3}{C_F} \tag{3-21}$$

灵敏度是压电陶瓷片的自身性质，与极化面面积、压电常数和测试系统的电容有关。则输出电压可表示为：

$$V = S_q\sigma_3 \tag{3-22}$$

将式（3-13）和式（3-14）代入式（3-22），可得到嵌入在柱内的压电陶瓷传感器的输出电压为：

$$V = A_x\sin(\omega_{Dx}t) + A_y\sin(\omega_{Dy}t) \tag{3-23}$$

其中，

$$A_x = S_q\frac{x_0}{\omega_{Dx}}E_x Z''_{1x}(z_0)\dot{Y}_{1x}(0)\exp(-\xi_x\omega_x t) = A_{cx}\exp(-\xi_x\omega_x t) \tag{3-24}$$

$$A_y = S_q\frac{x_0}{\omega_{Dy}}E_y Z''_{1y}(z_0)\dot{Y}_{1y}(0)\exp(-\xi_y\omega_y t) = A_{cy}\exp(-\xi_y\omega_y t) \tag{3-25}$$

由式（3-23）可知，压电陶瓷传感器的输出电压是 x 方向和 y 方向振动响应的叠加。当两个振动的频率相近时，其耦联体系中传感器的输出便形成"拍"信号。

为了进一步说明压电陶瓷传感器的"拍"信号，先假设一种特殊情况，即令 A_x 等于 A_y，则：

$$\begin{aligned} V &= 2A_{cx}\exp(-\xi_x\omega_x t)\cos\left(\frac{\omega_{Dy}-\omega_{Dx}}{2}t\right)\sin\left(\frac{\omega_{Dx}+\omega_{Dy}}{2}t\right) \\ &= 2A_{cx}\exp(-\xi_x\omega_x t)\cos(\omega_B t)\sin(\omega_A t) \end{aligned} \tag{3-26}$$

其中，$\omega_B = (\omega_{Dx}-\omega_{Dy})/2$，$\omega_A = (\omega_{Dx}+\omega_{Dy})/2$。从式（3-26）可以看出，"拍"信号的实质是频率为 ω_A 的调制幅值谐波信号，其幅值 $2A_{cx}\exp(-\xi_x\omega_x t)\cos(\omega_B t)$ 是频率为 ω_B 的指数衰减信号，如图3-2所示。故 ω_B 是"拍"信号的拍频。当 ω_{Dx} 与 ω_{Dy} 越接近时，拍频越小，"拍"信号越明显。

3.2.3　旋转矢量法

利用旋转矢量法来分析更一般化的压电陶瓷传感器的"拍"信号，将压电陶瓷传感器的输出电压用旋转矢量的形式表示，如图3-3所示。$\overline{A}_x$ 是长度为 A_x、以 ω_{Dx} 的角速度绕 X 轴旋转的矢量，$\overline{A}_y$ 是长度为 A_y、以 ω_{Dy} 的角速度绕 X 轴旋转的矢量，$\overline{A}$ 是 $\overline{A}_x$ 和 $\overline{A}_y$ 的矢量和。从数学的角度讲，压电陶瓷传感器的输出电压 V 可表示为矢量在 Y 轴上的投影，如式（3-27）所示。

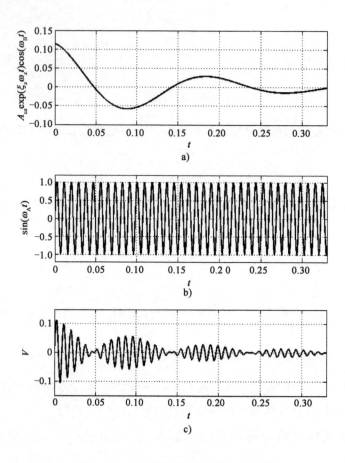

图 3-2 等幅值的耦联体系"拍"信号的示意图

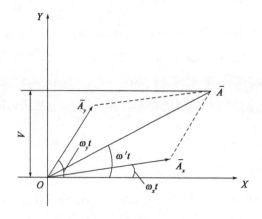

图 3-3 旋转矢量法

$$V = A\sin(\omega' t) \tag{3-27}$$

其中，$\omega' t$ 是 $\overline{A}_y$ 绕 X 轴旋转的角度，由式(3-28)提供。A 为 $\overline{A}$ 的幅值，见式(3-29)。

$$\omega' t = \begin{cases} \arccos\left(\dfrac{1 + (A_y/A_x)\cos\left[(\omega_{Dy} - \omega_{Dx})t\right]}{\sqrt{1 + (A_y/A_x)^2 + 2(A_y/A_x)\cos\left[(\omega_{Dy} - \omega_{Dx})t\right]}}\right) + \omega_{Dx}t & (\omega_{Dy} - \omega_{Dx})t \text{ 在第1、2 象限} \\[4mm] -\arccos\left(\dfrac{1 + (A_y/A_x)\cos\left[(\omega_{Dy} - \omega_{Dx})t\right]}{\sqrt{1 + (A_y/A_x)^2 + 2(A_y/A_x)\cos\left[(\omega_{Dy} - \omega_{Dx})t\right]}}\right) + \omega_{Dx}t & (\omega_{Dy} - \omega_{Dx})t \text{ 在第3、4 象限} \end{cases}$$

$$\tag{3-28}$$

$$A = \sqrt{A_x^2 + A_y^2 + 2A_x A_y \cos\left[(\omega_{Dy} - \omega_{Dx})t\right]} \tag{3-29}$$

可利用图 3-4 进一步解释压电陶瓷传感器的"拍"信号的形成原因。A_x 和 A_y 分别是初始速度 v_x 和 v_y 引起的传感器响应的幅值,则压电陶瓷传感器的输出电压是角度为 $\omega' t$、幅值为 A 的谐振响应。A 也是"拍"信号的包络线,是随时间变化的,其拍频为 ω_B。

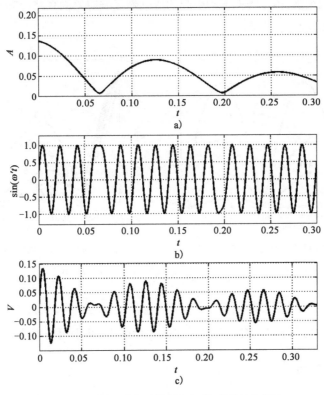

图 3-4 幅值不相等的耦联体系"拍"信号的示意图

3.3 "拍"信号的影响因素分析

由 3.2.3 节分析可知,结构振动测试中压电陶瓷传感器的"拍"信号源于结构相近频率的振动模态耦合,包络线 A 和拍频 ω_B 是"拍"信号的主要影响因素。本节以混凝土柱为例,分析了冲击测试中"拍"信号的影响因素,包括结构阻尼比、冲击方向、传感器位置、截面尺寸等。混凝土柱的计算简图同图 3-1,如不特殊强调,混凝土柱与压电陶瓷传感器的参数见表 3-1。

混凝土柱与压电陶瓷传感器的参数 表 3-1

$B \times W \times L(\mathrm{m}^3)$	$m(\mathrm{kg/m}^3)$	$E_{\mathrm{b}}(10^{10}\mathrm{N/m}^2)$	$z_0(\mathrm{m})$	$\theta(°)$	$v_0(\mathrm{m/s})$	$S_{\mathrm{q}}(\mathrm{V/MPa})$
$0.1 \times 0.11 \times 1$	23.57	2.5	0.175	45	1	0.813

3.3.1 阻尼比对"拍"信号的影响

本小节分析了阻尼比对压电陶瓷传感器"拍"信号的影响。图 3-5 所示为 ξ_x 与 ξ_y 相等时,压电陶瓷传感器输出信号的包络线。随着阻尼比的增加,传感器的输出响应呈现指数形式的衰减,阻尼比越大,越不易出现"拍"信号。实际上,结构不同方向的阻尼比会略有不同。图 3-6 所示为 ξ_x 取0.01、ξ_y 取不同阻尼比值时,压电陶瓷传感器输出信号的包络线。从图中可以看出,随着 y 方向阻尼比的增加,由 y 方向振动引起的压电陶瓷响应急剧衰减,其传感器的输出越来越趋向于阻尼比小的模态响应。

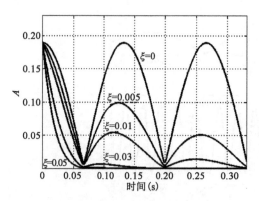

图 3-5 ξ_x 和 ξ_y 相同时压电陶瓷传感器信号的
包络线($\xi_x = \xi_y = \xi$)

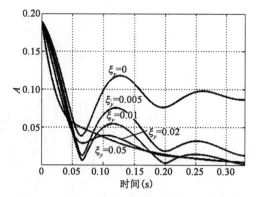

图 3-6 不同 ξ_y 的压电陶瓷传感器信号的包络线
($\xi_x = 0.01$)

阻尼比不仅影响"拍"信号的幅值,还对其拍频有一定的影响。图 3-7 所示为拍频随 ξ_y/ξ_x 的变化情况。从图中可以看出,拍频随阻尼比的变化微小,几乎可忽略不计。

3.3.2 冲击方向

当冲击方向发生改变时,x 与 y 正交方向的初始速度发生变化,其正交方向响应的幅值也会发生改变。因此,冲击方向的改变对"拍"信号的幅值产生有规律性的影响。图 3-8 所示为阻尼比分别为 0 和 0.01,冲击方向分别为 0°、45°、60° 和 90° 时传感器的时域和频域信号。从图中可以看出,冲击方向的改变会影响正交方向模态响应的幅值,从而影响"拍"信号的幅值。反之,从"拍"信号的幅值来推断结构被冲击的方向亦是可行的。

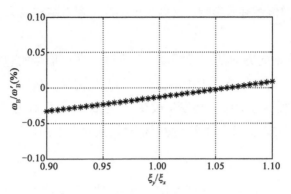

图 3-7 拍频随 ξ_y/ξ_x 的变化情况(ω_B' 是 ξ_x 与 ξ_y 相等时的拍频)

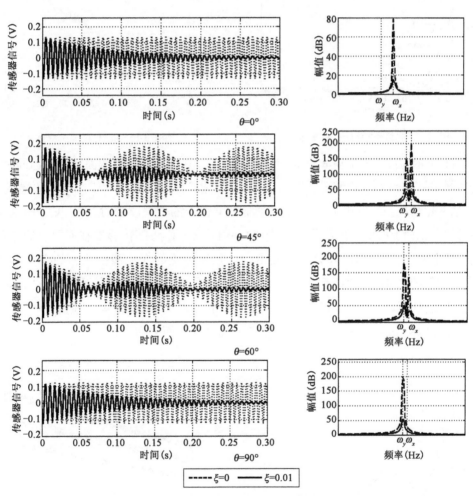

图 3-8 "拍"信号随冲击方向的变化

3.3.3 传感器位置

不同传感器位置的模态振型有所不同,所以,压电陶瓷片极化面内力将有所不同,故传感器位置对"拍"信号的幅值将有所影响。又因为传感器位置对结构动力特性无影响,所以不会改变"拍"信号的拍频。

图 3-9 所示为沿柱轴向方向的埋置深度 z_0 不同时,"拍"信号的包络图。图 3-10 所示为"拍"信号正交方向模态响应的幅值比 A_y/A_x 随 z_0 的变化情况。从图中可以看出,尽管随着 z_0 的变化,压电陶瓷传感器信号的幅值将发生改变,由于 z_0 的变化对正交方向的模态分量的幅值比并无影响,所以 z_0 的改变只会改变传感器信号幅值的大小,但不会改变"拍"的形状。

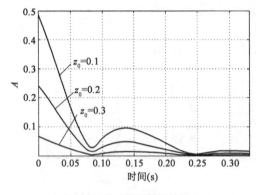

图 3-9 "拍"信号包络随 z_0 的变化

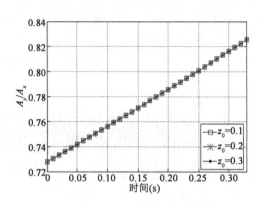

图 3-10 A_y/A_x 随 z_0 的变化

图 3-11 所示为传感器的位置在同一埋置深度($z_0=0.3$),仅在横截面上位置不同时,压电陶瓷传感器"拍"信号的变化情况。图 3-12 所示为"拍"信号正交方向模态响应的幅值比 A_y/A_x 随 y_0 的变化情况。从图中可以看出,传感器在截面上的位置改变时,由正交方向单一模态响应引起的极化面上的应力大小将会改变,故幅值比 A_y/A_x 将随传感器在截面上的位置变化而变化。综上所述,尽管压电陶瓷传感器沿构件轴向位置的变化和沿截面的变化都会导致"拍"信号幅值改变,但本质有所不同。在构件轴向上位置的变化不能导致正交方向单一模态响应幅值的变化,所以,改变传感器在构件轴向上的位置,不能从根本上避免"拍"信号的发生。若想避免"拍"信号的发生,须考虑改变传感器在横截面上的位置。

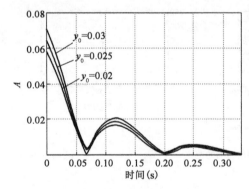

图 3-11 "拍"信号包络随 y_0 的变化

($x_0=0.025\mathrm{m}, z_0=0.3$)

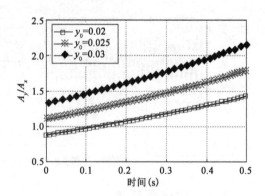

图 3-12 A_y/A_x 随 y_0 的变化($x_0=0.025\mathrm{m}$)

3.3.4 构件截面尺寸

构件截面尺寸影响着构件正交方向模态响应的自振频率,所以构件的截面尺寸是影响"拍"信号拍频的重要因素。图 3-13 所示为拍频随截面的宽度比 B/W 的变化情况。为了进一步说明,图 3-14 所示为不同 B/W 情况下压电陶瓷传感器输出信号的包络线,当截面越接近于正方形时,x 与 y 两正交方向上的自振频率越接近,拍频越小,"拍"现象越容易被观察到。

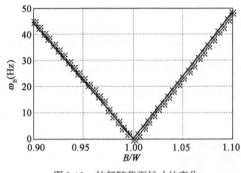

图 3-13 拍频随截面尺寸的变化

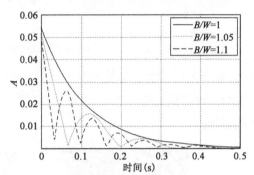

图 3-14 "拍"信号包络随截面尺寸的变化

3.4 "拍"信号试验验证

3.4.1 混凝土柱的敲击试验

本节用混凝土柱的敲击试验来验证上述分析的正确性。混凝土柱的模型尺寸如下:截面尺寸为 $100\text{mm} \times 100\text{mm} \times 550\text{mm}$,用环氧树脂将混凝土柱固结在平整的地面上。压电陶瓷型号为压电陶瓷-4 型,外形尺寸为 $15\text{mm} \times 15\text{mm} \times 0.3\text{mm}$。将压电陶瓷两电极焊接导线用环氧树脂封装后,再用水泥砂浆封装制作成外形尺寸为 $15\text{mm} \times 15\text{mm} \times 10\text{mm}$ 的嵌入式压电陶瓷传感器,埋入混凝土柱内,埋置位置如图 3-15 所示,压电陶瓷和混凝土柱的性能参数见表 3-2。封装后传感器的尺寸小于集料的最大粒径,因此,忽略传感器对混凝土柱内部受力特性的影响。

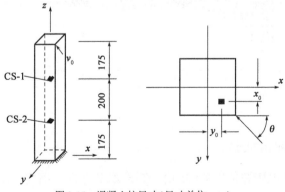

图 3-15 混凝土柱尺寸(尺寸单位:mm)

混凝土柱与压电陶瓷传感器的参数　　　　　　　　表 3-2

压电陶瓷传感器参数		混凝土柱参数	
d_{33} ($\times 10^{-12}$ C/N)	450	m (kg/m)	23.57
d_{31} ($\times 10^{-12}$ C/N)	-195	E_x ($\times 10^{10}$ N/m^2)	2.45
密度 (kg/m^3)	7600	E_y ($\times 10^{10}$ N/m^2)	2.37
e_{33}	1700	z_0 (m)	0.175
s_{11} ($\times 10^{-12}$ m^2/N)	17.6	θ (°)	45
S_q (V/MPa)	0.813	ξ_y	0.0158
		ξ_x	0.0155

混凝土柱的试验照片如图 3-16 所示,数据采集设备为 dSPACE 系统和 SD-15B 型电荷放大器,如图 3-17 所示。采样频率为 2kHz,电荷放大器的增益设置为 100,图 3-18 所示为 45°敲击混凝土柱的试验结果和计算结果的对比,从图中可以看出,两者的波形非常相近,说明了分析的正确性。

图 3-16　混凝土柱照片

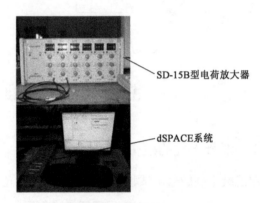

图 3-17　数据采集设备

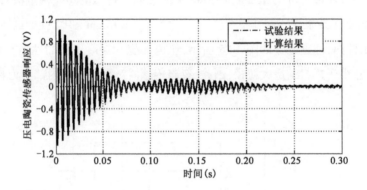

图 3-18　试验结果和计算结果

3.4.2　钢柱的冲击试验

为了进一步验证压电陶瓷传感器的"拍"信号,本节进行了钢柱的敲击试验。钢柱的示意图和试验照片如图 3-19 所示。钢柱的尺寸为 250mm × 15mm × 17mm。材料的弹性模量为

200GPa,密度为7950kg/m³。将4个压电陶瓷片焊上导线后,按图3-20的布置方式,用301AB胶粘贴在钢制的底座上,再将钢柱粘贴于压电陶瓷片之上。将制作好的试件用螺栓固定在试验台上。给钢柱 θ 角度的冲击,冲击方向角和坐标如图3-20所示。首先根据 x 方向和 y 方向冲击下的压电陶瓷响应,计算得到钢柱 x 方向和 y 方向的阻尼比均为0.0029。图3-21所示分别为 θ 等于0°、30°、45°、75°时压电陶瓷-1响应的试验结果和计算结果,从图中可以看出,试验结果与计算结果比较相近,验证了分析的正确性。

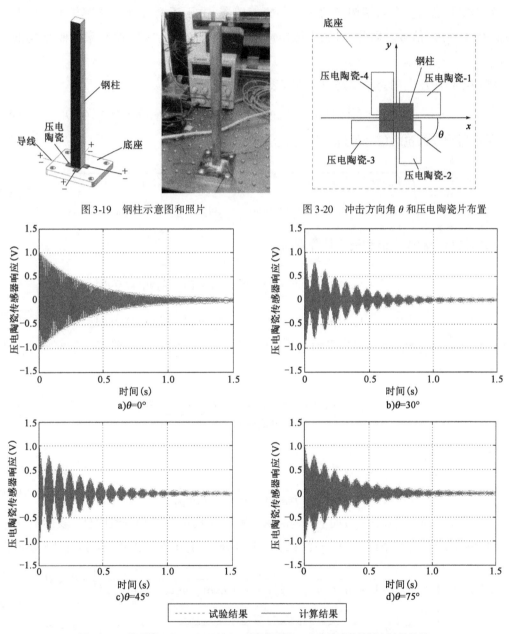

图3-19　钢柱示意图和照片　　　　　图3-20　冲击方向角 θ 和压电陶瓷片布置

图3-21　θ 分别等于0°、30°、45°、75°时压电陶瓷-1响应的试验结果和计算结果

3.5 基于"拍"信号的冲击方向识别

3.5.1 基于"拍"信号的荷载冲击方向识别方法

许多结构在运营阶段可能会受到突发荷载的作用,如海洋平台结构易受到船舶停靠时的冲击作用。实际上结构在不同方向上承受荷载的能力有所不同,因此,监测荷载的冲击方向具有一定的实际意义。嵌入结构内的压电陶瓷传感器,由于正交方向上频率相近的模态响应叠加而形成"拍"信号。因此,可利用压电陶瓷传感器信号的"拍"信号来判断结构的冲击方向。

式(3-23)中压电陶瓷传感器的响应可表示为如下形式:

$$V = A_{x0}\exp(-\xi_x\omega_x t)\cos\theta\sin(\omega_x t) + A_{y0}\exp(-\xi_y\omega_y t)\sin\theta\sin(\omega_y t) \tag{3-30}$$

传感器响应的包络信号可进一步表示为:

$$A = \sqrt{\begin{aligned}&[A_{x0}\exp(-\xi_x\omega_x t)\cos\theta]^2 + [A_{y0}\exp(-\xi_y\omega_y t)\sin\theta]^2 + \\ &2A_{x0}\exp(-\xi_x\omega_x t)\cos\theta A_{y0}\exp(-\xi_y\omega_y t)\sin\theta\cos[(\omega_{Dy}-\omega_{Dx})t]\end{aligned}} \tag{3-31}$$

包络信号中的极大值和极小值分别为:

$$A_{\max} = |A_{x0}\exp(-\xi_x\omega_x t_0)\cos\theta + A_{y0}\exp(-\xi_y\omega_y t_0)\sin\theta| \tag{3-32}$$

$$A_{\min} = |A_{x0}\exp(-\xi_x\omega_x t_1)\cos\theta - A_{y0}\exp(-\xi_y\omega_y t_1)\sin\theta| \tag{3-33}$$

其中,t_0 和 t_1 分别为"拍"信号到达波峰和波谷的时间,如图 3-22 所示。令 $\alpha = A_{\max}/A_{\min}$,$\beta = A_{y0}/A_{x0}$,则:

$$\alpha = \left|\frac{1 + \beta_0\exp(\xi_x\omega_x t_0 - \xi_y\omega_y t_0)\tan\theta}{1 - \beta_0\exp(\xi_x\omega_x t_1 - \xi_y\omega_y t_1)\tan\theta}\right| \tag{3-34}$$

令:

$$\tan\theta_0 = \frac{1}{\beta_0\exp(\xi_x\omega_x t_1 - \xi_y\omega_y t_1)} \tag{3-35}$$

当 $\theta = \theta_0$ 时,$A_{\min}$ 为 0,x、y 方向上的响应幅值相等,此时的"拍"信号最明显。实际上,根据截面尺寸和阻尼比等已知条件,可根据式(3-25)、式(3-26)计算出 θ_0。由式(3-35)可计算出 θ 为:

$$\theta = \begin{cases} \arctan\left\{\dfrac{\alpha - 1}{\beta_0[\alpha\exp(\xi_x\omega_x t_1 - \xi_y\omega_y t_1) + \exp(\xi_x\omega_x t_0 - \xi_y\omega_y t_0)]}\right\} & \theta < \theta_0 \\ \arctan\left\{\dfrac{\alpha + 1}{\beta_0[\alpha\exp(\xi_x\omega_x t_1 - \xi_y\omega_y t_1) - \exp(\xi_x\omega_x t_0 - \xi_y\omega_y t_0)]}\right\} & \theta > \theta_0 \end{cases} \tag{3-36}$$

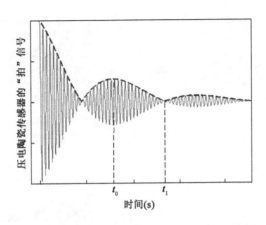

图 3-22　考虑阻尼效应的"拍"信号

利用"拍"信号的包络线,可判别结构受冲击的方向。具体步骤如下:

(1)确定 x、y 方向的自振频率 ω_x、ω_y 和阻尼比 ξ_x、ξ_y。

(2)确定 β_0 和 θ_0,结合式(3-24)和式(3-25),β_0 可按式(3-37)计算而得,再根据式(3-35)计算出 θ_0。

$$\beta_0 = \frac{\omega_{Dx}y_0}{\omega_{Dy}x_0} \tag{3-37}$$

(3)在 θ 角度的冲击作用的情况下,产生"拍"信号,并计算"拍"信号的包络线,根据"拍"包络线的波峰和波谷的值可以计算得到 α 以及对应的时间 t_0 和 t_1。

(4)判定 θ 与 θ_0 的关系,可预先对结构进行 θ_0 方向的敲击,并通过对比 θ 与 θ_0 方向敲击的"拍"信号的频域图来判定,定义 β_F 见式(3-38),$M(\omega_x)$ 是"拍"信号的频域图上 ω_x 的幅值,$M(\omega_y)$ 是"拍"信号的频域图上 ω_y 的幅值。与 θ_0 方向的"拍"信号相比,β_F 较大,则 θ 小于 θ_0;反之,θ 大于 θ_0。

$$\beta_F = \frac{M(\omega_x)}{M(\omega_y)} \tag{3-38}$$

(5)用式(3-36)来求方向角 θ。

3.5.2　试验算例

利用图 3-19 所示悬臂钢柱的试验算例,验证上述荷载冲击方向识别方法的有效性。图 3-23所示为试验得到的30°、45°、60°、75°的"拍"信号和包络线。由式(3-37)得到的 β_0 为 1.077,θ_0 为43.52°,θ_0 方向冲击时的 β_F 值为1.186。表3-3 列出了几种工况下 θ 的计算结果,从表中可以看出,利用压电陶瓷传感器的"拍"信号,能较好地识别荷载的冲击方向。

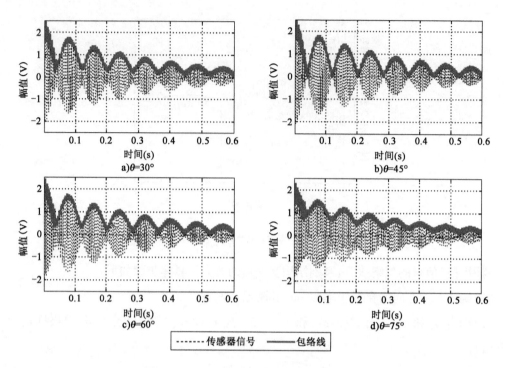

图 3-23　30°、45°、60°、75°方向冲击的"拍"信号

冲击方向的计算过程和结果　　　　　　　　　　　　　　　　　　表 3-3

冲击方向	30°	45°	60°	75°
α	3.9168	39.1142	3.7897	1.7397
β_F	1.836	1.059	0.613	0.288
θ 范围	$\theta < \theta_0$	$\theta > \theta_0$	$\theta > \theta_0$	$\theta > \theta_0$
识别结果	29.4663	45.1327	58.6933	73.4033
相对误差	1.78%	0.29%	2.18%	0.8%

本章参考文献

［1］Seydel R E, Chang F K. Impact Identification of Stiffened Composite Panels［D］. Stanford: Stanford University, 2000.

［2］周晚林, 王鑫伟, 胡自力. 压电智能结构荷载识别方法的研究［J］. 力学学报, 2004, 36(4):491-495.

［3］Li Z X, Yang X M, Li Z J. Application of cement-based piezoelectric sensors for monitoring traffic flows［J］. Journal of Transportation Engineering-ASCE, 2006, 132(7):565-573.

［4］Song G, Olmi C, Gu H. An overheight vehicle bridge collision monitoring system using piezoelectric transducers［J］. Smart Material & Structures, 2007, 16(2):462-468.

［5］ Wang B T,Chen P H,Chen R S. Finite element model verification for the use of piezoelectric sensor in structural modal analysis［J］. Journal of Mechanics,2006,22(2):107-114.

［6］ 霍林生,李宏男. 环形调液阻尼器振动控制中拍的研究. 计算力学学报［J］. 2010,27(3):522-526.

［7］ 克拉夫 R,彭津 J. 结构动力学［M］. 北京:高等教育出版社,2006.

第4章 压电传感监测中的应力波传播研究

4.1 引 言

目前,我国是世界上开展工程建设活动最多的国家,为了保证工程结构的安全性,在工程结构上搭建结构健康监测系统,为工程结构的健康状况提供实时监测就显得尤为重要。通过结构健康监测系统对结构健康状态进行实时监测,对结构出现的异常状况提供预警,这对于保证人民群众生命及财产安全意义重大。

本章基于压电材料进行结构健康监测,介绍了压电材料的被动健康监测和主动健康监测方法,其中波动法是主动健康检测方法的一种。基于压电波动分析方法的结构健康监测原理是将压电传感器合理地布设于结构上(粘贴于结构表面或者埋置于结构内部),对一个压电传感器进行激励,产生应力波,应力波经介质传播后,由另一个压电传感器接收,然后可以通过分析结构健康状态变化前后压电传感器接收到的应力波的变化去识别结构的损伤,为监测结构健康状态提供参考。由于应力波在混凝土结构中的传播路径和传播规律比较复杂,衰减现象较为严重,直达波与反射波之间存在严重的波包混叠,本章引入时间反演理论,将传感器接收到的信号在时域内按其时间历程的反向过程重新向介质发射回去,将传感器接收到的信号先到后发、后到先发,以实现声源信号的重构及信号聚焦。由于在混凝土中该方法应用较少,因此对混凝土介质中的时间反演波动特性,如激励信号的选择、波速、声学互易性等进行研究,以验证其在混凝土健康监测中的适用性。此外,由于应力波在混凝土中的传播模型还未准确建立,本章利用时间反演理论的自适应聚焦特性来检测应力波峰值,根据应力波峰值的变化来计算应力波的传播衰减系数,从而由 Rayleigh 阻尼模型推导出混凝土介质中应力波传播的吸收衰减规律,并进行试验验证。

4.2 时间反演理论

时间反演方法是指将传感器接收到的信号,在时域内按其时间历程的反向过程重新向介质发射回去,将传感器接收到的信号先到后发、后到先发。该处理可以有效地实现声源信号的重构,并实现信号聚焦[1]。由于压电材料具有双重感知、执行功能,既可作为传感器使用,也可作为接收器使用,因此压电材料对于完成时间反演操作来说是非常理想的智能材料。

法国科学家 Fink 等[2-4]最早将时间反演方法引入声学领域中,并组织开展了相关的理论与试验研究。由于时间反演方法不需要先验知识就可以使信号实现自适应聚焦,这一特性使时间反演方法在超声聚焦和检测中得到了很大的发展和应用,因此在结构健康监测领域,时间反演理论已越来越为人们所重视和关注[1]。

4.2.1　时间反演过程与数学表达

基于压电陶瓷传感器的时间反演方法操作过程可以用下例进行简单描述,如图 4-1 所示。

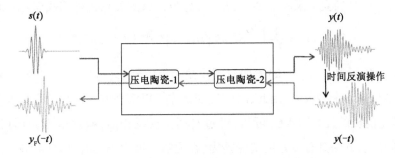

图 4-1　基于压电陶瓷传感器的时间反演方法操作过程

激励压电陶瓷-1 产生信号 $s(t)$,假设压电陶瓷-1 与压电陶瓷-2 之间的系统传递响应函数为 $h(t)$,则压电陶瓷-2 接收到的信号 $y(t)$ 可以用式(4-1)表示。

$$y(t) = s(t) \otimes h(t) \tag{4-1}$$

其中,$\otimes$ 代表卷积运算。在频域中可以用式(4-2)表示。

$$Y(\omega) = S(\omega)H(\omega) \tag{4-2}$$

其中,ω 代表圆频率;$s(t)$、$h(t)$、$y(t)$ 经傅立叶变换后的频域表述分别为 $S(\omega)$、$H(\omega)$ 和 $Y(\omega)$。对压电陶瓷-2 接收到的信号 $y(t)$ 进行时域反序变换后变为 $y(-t)$,时域内的反序变换在频域内相当于共轭变换,因此,此过程在频域内的变换见式(4-3)。

$$Y(\omega) \xrightarrow{TR} Y^*(\omega) \tag{4-3}$$

其中,$*$ 代表共轭变换。因此压电陶瓷-2 的回传信号 $y(-t)$ 可以用式(4-4)表示。

$$y(-t) = s(-t) \otimes h(-t) \tag{4-4}$$

式(4-4)在频域中可以用式(4-5)表示。

$$Y^*(\omega) = S^*(\omega)H^*(\omega) \tag{4-5}$$

假定该系统中信号的传播满足声学互易性的要求,即系统的前向传递函数和后向传递函数相等,均为 $h(t)$。对 $y(-t)$ 在压电陶瓷-2 上进行激励回传,则压电陶瓷-1 接收到的时间反演聚焦信号 $y_F(t)$ 可用式(4-6)表示。

$$y_F(t) = s(-t) \otimes h(-t) \otimes h(t) \tag{4-6}$$

压电陶瓷-1 接收到的时间反演聚焦信号 $y_F(t)$ 在频域内可以用式(4-7)表示。

$$Y_F(\omega) = S^*(\omega) H^*(\omega) H(\omega) \tag{4-7}$$

如果激励信号 $s(t)$ 在时域内是满足对称关系的[5],例如高斯脉冲、正弦信号、方信号等,则 $s(t) = s(-t)$,在频域内即为 $S(\omega) = S^*(\omega)$。因此,式(4-7)可以用式(4-8)表示。

$$Y_F(\omega) = S^*(\omega) H^*(\omega) H(\omega) = S(\omega) |H(\omega)|^2 \tag{4-8}$$

对式(4-8)采用逆傅立叶变换(IFFT),变换到时域,见式(4-9)。

$$y_F(t) = \frac{1}{2\pi} \int_{-\infty}^{+\infty} S(\omega) |H(\omega)|^2 e^{i\omega t} d\omega \tag{4-9}$$

如果 $|H(\omega)|^2$ 是独立于圆频率 ω[5],则 $y_F(t)$ 与 $s(t)$ 的关系式可用式(4-10)表示。

$$y_F(t) = \frac{1}{2\pi} \int_{-\infty}^{+\infty} S(\omega) |H(\omega)|^2 e^{i\omega t} d\omega = ms(t) \tag{4-10}$$

其中,$m = |H(\omega)|^2$。式(4-10)表明时间反演聚焦信号 $y_F(t)$ 与激励信号 $s(t)$ 具有相同的形状,大小只是相差一个倍数 m,因此,时间反演操作可以实现波源信号的聚焦与重构。此外,由于噪声信号是随机的,由式(4-6)可得,经过时间反演操作后,噪声是不会形成自适应聚焦的。因此,时间反演方法具有良好的抗噪能力,在混响环境中仍具有良好的信噪比[5]。

4.2.2 基于时间反演理论的结构健康监测的研究现状

时间反演方法最早应用于声学通信领域中。美国加州圣地亚哥大学的 Kuperman 等[6-8]以海洋环境为研究背景,研究了时间反演方法在水声通信领域中的应用,并将时间反演方法应用到水下通信和声呐技术中。在国内,对时间反演方法的研究还比较少,中国科学院声学研究所是最早展开相关研究的单位,其研究了时间反演方法在分层介质、固体介质中的自适应聚焦特性,在相关领域取得了一定的科研成果[9,10]。此外,时间反演方法还在无线通信、地震控制、声学成像等领域展现出了良好的发展前景[9,11]。

时间反演方法由于具有空-时匹配滤波特性,所以在非均匀介质中也可以获得令人满意的结果[12]。此外,时间反演方法具有良好的抗噪能力[6,12-14],小的信道干扰[6]可以改善和提高信号的信噪比[15],并可以弥补信号多路径传播的限制[4]。更重要的是,在混响环境中时间反演方法不需要任何先验知识就可以使信号实现自适应聚焦[7]。正是因为时间反演方法具有以上优点,在最近几年内,时间反演方法被广泛地应用于结构健康监测领域中。

时间反演理论被引入结构健康监测领域最初主要是为了弥补 Lamb 波在板状结构和复合材料中传播的频散效应。因此最初的研究方向主要是基于 Lamb 波的板状结构的健康监测。例如,南京航空航天大学的王强等[16]根据 Lamb 波信号的传播特性,研究采用时间反演聚焦的方法将 Lamb 波损伤散射的信号能量进行叠加放大,从而改善了信号的信噪比。此外王强等[16]还推导出 Lamb 波损伤散射信号的时间反演聚焦增强过程,利用时间反演法的自适应聚焦特性,实现了信号传播波动图的重建,并通过信号传播波动图上的聚焦信号来实现损伤成像。试验结果表明,采用时间反演方法可以有效地提高 Lamb 波传播过程中损伤散射信号的能量,并可以实现损伤成像。上海大学的 Zhang 等[17]利用 Lamb 波并结合时间反演理论的自适应聚焦特性,在金属板上实现了损伤成像,并对宽带激励与窄带激励的成像效果进行了比较。

  土木工程结构形式复杂多变,规模大,所处环境恶劣,周围环境噪声强。而基于波动法的结构健康监测对噪声较为敏感,因此在利用压电波动分析法监测土木工程结构的健康状态时,应对信号进行抗噪处理。由于时间反演方法具有较强的抗噪能力,并且可以使信号实现自适应聚焦,所以在土木工程结构健康监测中得到广泛应用。武汉科技大学的 Wang 等[18]利用时间反演理论,通过比较时间反演聚焦信号的峰值变化监测螺栓连接的预紧力的变化,取得良好效果,并证明时间反演方法具有良好的抗噪能力。长安大学的 Zhang 等[13]利用时间反演理论,通过比较时间反演聚焦信号的峰值变化监测碗扣式连接脚手架的健康状态,取得良好效果,并证明基于时间反演聚焦信号幅值变化的监测方法比基于能量的方法具有更好的监测效果。大连理工大学的 Liang 等[5]利用时间反演理论,通过比较时间反演聚焦信号的峰值变化监测桥梁吊杆销钉连接的负荷状态,取得良好效果,并且试验的重复性很好,证明此方法可以有效地监测销钉连接的负荷状态。大连理工大学的 Huo 等[19]提出了一种采用智能垫片并结合时间反演理论的螺栓松动监测方法,试验结果表明,采用时间反演聚焦信号的幅值和能量作为螺栓松动的评价指标是可行的。武汉大学的杨洋等[20]基于数值模拟的方法,结合时间反演理论,通过定义激励信号与时间反演聚焦重构信号的相关系数去定性衡量混凝土裂缝的深浅程度,取得良好效果。数值模拟的结果表明,混凝土表面的裂缝越深,与表面波的波长越接近,则重构信号的波形与激励信号的波形差异越大,而损伤指数也就越高。说明采用时间反演方法的表面波探测能够有效地识别出混凝土结构上的表面裂缝。沈阳建筑大学的阎石等[21]利用压电波动法并结合时间反演技术对钢管混凝土构件的密实性进行了检测,该方法不需要健康信号做对比,而是通过比较激励信号与聚焦信号的相似程度监测钢管混凝土构件的密实性,取得良好效果。大连理工大学的赵乃志等[22]系统地研究了基于压电超声导波时间反演方法的管道结构裂纹监测理论与方法。南昌航空大学的王禹[23]基于阵列混凝土超声检测算法并结合时间反演理论研究了混凝土成像检测方法,模拟结果和试验结果都表明该方法对于实现缺陷定位具有一定的效果。

4.3 混凝土介质中的时间反演波动特性

  时间反演理论现阶段多应用于电磁通信、水下通信、超声手术和声学成像等相关领域,在混凝土介质中的相关研究还相对较少。由于混凝土是一种多相复合胶凝材料,具有强烈的非均质特性,因此有必要研究混凝土介质中的压电时间反演波动法的相关基本特性。本节基于相关试验,系统地研究了混凝土介质中压电时间反演波动法的相关基本特性,为后续研究打下了良好的基础。

1. 激励信号的选择

在基于压电波动法的混凝土结构健康监测中,常用的激励信号主要有正弦信号、扫频信号、方波信号、脉冲信号等。不同信号的时频特性不同,因此激励产生的应力波的差别也很大。激励信号按照频带宽度的不同可以分为宽频信号和窄频信号两种。南京航空航天大学的王强[1]研究了不同频带宽度的汉宁窗调制的正弦信号的时间反演聚焦效果。宽频信号激励会引起较为严重的频散和多模效应,因此建议采用窄频信号作为激励信号[1]。常用的窄频信号有正弦信号、高斯调制的正弦脉冲信号、汉宁窗调制的正弦脉冲信号等。由于信号的时间分辨率与频率分辨率存在相互关系,因此有必要研究信号选择的规律,为相关试验研究打下基础。本节选取高斯调制的正弦脉冲信号作为激励信号,激励信号 $s(t)$ 见式(4-11)和式(4-12)[5]。

$$s(t) = Ae^{-k(t-d)^2}\cos\left[2\pi f_c(t-d)\right] \tag{4-11}$$

$$k = \frac{5\pi^2 b^2 f_c^2}{q\ln(10)} \tag{4-12}$$

式中:A——信号幅值;

b——归一化带宽;

q——衰减常数;

f_c——信号中心频率;

d——信号延迟。

在高斯调制的正弦脉冲信号中,信号的中心频率 f_c 和归一化带宽 b 是影响信号频谱特性的主要因素,其中归一化带宽 b 会对信号的时频分辨率产生显著影响,继而引起应力波传播形式的变化。图4-2a)和图4-2b)分别为中心频率为100kHz的高斯调制的正弦脉冲信号在不同归一化带宽下(0.05、0.1、0.15和0.2)的时域和频域归一化对比图。

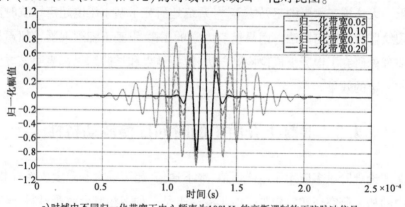

a)时域中不同归一化带宽下中心频率为100kHz的高斯调制的正弦脉冲信号

图 4-2

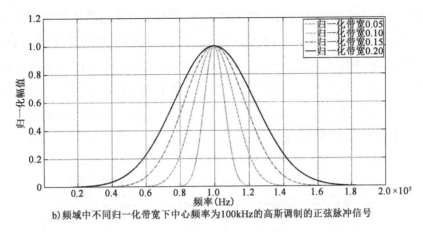

b) 频域中不同归一化带宽下中心频率为100kHz的高斯调制的正弦脉冲信号

图 4-2 不同归一化带宽下中心频率为100kHz 的高斯调制的正弦脉冲信号对比图

采用上述不同归一化带宽的高斯调制的正弦脉冲信号分别对同一混凝土板进行激励,混凝土板的长度、宽度、厚度分别为 1000mm、1000mm、200mm,传感器布设方式和试件如图 4-3 所示,C30 混凝土的配合比见表 4-1,其中粗集料的最大粒径为 16mm。

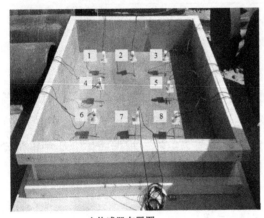

a) 传感器布置图

b) 混凝土试件

图 4-3 混凝土试件及传感器布设图

C30 混凝土配合比 表 4-1

水(kg/m^3)	水泥(kg/m^3)	中砂(kg/m^3)	碎石(kg/m^3)
175	398	676	1201

试验传感器的布设如图 4-3a) 所示,相邻传感器间距为 250mm,在同一位置处分别布设一个 d_{33} 模式压电智能集料和一个可以径向均匀致动的压电陶瓷圆管,且位置处于板厚度的中央。试验中对 1 处的压电陶瓷圆管 R1 进行激励,并由 2、3、4、5、6、7 和 8 处的压电陶瓷圆管 R2、R3、R4、R5、R6、R7 和 R8 接收信号。压电陶瓷圆管 R2 接收的应力波信号的包络图如图 4-4 所示。

对 R1、R2、R3、R4、R5、R6、R7 和 R8 进行轮换激励和接收,其结果与图 4-4 相近,因此不再一一赘述。由图 4-4 可以看出,当信号的频率分辨率增加(频带宽度减小)时,会导致信号的时间分辨率下降,进而导致波包的分辨更加困难,信号的时间分辨率和频率分辨率是矛盾的。由图 4-2 可知,对于中心频率为 100kHz 的高斯调制的正弦脉冲信号而言,带宽越大(频带宽度越大),频率分辨率越差,时间分辨率越好,但是归一化带宽为 0.15 和 0.2 的信号激励产生的应力波信号的区别不是很大,综合考虑时间分辨率和频率分辨率的要求,建议对于中心频率为 100kHz 的高斯调制的正弦脉冲信号,其归一化带宽选取 0.15 较为恰当,对于其他中心频率的信号,应根据实际情况合理地选择带宽。

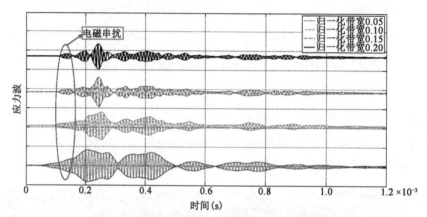

图 4-4   压电陶瓷圆管 R2 接收应力波信号的包络对比图

2. 波速研究

在基于波动法的混凝土结构健康监测中,波速是一个重要的评判指标。压电陶瓷圆管 R1、R2、R3、R4、R5、R6、R7 和 R8 处在同一个平面内,且压电陶瓷圆管可以实现应力波的径向均匀发射与接收,因此压电陶瓷圆管激励产生的应力波主要为纵波。根据固体介质中的波动方程可得一维纵波波速 C_{LT},见式(4-13)[24-26]。

$$C_{LT} = \sqrt{\frac{E(1-\nu)}{\rho(1+\nu)(1-2\nu)}}$$

(4-13)

其中,ν 为泊松比。试验中的混凝土试件的强度是按照 C30 混凝土配制的,在浇筑试件的

图 4-5   混凝土抗压强度测试

同时预留尺寸为 150mm × 150mm × 150mm 的 3 个标准混凝土试块,经过 28d 养护后,在大连理工大学结构试验大厅的万能材料试验机上进行了混凝土抗压强度测试,如图 4-5 所示。

经试验测试可得,混凝土的实测抗压强度值见表 4-2。因此,试件浇筑采用的混凝土的强度可近似为标准 C30 混凝土,根据《混凝土结构设计规范(2015 版)》(GB 50010—2010)[27]可得 C30 混凝土的弹性模量约为 30GPa,泊松比约为

0.20,因此 C30 混凝土中纵波理论波速见式(4-14)。

$$C_{LT} = \sqrt{\frac{E(1-\nu)}{\rho(1+\nu)(1-2\nu)}} \approx 3688.56(m/s) \qquad (4\text{-}14)$$

C30 混凝土试块实测抗压强度　　　　　　　　　　　表 4-2

试件编号	试块 1	试块 2	试块 3
抗压强度实测值(MPa)	33.25	35.02	37.59

在试验中,可以根据纵波的起振时间来计算纵波波速,如图 4-6 和式(4-15)所示。

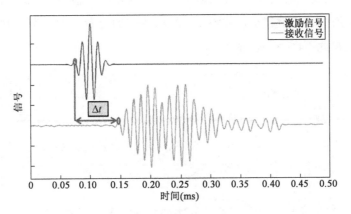

图 4-6　波速计算示意图

$$C_{LE} = \frac{\Delta x}{\Delta t} \qquad (4\text{-}15)$$

试验中采用不同中心频率的高斯调制的正弦脉冲信号进行激励,分别计算不同频率下混凝土中纵波的传播速度,纵波波速与激励频率之间的关系如图 4-7 所示。

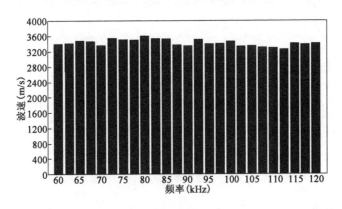

图 4-7　纵波波速与激励频率关系图

试验发现,信号的频率不会对纵波的波速产生明显影响,由式(4-16)可得混凝土中纵波的平均波速。此外,对比纵波的平均波速可得,纵波波速的波动范围大概为 $-4.88\% \sim 5.16\%$,其变化范围很小,具有较好的稳定性。

$$\overline{C_{LE}} = \frac{\sum\limits_{1}^{n} C_{LE}}{n} \approx 3426.42\,(\mathrm{m/s}) \tag{4-16}$$

对纵波波速而言,理论结果与试验结果之间比较接近,其相对误差约为7%,一致性较好,产生误差的主要原因可能在于实测试件的弹性模量和泊松比与标准混凝土C30之间存在一定差异。

此外,R1到R2、R3、R4、R5、R6、R7和R8各个压电陶瓷传感器的距离不尽相同,因此各压电陶瓷圆环传感器的起振时间是不同的,激励传感器与接收传感器之间的距离越长,起振时间就越晚,同时应力波的幅值就越小。如图4-8所示,图中1-2代表R1激励、R2接收,其他图例的含义与此类似,在此不再一一赘述。

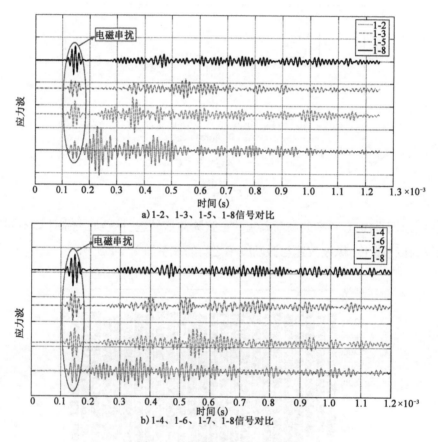

a)1-2、1-3、1-5、1-8信号对比

b)1-4、1-6、1-7、1-8信号对比

图4-8　各传感器接收的信号对比图

3. 声学互易性研究

时间反演理论的基本假定是应力波的传播满足声学互易性的要求,即互换声源与传感器的位置而不改变声场,系统的前向传递响应函数和后向传递响应函数是相等的[5]。因此,本节研究互换声源与传感器的位置对接收信号的影响。试验中均采用中心频率为75kHz、归一

化带宽为 0.15、幅值为 10V 的高斯调制的正弦脉冲信号进行激励,1-2 和 2-1 信号的对比如图 4-9 所示,图中 1-2 代表 R1 激励、R2 接收,其他图例的含义与此类似,在此不再一一赘述。

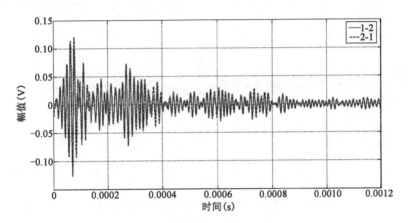

图 4-9　R1 和 R2 传感器接收的信号互易性对比图

由图 4-9 可得,混凝土中各声源与传感器之间的应力波的传播满足声学互易性原理,即交换声源和传感器的位置不会改变声场。对 R1、R2、R3、R4、R5、R6、R7 和 R8 进行轮换激励和接收,其结果与图 4-9 相近,因此不再一一赘述。

4. 聚焦特性研究

由声学互易性研究可知,混凝土中应力波的传播满足声学互易性原理,因此在理论上对信号进行时间反演操作变换后可以实现信号的聚焦,本节在试验中对其聚焦特性进行了验证。试验中均采用中心频率为 75kHz、归一化带宽为 0.15、幅值为 10V 的高斯调制的正弦脉冲信号进行激励,1-2 和 2-1 时间反演聚焦信号对比如图 4-10 所示,其中 1-2 代表 R1 激励、R2 接收,然后对 R2 接收到的信号进行时域反序变换并回传,最终由 R1 接收的时间反演聚焦信号,其他图例的含义与此类似。1-3 和 3-1、1-4 和 4-1、1-5 和 5-1、1-6 和 6-1、1-7 和 7-1、1-8 和 8-1 时间反演聚焦信号对比结果与图 4-10 相近,在此不再一一赘述。

由图 4-10 可得,各传感器之间应力波的传播满足声学互易性原理,交换声源和传感器的位置不会改变声场,因此可以有效实现信号的聚焦,且时间反演聚焦信号关于主聚焦信号的峰值基本是对称的。

5. 重构特性研究

式(4-10)表明时间反演聚焦信号与激励信号应具有相同的形状,仅仅是大小相差一个倍数,因此时间反演操作可以实现激励信号的波形重构,为此在试验中进行了相关验证工作。试验中均采用中心频率为 75kHz、归一化带宽为 0.15、幅值为 10V 的高斯调制的正弦脉冲信号进行激励,对时间反演聚焦信号和激励信号进行归一化处理后再进行对比,如图 4-11 所示,其中 1-2 代表 R1 激励、R2 接收,然后对 R2 接收到的信号进行时域反序变换并回传,最终由 R1

接收的时间反演聚焦信号,其他图例的含义与此类似,在此不再一一赘述。

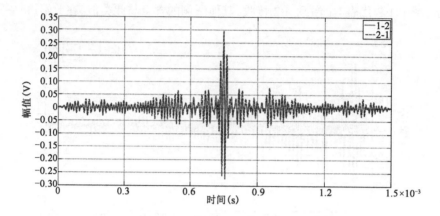

图 4-10   R1 和 R2 传感器接收的时间反演聚焦信号对比图

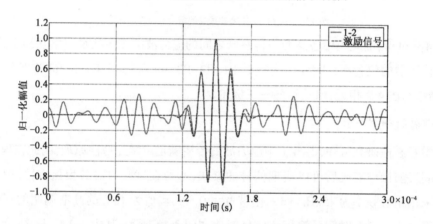

图 4-11   R1 传感器接收的时间反演聚焦信号和激励信号的对比图

由图 4-11 可得,各传感器接收的时间反演聚焦信号基本实现了激励信号的波形重构。此外,时间反演聚焦信号与激励信号之间的波形差异可能是由应力波的反射、折射、频散或者多模特性引起的。

6. 稳定性研究

基于波动法的结构健康监测一般假定结构为时不变系统,因此有必要研究混凝土介质中时间反演理论的聚焦特性是否与时间有关,即时间反演聚焦信号是否会随着时间的变化而发生变化。本节为了便于试验操作,设计制作了一个尺寸为 $400\text{mm} \times 100\text{mm} \times 100\text{mm}$ 的素混凝土梁,在素混凝土梁的内部沿中轴线布设两个 d_{33} 模式压电智能集料 SA-1 和 SA-2,间距为 200mm,如图 4-12 所示。

在试验中采用中心频率为 75kHz、归一化带宽为 0.15、幅值为 10V 的高斯调制的正弦脉冲信号进行激励,每隔 15min 进行一次数据采集,分析信号的幅值变化和能量变化情况,判断时间反演聚焦信号是否随着时间的变化而发生变化,其中信号能量的计算采用小波包分解技术计算,某信号 X 的 3 层小波包分解树如图 4-13 所示。

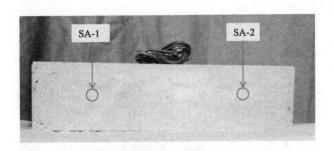

图 4-12 素混凝土梁

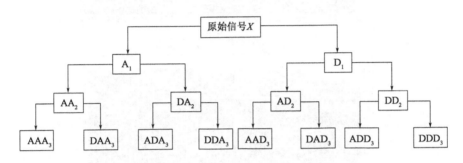

图 4-13 某信号 X 的 3 层小波包分解树示意图

小波包分析技术是一种对信号进行精细化分析和处理的有效方法,可以实现对信号频谱的多层次划分,并可以根据待分析信号的频谱特征,自适应地选择与信号频谱相适应的频带宽度,以实现信号的细分,提高了信号分析中的时频分辨能力[28]。

在图 4-13 中,A 表示信号的低频段部分,D 表示信号的高频段部分,而信号末尾的下角标数字代表了信号的分解层数(分解尺度数),其分解满足式(4-17)。

$$X = AAA_3 + DAA_3 + ADA_3 + DDA_3 + AAD_3 + DAD_3 + ADD_3 + DDD_3 \quad (4-17)$$

如果对原始信号 X 进行 n 层分解(尺度数为 n),则原始信号 X 被分解为 2^n 个分解信号 $S_1, S_2, \cdots, S_{2^n}$,其中信号 S_i 可以用数列 X_i 表示,X_i 见式(4-18)[19,29]。

$$X_i = [X_{i1}, X_{i2}, \cdots, X_{ij}, \cdots, X_{im}] \quad (4-18)$$

其中,$i = 1, 2, \cdots, 2^n$;$j = 1, 2, \cdots, m$;m 是每个分解信号中采样点的个数。因此,分解信号 S_i 的能量可以用式(4-19)来计算[19,29]。

$$E_i = \sum_{j=1}^m |X_{ij}|^2 = |X_{i1}|^2 + |X_{i2}|^2 + \cdots + |X_{ij}|^2 + \cdots + |X_{im}|^2 \quad (4-19)$$

原始信号 X 的能量则可以通过各分解信号的能量相加获得[19,29],见式(4-20)。

$$E = \sum_{i=1}^{2^n} E_i \quad (4-20)$$

信号幅值、能量与测试时间之间的关系如图 4-14 所示,其中原始信号采用 db$_2$ 小波包进行分解,分解尺度 $n=5$。

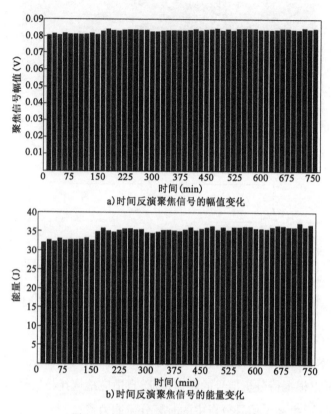

a)时间反演聚焦信号的幅值变化

b)时间反演聚焦信号的能量变化

图 4-14 时间反演聚焦信号稳定性分析图

对时间反演聚焦信号的幅值和能量进行分析,可得时间反演聚焦信号幅值的变化范围为 -3.23% ~ 1.92%,时间反演聚焦信号能量的变化范围为 -8.73% ~ 5.93%。因此,时间反演聚焦信号的幅值和能量均具有良好的稳定性,其中时间反演聚焦信号幅值的稳定性更好。所以,可认为混凝土结构是时不变系统。

7. 信号输入与输出关系

基于波动法的结构健康监测一般假定结构为线性系统,因此有必要研究信号的输入与输出关系,判断混凝土介质是否满足线性系统相关特征。本节对混凝土梁(图 4-12)采用中心频率为 75kHz、归一化带宽为 0.15 的高斯调制的正弦脉冲信号进行分级激励,由 0V 开始,每隔 0.5V 进行一次信号激励和数据采集,考虑到试验设备的限制,最高激励幅值选择 10V,进而分析输入与输出信号的幅值变化和能量变化规律,时间反演聚焦信号的幅值、能量与激励信号的幅值之间的关系,分别如图 4-15a)和图 4-15b)所示,其中信号能量的计算采用小波包分解技术进行计算,选取 db$_2$ 小波包进行分解,分解尺度 $n=5$,计算公式见式(4-18) ~ 式(4-20)。

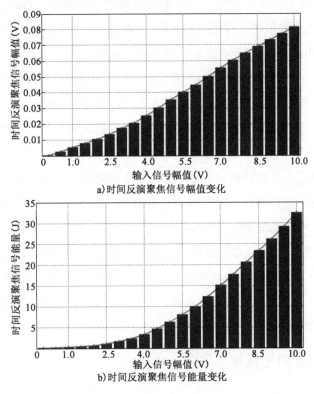

a)时间反演聚焦信号幅值变化

b)时间反演聚焦信号能量变化

图 4-15 输入信号与输出信号的关系

对时间反演聚焦信号的幅值、能量与输入信号的幅值分别进行一次曲线和二次曲线的拟合,可得输入信号幅值与输出信号幅值之间具有良好的线性关系(相关系数为 0.9910),输入信号幅值与输出信号能量之间具有良好的二次关系(相关系数为 0.9951)。因此可得时间反演聚焦信号的幅值、能量与输入信号的幅值之间均具有较好的相关性,其相关系数均在 0.99 以上,可认为混凝土结构为线性系统。

4.4 混凝土介质中的应力波吸收特性

4.4.1 概述

基于波动法的混凝土结构健康监测越来越受到人们的重视,但是应力波在混凝土中的传播模型还未准确建立。由于混凝土是一种多相复合胶凝材料,内部存在粗、细集料,水泥等多种成分,导致应力波在混凝土内部的传播较为复杂,存在严重的反射和散射[30],造成应力波的衰减较为严重,给传感器的布设、选择和监测范围的划分造成严重影响。此外,应力波在混凝土中的传播存在较为严重的频散和波包混叠现象,导致在分析应力波信号时存在一定困难[31]。因此需要进一步深入研究基于波动法的结构健康监测,以确立应力波的传播模型。

Chekroun 等[32]在混凝土介质中研究了应力波的频散和衰减规律。Philippidis 等[33]从试验的角度研究了应力波的频散和衰减特性。Yim 等[34]具体地研究了应力波传播的衰减系数与频率之间的关系。Treiber 等[24]基于试验系统地研究了混凝土中应力波的衰减系数与材料特性之间的关系。由于 Rayleigh 阻尼与结构的质量和刚度成比例,可以便捷地实现动力方程的解耦,所以 Rayleigh 阻尼模型被广泛地应用到结构的动力分析当中[35]。此外,由 Rayleigh 阻尼计算的结构阻尼比与激励频率直接相关,因此 Rayleigh 阻尼可以更合理地反映结构的振动特性[36]。Rayleigh 阻尼模型中质量阻尼系数和刚度阻尼系数分别为 α 和 β。Ramadas 等[35]基于 Rayleigh 阻尼模型研究了复合材料中 Lamb 波的传播衰减特性。Ong 等[37]利用 Rayleigh 阻尼模型模拟了 Lamb 波在胶黏结材料板中的传播和衰减。Sreekumar 等[38]研究了复合材料中的 A_0 模式 Lamb 波的传播衰减规律。由于混凝土介质中应力波的传播路径十分复杂,并且存在严重的反射和散射,造成直达应力波包很难被直接分辨出来,进而导致难以直接获取直达应力波的峰值。因此本章利用时间反演理论的自适应聚焦特性来监测应力波的峰值,并根据应力波峰值的变化来计算应力波的传播衰减系数。本章基于 Rayleigh 阻尼模型推导出混凝土介质中应力波传播的吸收衰减规律,并在试验中予以验证。

4.4.2　Rayleigh 阻尼模型

Rayleigh 阻尼见式(4-21):

$$c = \alpha m + \beta k \tag{4-21}$$

式中:c——结构阻尼;

　　m——结构质量;

　　k——结构刚度;

　　α——质量阻尼比例系数;

　　β——刚度阻尼比例系数。

式(4-21)可用结构阻尼比的形式来表示,根据 Rayleigh 阻尼模型得出结构的阻尼比 ξ 与频率的关系,见式(4-22):

$$\xi = \frac{1}{2}\frac{\alpha}{\omega}\beta\omega \tag{4-22}$$

式中:ξ——结构阻尼比;

　　ω——圆频率,$\omega = 2\pi f$;

　　f——激励频率。

4.4.3　基于 Rayleigh 阻尼模型的应力波衰减特性研究

结构真实的阻尼特性是很复杂和难以确定的,因此可以根据结构自由振动的衰减情况来计算结构阻尼比[36]。此外,混凝土中应力波的传播衰减根据产生机理的不同可以分为扩散衰减、吸收衰减和散射衰减[39]。扩散衰减是指随着应力波波阵面的扩大,波阵面上应力波的声压产生下降的一种物理现象,因此扩散衰减规律可以根据几何关系和能量守恒原理进行简便计算[39]。吸收衰减是由应力波传播过程中的黏滞吸收和热传导造成的。吸收衰减将会使应力波的能量以热能的形式耗散。散射衰减是由混凝土的非均质特性造成的,混凝土中存在的颗粒状成分(如粗集料)会导致应力波的传播发生散射,而发生散射的应力波在混凝土中的传播路径将会变得十分复杂,进而导致应力波的能量以热能的形式耗散[39]。应力波被混凝土中的颗粒(如粗集料)反射和折射,会导致部分应力波的传播方向发生改变,进而导致应力波的能量减小,如图4-16所示。因此,散射衰减的大小与混凝土中粗集料的粒径和应力波的频率有关[25,39]。当应力波的频率较高,应力波的波长会小于混凝土中粗集料的粒径,进而会导致应力波的传播发生严重的反射或折射,应力波的散射衰减会变得很严重[39]。

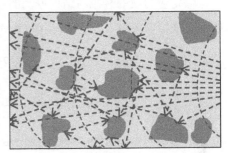

图4-16　应力波在混凝土介质中的散射[39]

1. 吸收衰减过程理论推导

假设结构自由振动的幅值衰减服从对数衰减规律[36],见式(4-23):

$$\ln\left(\frac{u}{u_n} = \frac{2n\pi\xi}{\sqrt{1-\xi^2}}\right) \tag{4-23}$$

其中,u 和 u_n 分别为在相隔 n 个循环后的结构振动幅值[36]。假定结构的阻尼比很小,ξ 则是一个更小的量,所以式(4-23)中的分母可近似为1,因此式(4-23)可用式(4-24)表示[36]。

$$\ln\left(\frac{u}{u_n} \approx 2n\pi\xi\right) \tag{4-24}$$

假定在应力波的传播过程中存在两个点,两个点相对于某参考点的距离分别为 x_1 和 x_2,在 x_1 和 x_2 两个点的应力波的幅值分别为 A_1 和 A_2,应力波到达 x_1 和 x_2 处的时间分别为 t_1 和 t_2,如图4-17 所示。此外假定应力波的传播速度为 C,则应力波传播的时间关系见式(4-25)和式(4-26)。

$$\Delta x = x_2 - x_1 \tag{4-25}$$

$$\Delta t = t_2 - t_1 = \frac{\Delta x}{C} = \frac{x_2 - x_1}{C} \tag{4-26}$$

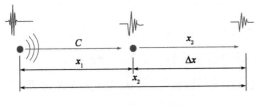

图4-17　应力波传播过程示意图

假定混凝土介质中应力波传播的吸收衰减系数为 k_ω,则波动过程中应力波的衰减过程满足式(4-27)和式(4-28)[40,41]:

$$A_2 = A_1 e^{-k_\omega(x_2-x_1)} = A_1 e^{-k_\omega \Delta x} \tag{4-27}$$

$$\ln\left(\frac{A_1}{A_2}\right) = k_\omega \Delta x \tag{4-28}$$

此外,通过合理地选择参考点的位置,可使应力波传播的时间间隔满足式(4-29),即应力波传播间距恰好等于应力波在 n 个波动周期内的传播距离[35]。

$$\Delta t = nT = \frac{n}{f} = \frac{\Delta x}{C} \tag{4-29}$$

假定应力波的衰减与结构振动的衰减均是由结构阻尼引起的,因此吸收衰减与振动衰减的变化规律应一致[35],见式(4-30)和式(4-31)。

$$2\pi\xi\left(\frac{f\Delta x}{C}\right) = k_\omega \Delta x \tag{4-30}$$

$$k_\omega = \frac{2\pi f\xi}{C} = \frac{\omega\xi}{C} = \frac{\omega}{2C}\left(\frac{\alpha}{\omega} + \beta\omega\right) = \frac{\alpha}{2C} + \frac{\beta}{2C}\omega^2 \tag{4-31}$$

根据式(4-31)可知,混凝土中的应力波的吸收衰减系数与激励信号频率的平方成正比。式(4-31)与根据热力学原理推导出的 Stokes Kirchhoff 公式的一致性较好,Stokes Kirchhoff 公式见式(4-32)[39,42]。

$$k_\omega = \frac{\omega^2}{2\rho C^3}\left[\frac{4}{3}\eta + \chi\left(\frac{1}{c_v} - \frac{1}{c_p}\right)\right] \tag{4-32}$$

式中:η——切变黏滞系数;

χ——热传导系数;

c_v——定压热容;

c_p——定比热容;

其他符号含义与前文相同。

与式(4-32)相比,式(4-31)中待定参数的数目更少,在试验中也更容易确定,因此,式(4-31)具有较强的实用价值。由于吸收衰减系数和应力波波速可以在试验中测量,因此,Rayleigh 阻尼模型中的比例常数和可以根据式(4-31)获得。而一旦得到 Rayleigh 阻尼模型中的比例常数和的值,则在某一确定频率下的应力波的吸收衰减系数可以通过式(4-31)确定。

2. 时间反演过程中应力波的吸收衰减过程研究

由于应力波在混凝土中的传播较为复杂,存在严重的反射、散射和波包混叠,很难直接分辨出直达应力波和反射应力波[43]。因此,本节充分利用时间反演理论的自适应聚焦特性来获取应力波的幅值,通过比较时间反演聚焦信号的幅值变化来分析应力波的衰减规律。

试验中时间反演操作的过程:将一根素混凝土梁作为测试试件,将 d_{33} 模式压电智能集料作为传感器埋入素混凝土梁中,混凝土的配合比为水(kg/m³):水泥(kg/m³):中砂(kg/m³):碎石

（kg/m³）= 175 : 398 : 676 : 1201，d_{33} 模式压电智能集料的直径为 25mm、高度为 20mm，应力波在混凝土梁中传播的时间反演操作过程如图 4-18 所示，d_{33} 模式压电智能集料如图 4-19 所示。

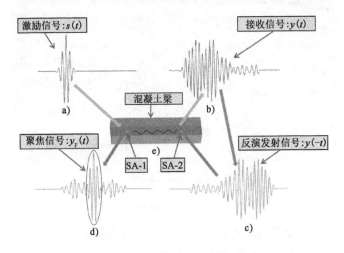

图 4-18 混凝土梁中传播的时间反演操作过程

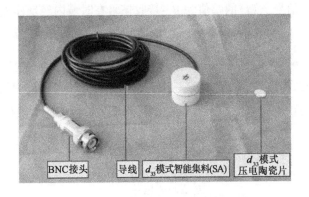

图 4-19 d_{33} 模式压电智能集料

对 SA-1 传感器进行激励产生信号 $s(t)$，信号通过混凝土介质的传播后被 SA-2 传感器接收并记为 $y(t)$，将 SA-2 传感器的接收信号 $y(t)$ 在时域内进行反序变换并由 SA-2 传感器回传，则反演发射信号为 $y(-t)$，应力波经混凝土介质的传播后被 SA-1 传感器接收，SA-1 传感器的接收信号 $y_F(t)$ 即为时间反演聚焦信号（图 4-18）。

d_{33} 模式的压电智能集料主要由 d_{33} 模式压电陶瓷片、大理石保护层、屏蔽导线和 BNC 接头四部分组成（图 4-19）。

为了简便地测试混凝土介质中应力波的吸收衰减规律，制作了长度、宽度、高度分别为 1000mm、150mm 和 200mm 的素混凝土梁，在混凝土梁的内部沿中轴线方向等距布设 3 个 d_{33} 模式压电智能集料，智能集料的间距为 250mm，试验测试设备包括数据采集卡（NI-USB 6366）、安装有数据采集软件的便携式计算机和压电驱动放大电源，如图 4-20 所示。

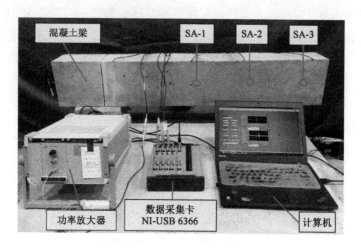

图 4-20　试验设备与测试试件

在试验过程中选取高斯调制的正弦脉冲信号作为激励信号。现以 SA-1 与 SA-2 传感器为例,介绍时间反演过程中应力波的衰减规律。假定对 SA-1 传感器激励产生信号 $s(t)$ 的幅值为 A,SA-2 传感器的接收信号 $y_1(t)$ 的幅值为 B_1;接收信号在时域内经反序变换并放大 N 倍后由 SA-2 传感器进行回传,回传信号为 $Ny_1(-t)$,回传信号的幅值为 NB_1,最后时间反演聚焦信号 $y_{F1}(t)$ 由 SA-1 传感器接收,时间反演聚焦信号的幅值记为 C_1,此外 SA-1 与 SA-2 传感器之间的间距记为 Δx。因此,根据式(4-27)和式(4-28),时间反演过程中应力波的前向传播衰减与后向传播衰减分别见式(4-33)和式(4-34),整个时间反演过程的应力波传播衰减见式(4-35)。

$$k_\omega \Delta x = \ln \frac{A}{B_1} \tag{4-33}$$

$$k_\omega \Delta x = \ln \frac{NB_1}{C_1} \tag{4-34}$$

$$\ln \frac{A}{C_1} = \ln \left(\frac{A}{B_1} \frac{B_1}{C_1} \right) = \ln \frac{A}{B_1} + \ln \left(\frac{NB_1}{C_1} \frac{1}{N} \right) = 2 k_\omega \Delta x - \ln N \tag{4-35}$$

与图 4-18 算例相似,SA-1 与 SA-3 传感器之间的时间反演过程中应力波的衰减规律如下:假定 SA-1 传感器激励产生信号 $s(t)$ 的幅值为 A,SA-3 传感器的接收信号 $y_2(t)$ 的幅值为 B_2;接收信号在时域内经反序变换并放大 N 倍后由 SA-3 传感器进行回传,回传信号为 $Ny_2(-t)$,回传信号幅值为 NB_2,最后时间反演聚焦信号 $y_{F2}(t)$ 由 SA-1 传感器接收,时间反演聚焦信号的幅值记为 C_2,此外 SA-1 与 SA-3 传感器之间的间距记为 $2\Delta x$。因此,根据式(4-27)和式(4-28),时间反演过程中应力波的前向传播衰减与后向传播衰减分别见式(4-36)和式(4-37),整个时间反演过程的应力波传播衰减见式(4-38)。

$$k_\omega(2\Delta x) = \ln \frac{A}{B_2} \tag{4-36}$$

$$k_\omega(2\Delta x) \ = \ \ln \frac{N B_2}{C_2} \tag{4-37}$$

$$\ln \frac{A}{C_2} \ = \ \ln\left(\frac{A}{B_2} \frac{B_2}{C_2}\right) = \ln \frac{A}{B_2} + \ln\left(\frac{N B_2}{C_2} \frac{1}{N}\right) = 4\, k_\omega \Delta x \ - \ \ln N \tag{4-38}$$

由于压电智能集料与混凝土之间存在黏结耦合而耦合系数未知,因此激励产生的信号幅值 A 是未知的,为此对式(4-35)和式(4-38)进行如下变换,见式(4-39)。

$$\ln \frac{C_1}{C_2} = \ln\left(\frac{C_1}{A} \frac{A}{C_2}\right) = \ln \frac{A}{C_2} - \ln \frac{A}{C_1} = 2\, k_\omega \Delta x \tag{4-39}$$

根据式(4-39)可知,由于时间反演聚焦信号均是由 SA-1 传感器接收的,因此耦合系数的影响可以消除。此外,由于在试验中采用的均为同种压电智能集料且试件为一次性同步浇筑,所以各压电智能集料与混凝土介质之间的耦合系数是相同的。此外,根据式(4-39)可得,只要获得时间反演聚焦信号的幅值和传感器布设的间距,就可获得混凝土中应力波的吸收衰减系数。

4.4.4　试验与验证

应力波在固体介质内部的传播根据质点振动方向和应力波的传播方向之间的关系可以分为两种,即纵波和横波。由于试验中采用的是 d_{33} 模式的压电智能集料,并且是沿素混凝土梁的中轴线方向布置的,而素混凝土梁可以近似认为是一维构件,因此 d_{33} 模式的压电智能集料在素混凝土梁中激励起的主要为纵波。由于可以近似认为素混凝土梁是一维构件,所以纵波在素混凝土梁中的扩散衰减可以被忽略。此外,由于试验条件的限制,本试验激励信号的中心频率的范围为 40kHz ~ 95kHz,并且每隔 5kHz 激励一次。由于激励信号的频率较低,导致纵波波长较长,均大于混凝土中粗集料的最大粒径(16mm),因此本书采用的混凝土可以视为均匀介质[25],进而纵波的散射衰减也可以忽略。综上所述,此混凝土梁中的纵波传播衰减主要为吸收衰减。

由于本试验的混凝土梁的材料配合比为水($\mathrm{kg/m^3}$) : 水泥($\mathrm{kg/m^3}$) : 中砂($\mathrm{kg/m^3}$) : 碎石($\mathrm{kg/m^3}$) = 175 : 398 : 676 : 1201,并且均为纵波在混凝土中传播,因此纵波的波速保持不变。

1. 试验结果

为了保证试验结果的准确性,进行了 3 次重复性试验,证明试验的重复性良好。基于式(4-31)和试验数据,可以拟合出吸收衰减系数与信号频率之间的关系(1Np = 8.686dB),拟合结果如图 4-21 所示。

根据试验结果和式(4-31)得出的 3 条拟合曲线的方程分别见式(4-40) ~ 式(4.42)。

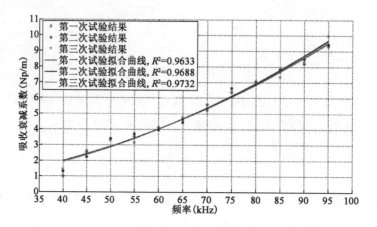

图 4-21　试验结果拟合曲线

$$k_\omega = \frac{\alpha}{2\,\overline{C}_L} + \frac{\beta}{2\,\overline{C}_L}\,\omega^2 = 0.3877 + 2.5595E - 11\,\omega^2, R^2 = 0.9633 \qquad (4\text{-}40)$$

$$k_\omega = \frac{\alpha}{2\,\overline{C}_L} + \frac{\beta}{2\,\overline{C}_L}\,\omega^2 = 0.2608 + 2.6427E - 11\,\omega^2, R^2 = 0.9688 \qquad (4\text{-}41)$$

$$k_\omega = \frac{\alpha}{2\,\overline{C}_L} + \frac{\beta}{2\,\overline{C}_L}\,\omega^2 = 0.2796 + 2.6223E - 11\,\omega^2, R^2 = 0.9732 \qquad (4\text{-}42)$$

根据 3 条曲线的拟合方程可以得到质量阻尼系数和刚度阻尼系数 $\overline{\beta}$，见式(4-43)。

$$\overline{\alpha} = 2120.0403; \overline{\beta} = 1.7870E - 7 \qquad (4\text{-}43)$$

因此,此例的混凝土中纵波的吸收衰减系数见式 (4.44)。

$$k_\omega = \frac{\overline{\alpha}}{2\,\overline{C}_L} + \frac{\overline{\beta}}{2\,\overline{C}_L}\,\omega^2 = 0.3094 + 2.6082E - 11\,\omega^2 \qquad (4\text{-}44)$$

从式(4-41)和式(4-44)中可得,质量阻尼系数主要控制应力波在低频段的吸收衰减系数;当频率大于 20kHz 时,刚度阻尼系数 $\overline{\beta}$ 将在式(4-31)和式(4-44)中起控制作用。此外,拟合曲线的相关系数较低的主要原因是受扩散衰减和散射衰减的影响。

2.试验验证

为了验证模型的准确性和拟合结果的精确性,本节进行了相关验证工作,从 40kHz～95kHz 中任取了 7 组频率(48kHz、57kHz、64kHz、68kHz、72kHz、77kHz 和 83kHz)进行激励,基于试验结果得出了纵波在混凝土中的吸收衰减系数,并与式(4-44)进行了对比,验证结果如图 4-22 所示。

由图 4-22 可知,试验验证结果与试验拟合结果吻合得很好。因此,试验拟合曲线的有效性得到了证明。此外,试验结果与拟合结果之间的差异可能是由扩散衰减、散射衰减、试验误差和拟合曲线的相关系数较低引起的。

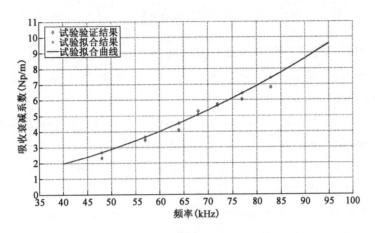

图4-22　试验结果对比

3. 阻尼比

根据式(4-22)和式(4-43)可得到结构的阻尼比,结构阻尼比与激励频率之间的关系如图4-23所示。

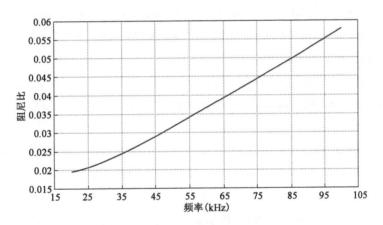

图4-23　结构阻尼比与激励频率之间的关系

重庆大学的周文委[44]认为当混凝土中传播的应力波的频率超过400kHz后,应力波的传播将会产生强烈的衰减,应力波的传播距离将变得很短,因此可以将混凝土近似等效为低通滤波器。此外,当激励频率很高时,振动将会变为一个局部的现象,并不会引起应力波的传播[35]。在本节中,激励信号的中心频率小于参考文献[35,44]给定的参考频率,因此应力波会在混凝土介质中传播。图4-23中结构阻尼比为0.01~0.06,满足式(4-24)的小阻尼比的假定,因此,当信号中心频率为20kHz~100kHz时,式(4-23)近似等于式(4-24)。此外,根据式(4-22)和式(4-43)可以得出,当激励频率超过350kHz时,结构阻尼比将大于0.2,此时结构振动现象将被显著抑制,应力波的衰减将是非常严重的。因此,式(4-24)的小阻尼比的假定会受到影响,这将严重影响式(4-31)的适用性。

本章参考文献

［1］ 王强. Lamb 波时间反转方法及其在结构健康监测中的应用研究［D］. 南京:南京航空航天大学,2009.

［2］ Fink M. Time reversal of ultrasonic fields. I. Basic principles［J］. IEEE Transactions on Ultrasonics Ferroelectrics and Frequency Control,1992,39(5):555-66.

［3］ Wu F,Thomas J L,Fink M. Time reversal of ultrasonic fields. Ⅱ. Experimental results［J］. IEEE Transactions on Ultrasonics Ferroelectrics and Frequency Control,1992,39(5):567-578.

［4］ Ing R K,Fink M. Time-reversed Lamb waves［J］. IEEE Transactions on Ultrasonics Ferroelectrics and Frequency Control,1998,45(4):1032-1043.

［5］ Liang Y,Li D,Kong Q,et al. Load monitoring of the pin-connected structure using time reversal technique and piezoceramic transducers—A feasibility study［J］. IEEE Sensors Journal,2016,16(22):7958-7966.

［6］ Song H C,Hodgkiss W S,Kuperman W A,et al. Improvement of time-reversal communications using adaptive channel equalizers［J］. IEEE Journal of Oceanic Engineering,2006,31(2):487-496.

［7］ Song H C,Hodgkiss W S,Kuperman W A,et al. Experimental demonstration of adaptive reverberation nulling using time reversal［J］. The Journal of the Acoustical Society of America,2005,118(3):1381-1387.

［8］ Kim S,Kuperman W A,Hodgkiss W S,et al. Echo-to-reverberation enhancement using a time reversal mirror［J］. The Journal of the Acoustical Society of America,2004,115(4):1525-1531.

［9］ 陆铭慧,张碧星,汪承灏. 时间反转法在水下通信中的应用［J］. 声学学报,2005,30(4):349-354.

［10］ 汪承灏,魏炜. 改进的时间反转法用于有界面时超声目标探测的鉴别［J］. 声学学报,2002(3):193-197.

［11］ Hillion P. Acoustic pulse reflection at a time-reversal mirror［J］. Journal of Sound and Vibration,2006,292(3-5):488-503.

［12］ Fouque J P,Garnier J,Nachbin A. Shock structure due to stochastic forcing and the time reversal of nonlinear waves［J］. Physica D:Nonlinear Phenomena,2004,195(3-4):324-346.

［13］ Zhang L,Wang C,Huo L,et al. Health monitoring of cuplok scaffold joint connection using piezoceramic transducers and time reversal method［J］. Smart Materials and Structures,2016,25(3):035010.

［14］ Fink M,Cassereau D,Derode A,et al. Time-reversed acoustics［J］. Reports on Progress in Physics,2000,63(12):1933-1995.

［15］ Gangadharan R,Murthy C R L,Gopalakrishnan S,et al. Time reversal technique for health monitoring of metallic structure using Lamb waves［J］. Ultrasonics,2009,49(8):696-705.

［16］ 王强,袁慎芳. 复合材料板脱层损伤的时间反转成像监测［J］. 复合材料学报,2009,26(3):99-104.

［17］ Zhang H,Cao Y,Sun X,et al. A time reversal damage imaging method for structure health monitoring using Lamb waves［J］. Chinese Physics B,2010,19(11):114301.

［18］ Wang T,Liu S,Shao J,et al. Health monitoring of bolted joints using the time reversal method and piezoelectric transducers［J］. Smart Materials and Structures,2016,25(2):025010.

［19］ Huo L,Chen D,Kong Q,et al. Smart washer-a piezoceramic-based transducer to monitor looseness of bolted connection[J]. Smart Materials and Structures,2017,26(2):025033.

[20] 杨洋,张梦阳,肖黎,等.表面波时间反转混凝土梁裂缝损伤识别数值模拟[J].混凝土,2015,37(12):17-20.

[21] 阎石,付锦治,孙威,等.利用时间反转法的钢管混凝土密实性检测试验[J].沈阳建筑大学学报:自然科学版,2013,29(5):788-795.

[22] 赵乃志.利用压电超声导波时间反转法的管道结构裂纹监测研究[D].大连:大连理工大学,2013.

[23] 王禹.混凝土内部异常超声阵列成像算法研究[D].南昌:南昌航空大学,2015.

[24] Treiber M,Kim J Y,Jacobs L J,et al. Characterization of cement-based multiphase materials using ultrasonic wave attenuation[D]. Atlanta:Georgia Institute of Technology,2008.

[25] 孙明清,Staszewski W J,Swamy R N.混凝土中的 Lamb 波传播[J].武汉理工大学学报,2004,26(1):31-34.

[26] 孙明清,Staszewski W J,Swamy R N.压电陶瓷片用于检测混凝土的波速和动弹模[J].武汉理工大学学报,2004,26(6):1-4.

[27] 住房和城乡建设部.混凝土结构设计规范:GB 500010—2010[S].北京:中国建筑工业出版社,2015.

[28] 赵晓燕,李宏男.基于压电陶瓷的混凝土裂缝损伤监测[J].压电与声光,2009,31(3):437-439.

[29] Jiang T,Kong Q,Wang W,et al. Monitoring of grouting compactness in a post-tensioning tendon duct using piezoceramic transducers[J]. Sensors,2016,16(8).

[30] 廖寅,熊必成,李秋锋,等.混凝土结构超声阵列探头成像算法研究[J].压电与声光,2012,34(6):932-935.

[31] Pavlopoulou S,Staszewski W J,Soutis C. Evaluation of instantaneous characteristics of guided ultrasonic waves for structural quality and health monitoring[J]. Structural Control and Health Monitoring,2013,20(6):937-955.

[32] Chekroun M,Marrec L Le,Abraham O,et al. Analysis of coherent surface wave dispersion and attenuation for non-destructive testing of concrete[J]. Ultrasonics,2009,49(8):743-751.

[33] Philippidis T P,Aggelis D G. Experimental study of wave dispersion and attenuation in concrete[J]. Ultrasonics,2005,43(7):584-595.

[34] Yim H J,Kwak H G,Kim J H. Ultrasonic wave attenuation measurement technique for nondestructive evaluation of concrete[J]. Nondestructive Testing and Evaluation,2012,27(1):81-94.

[35] Ramadas C,Balasubramaniam K,Hood A,et al. Modelling of attenuation of Lamb waves using Rayleigh damping:Numerical and experimental studies[J]. Composite Structures,2011,93(8):2020-2025.

[36] 克拉夫 R,彭津 J.结构动力学(修订版)[M].2 版.北京:高等教育出版社,2006.

[37] Ong W H,Rajic N,Chiu W K,et al. Adhesive material property evaluation for improved Lamb wave simulation [J]. International Journal of Adhesion and Adhesives,2016,71:28-38.

[38] Sreekumar P,Ramadas C,Anand A,et al. Attenuation of A_0 Lamb mode in hybrid structural composites with nanofillers[J]. Composite Structures,2015,132(15):198-204.

［39］ 孙威.利用压电陶瓷的智能混凝土结构健康监测技术［D］.大连：大连理工大学,2009.

［40］ Castaings M,Hosten B. The use of electrostatic,ultrasonic,air-coupled transducers to generate and receive Lamb waves in anisotropic,viscoelastic plates［J］.Ultrasonics,1998,36(1-5):361-365.

［41］ Duflo H,Morvan B,Izbicki J L. Interaction of Lamb waves on bonded composite plates with defects［J］.Composite Structures,2007,79(2):229-233.

［42］ 鲍树峰.纵波扭转波传播理论研究与动力有限元分析［D］.长沙：长沙理工大学,2007.

［43］ Liu Y,Hu N,Xu H,et al. Damage evaluation based on a wave energy flow map using multiple PZT sensors［J］.Sensors,2014,14(2):1902-1917.

［44］ 周文委.结构混凝土压电机敏监测技术的基础研究［D］.重庆：重庆大学,2003.

第5章 基于压电传感器的桁架结构损伤识别

5.1 引 言

根据第2章的介绍,无论是粘贴式还是嵌入式压电陶瓷传感器,在1000Hz以下的土木工程结构振动频率范围内,传感器的输出电压与应力、应变响应有稳定的线性关系,即在振动测试中,压电陶瓷传感器可真实地表达结构的应力、应变响应。本章利用振动测试的原理,研究了压电陶瓷传感器1000Hz以下的低频响应在结构损伤识别中的应用。

目前,最有效的全局损伤识别方法是基于振动的损伤识别方法,包括基于模型和非基于模型的损伤识别方法。在基于模型的损伤识别方法中,结构的模型是质量、刚度、阻尼等物理参数的函数,所以需要模型更新技术来识别结构具体的物理参数。对于复杂结构来说,识别结构的精确模型难度较大。而非基于模型的损伤识别方法,由于其不需要结构精确的模型信息,只需要从结构的动力响应中提取出损伤特征来识别损伤,易应用于结构的在线实时监测系统。

在非基于模型的损伤识别方法中,一类常用的方法是在结构的动力响应中提取频率、振型等模态信息,基于结构频率或振型的变化来识别损伤。然而模态识别过程往往较烦琐,对于复杂结构来说,进行精确的模态识别仍是极具挑战的过程。另一类常用的方法是损伤特征直接提取于结构的动力响应的时域、频域、时-频域信息。在这些研究中,一些数字信号处理技术如离群分析(Outlier Analysis)、独立成分分析(Independent Component Analysis)、小波变换、Hilbert-Huang变换常被用于动力响应损伤特征的提取。然而,这类损伤识别方法通常用于识别损伤是否存在,对损伤位置的识别存在一定困难。雷家艳等提出了一种基于互相关函数的损伤识别方法,利用损伤前后相邻测点互相关函数幅值的差异来识别和定位损伤。然而,这种方法所需传感器数量要接近或等于可能出现的损伤数量,故使用成本较大;此外,对于复杂结构,如网架结构,当一杆件有多杆相连时,难以判断相邻的测点,导致该方法难以实施。

针对上述方法的不足,本章提出了一种应用压电陶瓷传感器低频响应的结构损伤识别方法,即基于互相关函数幅值和支持向量机的损伤识别方法。从物理意义上讲,结构响应的互相关函数幅值在一定程度上体现了结构的振型分布,故本章以损伤前后压电陶瓷传感器单阶模态响应近似信号的互相关函数幅值差异作为损伤特征,用于训练支持向量机的分类器,将结构损伤识别问题转化为损伤形式的分类问题,以此来解决以往互相关函数幅值方法需要数量较多传感器的问题。该方法可用于对杆系结构损伤位置和状态的识别,且仅需要结构的动力响应,并适用于任意荷载激励。利用 IASC-ASCE Benchmark 模型验证了该方法的可行性,并将其用于压电陶瓷低频响应的桁架结构损伤识别试验中,得到较好的识别效果。

5.2　互相关函数幅值

时域信号 $x(t)$ 与 $y(t)$ 的互相关函数定义为:

$$R_{xy}(T) = E[x(t)y(t+T)] \tag{5-1}$$

式中:　T——相位差;

$E[\ ]$——数学期望;

$R_{xy}(T)$——$x(t)$ 与 $y(t)$ 的互相关函数。

N 自由度体系结构的运动方程为:

$$M\ddot{X}(t) + C\ddot{X}(t) + KX(t) = F(t) \tag{5-2}$$

式中:X——$X = [x_1, x_2, \cdots, x_N]$ 表示各层的位移;

M、C、K——质量矩阵、阻尼矩阵和刚度矩阵;

$F(t)$——结构的荷载向量。

通过阵型分解法解式(5-2),结构的动力响应可表示为:

$$X(t) = \sum_{n=1}^{N} \Phi_n Y_n(t) \tag{5-3}$$

式中:Φ_n——第 n 阶振型;

$Y_n(t)$——振型幅值。

根据振型分解法,k 测点的动力响应是各阶模态信号的叠加。可通过信号处理方法(如小波包和经验模态分解等方法)得到各阶模态响应的近似信号。则第 n 阶位移响应为:

$$X_n(t) = \phi_n Y_n(t) \tag{5-4}$$

由 Duhamel 积分,在 k 测点激励 $f_k(t)$ 作用下,测点 i 的 n 阶位移响应为:

$$X_i^n(t) = \phi_i^n \phi_k^n \int_{-\infty}^{t} f_k(t) g^n(t-\tau) \mathrm{d}\tau \tag{5-5}$$

其中,

$$g^n(t-\tau) = \frac{\sin\omega_{Dn}(t-\tau)\exp[-\xi_n\omega_n(t-\tau)]}{m_n\omega_{Dn}} \tag{5-6}$$

式中:ϕ_k^n——n 阶振型在 k 测点的值;

ϕ_i^n——n 阶振型在 i 测点的值;

ω_n——n 阶频率;

ξ_n——n 阶阻尼比;

m_n——振型质量;

ω_{Dn}——$\omega_{Dn} = \omega_n(1 - \xi_n^2)$。

将式(5-5)代入式(5-1),可得出 N 自由度体系任意两测点位移响应的互相关函数为:

$$R_{i,j}^n(T) = \phi_i^n \phi_k^n \phi_j^n \phi_k^n \int_{-\infty}^t \int_{-\infty}^{t+T} g^n(t + T - \sigma) g^n(t - \tau) E[f_k(\sigma) f_k(\tau)] \mathrm{d}\sigma \mathrm{d}\tau \qquad (5\text{-}7)$$

根据自然激励法[1],如果激励信号为白噪声信号,则:

$$E[f_k(\sigma) f_k(\tau)] = \alpha_k \delta(\tau - \sigma) \qquad (5\text{-}8)$$

式中:α_k——白噪声信号的自功率谱密度;

$\delta(\ )$——Dirac 函数。

将式(5-8)代入式(5-7),可得 i、j 两测点 n 阶模态的位移的响应的互相关函数为:

$$R_{i,j}^n(T) = \frac{\phi_i^n G_j^n}{m_n \omega_{Dn}} \exp(-\xi_n \omega_n T) \sin(\omega_{Dn} T + \varphi_n) \qquad (5\text{-}9)$$

式中:φ_n——与 n 阶模态相关的两点的相位差;

G_j^n——与激励点位置和 n 阶模态相关的参数。

若激励信号为平稳随机过程,则 i、j 两测点 n 阶模态的速度响应的互相关函数满足:

$$
\begin{aligned}
R_{\dot{x}i,\dot{x}j}^n(T) &= -R_{x_i,y_j}^{n}{}''(T) \\
&= \frac{\phi_i^n G_j^n}{m_n \omega_{Dn}} \exp(-\xi_n \omega_n T)[(\omega_{Dn}^2 - \xi_n^2 \omega_n^2) \sin(\omega_{Dn} T + \varphi_n) + \\
&\quad 2\xi_n \omega_n \omega_{Dn} \cos(\omega_{Dn} T + \varphi_n)]
\end{aligned}
\qquad (5\text{-}10)
$$

i、j 两测点 n 阶模态的加速度响应的互相关函数满足:

$$
\begin{aligned}
R_{\ddot{x}i,\ddot{x}j}^n(T) &= R_{x_i,y_j}^{n}{}''(T) \\
&= \frac{\varphi_i^n G_j^n}{m_n \omega_{Dn}} \exp(-\xi_n \omega_n T)[(\omega_n^4 - 6\xi_n^2 \omega_n^2 \omega_{Dn}^2 + \omega_{Dn}^4) \sin(\omega_{Dn} T + \varphi_n) + \\
&\quad (4\xi_n \omega_n \omega_{Dn}^3 + 4\xi_n^3 \omega_n^3 \omega_{Dn}) \cos(\omega_{Dn} T + \varphi_n)]
\end{aligned}
\qquad (5\text{-}11)
$$

结合式(5-9)~式(5-11),i、j 两测点 n 阶模态的位移、速度、加速度响应的互相关函数的幅值可总结为:

$$\max[R_{i,j}^n(T)] = \frac{G_j^n}{m_n \omega_{Dn}} \frac{A(A\omega_{Dn} - Bx_n \omega_n) - B(Ax_n \omega_n - B\omega_{Dn})}{\sqrt{(A\omega_{Dn} - Bx_n \omega_n)^2 + (Ax_n \omega_n - B\omega_{Dn})^2}} \exp(-x_n \omega_n T^*) f_i^n \qquad (5\text{-}12)$$

其中,

$$T^* = \arcsin \frac{A(A\omega_{Dn} - B\xi_n \omega_n)}{\sqrt{(A\omega_{Dn} - B\xi_n \omega_n)^2 + (A\xi_n \omega_n + B\omega_{Dn})^2}} \qquad (5\text{-}13)$$

A、B 的取值见表 5-1。

表 5-1

n 阶模态的位移、速度、加速度响应的 A、B 取值

$R_{i,j}^n(T)$	A	B
$R_{\dot{x}i,\dot{x}j}^n(T)$	1	0
$R_{\ddot{x}i,\dot{x}j}^n(T)$	$\omega_{\mathrm{D}n}^2 - \xi_n^2\omega_n^2$	$2\xi_n\omega_n\omega_{\mathrm{D}n}$
$R_{\ddot{x}i,\ddot{x}j}^n(T)$	$\omega_n^4 - 6\xi_n^2\omega_n^2\omega_{\mathrm{D}n}^2 + \omega_{\mathrm{D}n}^4$	$4\xi_n\omega_n\omega_{\mathrm{D}n}^3 + 4\xi_n^3\omega_n^3\omega_{\mathrm{D}n}$

定义一个中间变量 $\kappa^*(\xi_n,\omega_n)$ 如下：

$$\kappa^*(\xi_n,\omega_n) = \frac{A(A\omega_{\mathrm{D}n} - B\xi_n\omega_n) + B(A\xi_n\omega_n + B\omega_{\mathrm{D}n})}{\sqrt{(A\omega_{\mathrm{D}n} - B\xi_n\omega_n)^2 + (A\xi_n\omega_n + B\omega_{\mathrm{D}n})^2}}\exp(-\xi_n\omega_n T^*) \qquad (5\text{-}14)$$

结构中，以 j 测点为参照点，计算其他测点与 j 测点 n 阶模态动力响应的互相关函数，并取幅值组合成向量。

$$V_{\mathrm{CCFA}} = \max(R_{1,j}^n)\max(R_{2,j}^n)\cdots\max(R_{N,j}^n)$$

$$= \frac{G_j^n k^*(\xi_n,\omega_n)}{m_n\omega_{\mathrm{D}n}}[\phi_1\phi_2\cdots\phi_N] \qquad (5\text{-}15)$$

由式(5-15)可知，各测点与 j 测点结构响应 n 阶模态分量的互相关函数幅值向量，与结构 n 阶振型密切相关。发生损伤后，邻近损伤位置的模态振型发生改变，故损伤前后模态振型的差异在损伤位置附近最大。因此，定义损伤特征为初始状态与当前状态下互相关函数幅值向量的差：

$$D_{\mathrm{CCFA}} = V_{\mathrm{CCFA}}^{\mathrm{intact}} - V_{\mathrm{CCFA}}^{\mathrm{current}} \qquad (5\text{-}16)$$

其中，上角标 intact 表示初始状态，上角标 current 表示当前状态。可在结构相应位置上布置测点，利用相邻测点 D_{CCFA} 的差异来定位和评估损伤情况。然而，仅利用 D_{CCFA} 进行损伤识别具有一定的局限性：首先，方法的实施需要布置数量较多的传感器；其次方法难以在有较多相邻测点的复杂空间结构上实施。因此引入支持向量机等智能算法来有效解决以上问题。

5.3　支持向量机

5.3.1　支持向量机简介

支持向量机(Support Vector Mechine, SVM)是近年发展起来的、基于结构风险最小化(Structural Risk Minimization, SRM)原则的统计学习算法。如图 5-1 所示，支持向量机的基本理论最先应用于二分类问题，其主要思想是将数据转换到更高维的特征空间，并寻找最优超平面，使两种分类间的距离最大。假定大小为 l 的训练样本集 $\{(x_i,y_i),i=1,2,\cdots,l\}$，$x_i$ 为第 i 个样本的特征向量，y_i 为 x_i 的类标，$y_i \in \{-1,1\}$，通过构造一个决策函数，将测试数据尽可能地正确分类[2]。

对于线性情况而言,分类超平面 $f(x)$ 为:

$$f(x) = w^T x + b = 0 \qquad (5-17)$$

式中: w ——权值向量;

　　b ——偏置值。

其决策函数被定义为 $f(x)$ 的 sign 函数,通过决策函数来决定输入数据的分类。

考虑到噪声的影响,引入松弛变量 ζ_i 和误差惩罚系数 C ,通过获得 $\|w\|$ 的最小值,可实现利用分类超平面对输入数据的分类,问题转化为:

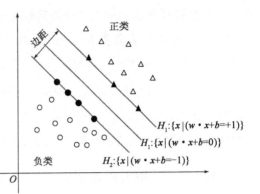

图 5-1　支持向量机的示意图

$$\min_{\omega,b,\zeta_i} \left(\frac{1}{2} w^T w + C \sum_{i=1}^{l} \zeta_i \right) \qquad (5-18)$$

$$\text{subjected to} \, y_i(w^T \cdot x_i + b) \geq 1 - \zeta_i \, {}_{\zeta_i \geq 0, i=1,\cdots,l} \qquad (5-19)$$

引入拉格朗日乘子 $\alpha_i \geq 0$,上述问题转化为如下形式:

$$\text{maximize} \, L(w,b,\alpha) = \sum_{i=1}^{l} \alpha_i - \frac{1}{2} \sum_{i,j=0}^{l} \alpha_i \alpha_j y_i y_j x_i \cdot x_j \qquad (5-20)$$

$$\text{subject to} \, \alpha_i \geq 0, i=1,\cdots,M, \sum_{i=1}^{M} \alpha_i y_i = 0 \qquad (5-21)$$

上述 SVM 算法适用于线性的二分类问题,可利用核函数将其拓展到非线性回归问题,利用非线性向量函数 $\Psi(x) = [\psi_1(x),\cdots,\psi_M(x)]$ 将低维特征空间中线性不可分问题映射到高维特征空间中以转换成线性可分问题来解决。对偶形式的决策函数为:

$$f(x) = \text{sign} \left\{ \sum_{i,j=1}^{M} \alpha_i y_i [\Psi^T(x_i) \cdot \Psi(x_j)] + b \right\} \qquad (5-22)$$

定义核函数为 $K(x_i,x_j) = (\Psi^T(x_i) \cdot \Psi(x_j))$,通过核函数,特征空间的学习过程不需要明确 Ψ 值,决策函数变为:

$$f(x) = \text{sign} \left[\sum_{i,j=1}^{M} \alpha_i y_i K(x_i,x_j) + b \right] \qquad (5-23)$$

任何满足 Mercer 定理[3] 的函数都可作为特征空间的核函数。常用的核函数有线性核函数、多项式核函数、径向基核函数(Radial Basis Function,RBF)、曲形核函数(Sigmoidal Kernel Function,SKF),其表达式见表 5-2。

常用的核函数的表达式　　　　　　　　　　　　　　表 5-2

线性核函数	$K(x_i,x_j) = x_i \cdot x_j$
多项式核函数	$K(x_i,x_j) = (x_i \cdot x_j + c)^d$
径向基核函数	$K(x_i,x_j) = \exp(\gamma \|x_i - x_j\|^2)$
曲形核函数	$K(x_i,x_j) = \tanh(\gamma \|x_i - x_j\|^2)$

上述 SVM 算法是针对二分类问题提出的,在实际应用中,多分类问题更加广泛。一种应用广泛的 SVM 的多分类方法为"一对一"(One Against One,OAO)算法。OAO 算法将构建 $k(k-1)/2$ 个二分类器,其策略是:i、j 分类器的决策函数为 $\mathrm{sign}\left[(w^{ij})^T\boldsymbol{\Psi}(x)+b^{ij}\right]$,如果 x 属于第 i 个分类,则 i 分类的权重增加 1,否则,j 分类的权重增加 1,x 将属于权重最高的分类。OAO 算法的计算简图如图 5-2 所示。将损伤特征作为输入样本来训练支持向量机分类器,以损伤形式作为输出结果,可将结构的损伤识别问题转化为模式分类问题。

5.3.2 互相关函数幅值和基于支持向量机的损伤识别方法

本章提出了基于互相关函数幅值和支持向量机的损伤识别方法。如式(5-15)所示,从物理意义上讲,V_{CCFA} 在一定程度上体现了结构的振型变化,是仅与结构本身性质相关的向量。本章中,将由结构响应计算而得的损伤特征 D_{CCFA}[由式(5-16)计算得到]作为样本集,通过 OAO 算法的多分类 SVM 识别结构的损伤形式。结构的响应可以为位移、速度、加速度响应,也可以为压电陶瓷传感器的应力或应变响应。如图 5-3 所示,该方法的过程可归纳如下:

(1)针对结构健康情况和每种潜在的损伤形式,采集结构的动力响应,并利用数字信号处理技术得到一阶模态响应的近似信号。

(2)选取某一测点为参照点,计算其与其他测点一阶模态响应近似信号的 V_{CCFA}。

(3)计算当前状态与初始状态 V_{CCFA} 的差异,即将损伤特征向量 D_{CCFA} 作为训练数据,训练支持向量机分类器。

(4)采集测试样本,按(1)~(3)步骤计算测试样本的损伤特征 D_{CCFA},并作为测试数据输入支持向量机的分类器,识别结构的损伤状态。

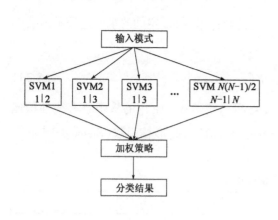

图 5-2 OAO 算法的计算简图

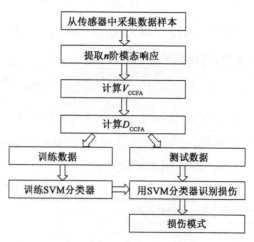

图 5-3 互相关函数幅值和基于支持向量机的损伤识别方法的过程图

5.4 Benchmark 模型数值分析

5.4.1 ASCE-IASC Benchmark 模型简介

在美国土木工程师学会(ASCE)的倡导下,由 ASCE-IASC 的结构健康监测任务小组建立起来的标准模型,为不同学者提出的结构健康监测方法提供了一个评估平台[4]。ASCE-IASC Benchmark 模型为1/3缩尺的4层2×2跨钢框架结构,如图5-4所示。每层平面尺寸为2.5m × 2.5m,层高为0.9m,每层各有8根斜撑。根据各层楼板处放置的钢板位置及质量,结构体系可分为对称和非对称两类。每层布置4个加速度传感器,传感器布置如图5-5所示。16个测点中,有8个是 x 方向的传感器,有8个是 y 方向的传感器,分别测量 x 和 y 方向的加速度。

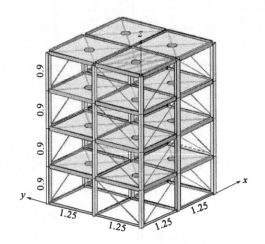

图5-4 ASCE-IASC Benchmark 模型(尺寸单位:m)　　　图5-5 传感器的布置图

本节以 ASCE-IASC Benchmark 模型为例,说明上述识别方法的有效性。选择12个自由度的非对称体系为研究对象。本章应用了两种加载形式:第一种是在结构顶层输入 $\pm(\hat{i}+\hat{j})$ 方向上频率范围为 0~100Hz 的高斯白噪声激励,其中 $\hat{i}$ 和 $\hat{j}$ 分别表示 x 方向和 y 方向的单位向量,持续时间为10s;第二种为在每一层施加任意荷载,用于模仿环境激励的情况。各种损伤工况下的损伤形式见表5-3,其中,0是无损伤的情况,Pattern 1 到 Pattern 2 是比较严重的损伤,Pattern 3 到 Pattern 5 属于轻微损伤。各种损伤工况下的水平刚度折减见表5-4。

损 伤 工 况　　　　　　　　　　　　　　　　　表5-3

损 伤 形 式	标　签	具 体 情 况
Pattern 0	0	无损伤
Pattern 1	1	第1层支撑损失
Pattern 2	2	第1、3层支撑损失
Pattern 3	3	第1层 x 方向损失一根支撑

续上表

损 伤 形 式	标　签	具 体 情 况
Pattern 4	4	第 1、3 层 x 方向各损失一根支撑
Pattern 5	5	第 1 层 x 方向的一支撑面积损失 2/3

各种损伤工况下的水平刚度折减　　　　　　表 5-4

层　数	自　由　度	Pattern 1	Pattern 2	Pattern 3	Pattern 4	Pattern 5
1	x	45.24%	45.24%	0	0	0
1	y	71.03%	71.03%	17.76%	17.76%	5.92%
1	θ	64.96%	64.96%	9.87%	9.87%	2.88%
2	x	0	0	0	0	0
2	y	0	0	0	0	0
2	θ	0	0	0	0	0
3	x	0	45.24%	0	11.31%	0
3	y	0	71.03%	0	0	0
3	θ	0	64.96%	0	9.16%	0
4	x	0	0	0	0	0
4	y	0	0	0	0	0
4	θ	0	0	0	0	0

5.4.2　结果分析

利用 ASCE-IASC Benchmark Ⅰ 阶段模型的 MATLAB 程序[5]计算结构各测点的加速度响应。对于 Pattern 0 工况,取 40 组样本,其中 20 组作为初始状态,另外 20 组被用作当前状态为无损的情况。其余的损伤工况分别取 20 组样本。通过信号处理方法提取结构一阶模态响应的近似信号,具体方式为:选择紧支撑的正交小波基如 db25 小波基,对传感器响应进行 5 层小波包分解,对包含一阶频率的小波包尺度函数进行重构叠加,作为一阶响应的近似信号。图 5-6 所示为测点 1 的结构响应和一阶模态响应的近似信号,图 5-7 所示为测点 1 的动力响应和一阶响应近似信号的频域图。从图中可以看出,一阶响应近似信号与结构响应中一阶频率的幅值相同,故可认为一阶响应近似信号的提取比较正确。

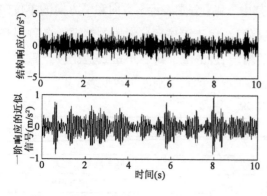

图 5-6　测点 1 的结构响应和一阶响应近似信号

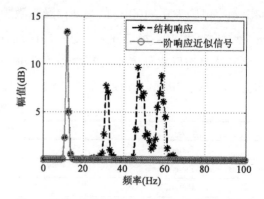

图 5-7　测点 1 的动力响应和一阶响应近似信号的频谱图

以测点 1 为参照点,分别计算所有样本中各测点与测点 1 的一阶响应近似信号的互相关函数幅值 V_{CCFA},20 组 Pattern 0 模式的 V_{CCFA} 代表初始状态,其余 20 组 Pattern 0 模式的 V_{CCFA} 和其他 5 种损伤模式的 V_{CCFA} 被用作当前状态。将当前状态与初始状态的 V_{CCFA} 相减,计算得到损伤特征 D_{CCFA}。所以,共有 6 种损伤模式,每种损伤模式包含 20 组损伤特征样本,标签为 1～6,分别代表 Pattern 0,Pattern 1,…,Pattern 5。将每组损伤模式中的 10 组损伤特征样本作为训练数据来训练基于 OAO 算法的多分类支持向量机分类器,其余 10 组损伤特征样本作为测试数据。

分别使用了多项式、RBF 和 SKF 核函数训练 OAO 多分类支持向量机分类器。核函数的参数对支持向量机分类效果有决定性的影响。上述 3 种核函数有两个主要的参数,分别为 C 和 γ,此外,多项式核函数还包括 d。不恰当的参数选取会导致欠学习和过学习问题。所以,在生成 SVM 的分类器前,寻求最优核函数的参数是必不可少的过程。

本节借助 LIBSVM 工具箱,以 v 折交叉验证(Cross-Validation,CV)准确率为目标,采用格点搜索的算法获取最优的核函数参数 C 和 γ。图 5-8 和图 5-9 所示分别是损伤特征样本源自第一种和第二种加载方式的 C 和 γ 的最优参数组合。需要指出的是,C 和 γ 的范围是从2～10 到 210 指数的增加,v 值取 5。

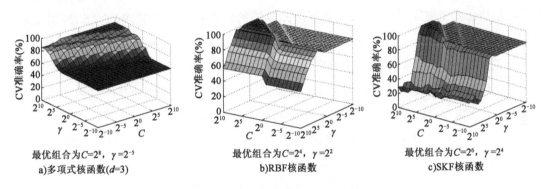

图 5-8　损伤特征样本源自第一种加载方式的 CV 准确率随参数的分布以及 C 和 γ 的最优组合

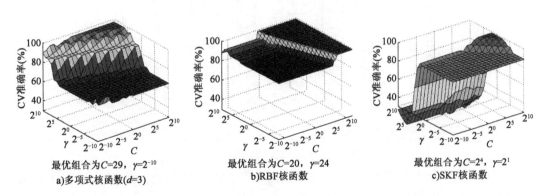

图 5-9　损伤特征样本源自第二种加载方式的 CV 准确率随参数的分布以及 C 和 γ 的最优组合

表5-5 和表5-6 是不同核函数情况下,损伤特征样本源自第一种和第二种加载方式的识别结果。其中,n/m 指 m 次识别中,有 n 次结果是正确的。从表中可以看出,基于互相关函数幅值和支持向量机的损伤识别方法具有非常高的准确率,尤其是核函数为 RBF 函数时。

第一种加载方式的识别结果   表5-5

核函数类型	Pattern 0	Pattern 1	Pattern 2	Pattern 3	Pattern 4	Pattern 5
多项式	9/10	10/10	10/10	10/10	10/10	10/10
RBF	10/10	10/10	10/10	10/10	10/10	10/10
SKF	10/10	10/10	10/10	10/10	10/10	10/10

第二种加载方式的识别结果   表5-6

核函数类型	Pattern 0	Pattern 1	Pattern 2	Pattern 3	Pattern 4	Pattern 5
多项式	10/10	10/10	9/10	10/10	9/10	8/10
RBF	10/10	10/10	10/10	10/10	9/10	10/10
SKF	10/10	10/10	10/10	10/10	9/10	8/10

为了比较本章所述方法的有效性,本节列出了一些常用损伤识别方法的对比结果。图 5-10 所示为损伤特征分别是小波包能量谱、经验模态分解能量谱结合支持向量机,互相关函数幅值结合人工神经网络,以及本章提出的方法的结果对比。图中,WPT + SVM 表示以小波包能量谱作为支持向量机的输入向量,EMD + SVM 表示以 EMD 能量谱作为支持向量机的输入向量,CCFA + ANN 表示以一阶响应近似信号的互相关函数差异作为人工神经网络的输入向量,CCFA + SVM 表示本章所述方法。从图中可以看出,本章所述方法不仅对 Pattern 1 和 Pattern 2 等比较严重的损伤有很好的识别效果,对 Pattern 4 和 Pattern 5 等轻微损伤依然具有非常好的效果。由此说明,本章所述方法对刚度折减较小的轻微损伤更具有敏感性。

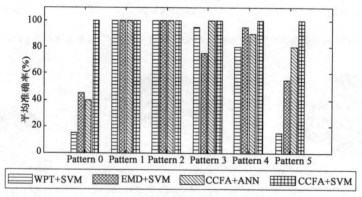

图 5-10   不同损伤识别方法的平均准确率

通过在动力响应中分别加 0 ~ 50% 水平的白噪声来验证方法的抗噪性能。图 5-11 所示为不同噪声水平下,不同损伤特征向量作为支持向量机输入数据的平均准确率。从图中可以看出,甚至在50%的噪声水平下,本章所提出的基于互相关函数幅值和支持向量机的损伤识别方法的平均准确率依然高于90%,具有良好的抗噪特性。

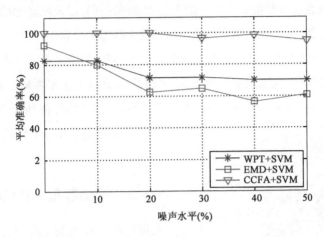

图 5-11　不同噪声水平下计算结果的平均准确率

5.5　桁架结构试验研究

本节通过桁架结构模型的振动试验,说明了应用压电陶瓷传感器低频响应,进行基于所述方法的结构损伤识别的可行性。

5.5.1　模型介绍

试验模型是 1/5 尺寸的两层桁架模型,尺寸如图 5-12 所示。模型材料为 Q235 型钢材,主材为 L30×4,辅材由于面积较小,利用镀锌方管线切割加工制作。为了满足模型的相似度要求,在模型顶部施加 300kg 的配重。

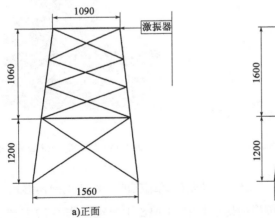
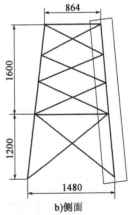

图 5-12　试验模型的几何尺寸(尺寸单位:mm)

5.5.2 试验加载与测试系统

加载设备包括两台江苏联能公司生产的 JZK-20 型激振器,以及配套的信号发生器和功率放大器。利用信号发生器,可生成白噪声信号。功率放大器与信号发生器相连,将信号发生器生成的电压信号放大,并将放大的电压信号传递到激振器上,使之产生激振力。激振器一端用支架固定在反力墙上,出力端固定在试验模型的顶部,对试验模型施加水平激励。两台激振器并联连接后连接功率放大器,使两个激振器的激振力同步。数据采集设备采用 dSPACE 系统。试验照片如图 5-13 所示。

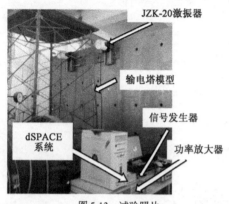

图 5-13　试验照片

5.5.3 传感器布置及试验内容

采用粘贴式压电传感器来获取结构的动力响应,由第 2、3 章分析可知,在振动测试中,传感器的输出电压可真实地反映出粘贴面的应变信息。将直径为 15mm、厚度为 1mm 的压电陶瓷-4 型压电陶瓷粘贴于杆件表面,距杆端 20mm。传感器布置在图 5-12b)实线框的一侧,布置方案如图 5-14 所示,其中 b1 至 b13 为杆件编号,s-1 至 s-6 为压电陶瓷传感器编号。传感器的实物照片如图 5-15所示。

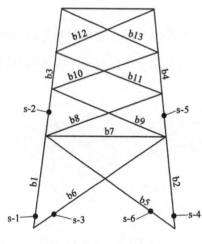

图 5-14　杆件和传感器编号

图 5-15　粘贴式压电陶瓷传感器

桁架模型的损伤工况见表 5-7。螺栓松动是桁架结构的一种常见损伤形式,工况 2 至工况 5 是通过松动节点板上的螺栓来模拟损伤。其中,工况 5 中出现损伤的 b7 杆上并未布置传感器。工况 6 为输电塔模型 b5 另一侧的一柱脚完全断裂,损伤位置远离所有传感器。

桁架模型的损伤工况   表 5-7

损伤工况	损伤状态
工况 1	无损伤
工况 2	b5 杆上与 b1、b3、b7 连接的螺栓松动
工况 3	b1、b3、b7 连接法兰上的螺栓松动
工况 4	b1 杆上与 b3 连接的螺栓松动
工况 5	b7 杆上与 b1 和 b3 连接的螺栓松动
工况 6	柱脚杆件断裂

5.5.4 结果分析

桁架模型的第一阶频率为 15.8Hz。对结构施加频率范围为 0～30Hz 的白噪声激励,用 dSPACE 系统采集压电陶瓷传感器信号,采样频率为 500Hz,采样时间为 20s。采集 40 组无损伤工况,即工况 1 的压电陶瓷传感器响应,将其中的 20 组用作桁架结构初始状态的响应,其余 20 组作为当前状态无损情况的样本。对于损伤工况,即工况 2 至工况 6,分别采集 20 组压电陶瓷传感器的响应作为当前状态为有损伤情况时的样本。利用本章提出的方法来识别桁架结构的损伤情况。

选择 db25 小波基,对传感器响应进行 4 层小波包分解,对包含一阶频率的小波包尺度信号进行重构叠加,作为一阶响应的近似信号。压电陶瓷传感器的信号及一阶响应的近似信号如图 5-16 所示。从图中可以看出,结构响应和经小波包提取的一阶响应近似信号在第一阶频率处的幅值几乎相等,故可以认为已将一阶响应近似地提取出。

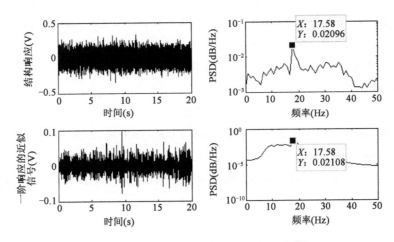

图 5-16 压电陶瓷传感器信号及一阶响应近似信号

以 s-6 传感器为参照点,分别计算其他测点与该测点一阶响应近似信号的互相关函数幅值 V_{CCFA},得到 20 组初始状态无损状态下的,及每种损伤工况下当前状态的,计算得到损伤特征 D_{CCFA}。将每组损伤工况中的 10 个损伤特征样本作为训练数据来训练基于 OAO 算法的多

分类支持向量机分类器,其余 10 组损伤特征样本作为测试数据。分别利用了多项式核函数
(d 值取 3)、RBF 核函数和 SKF 核函数。利用格点搜索方法获取参数 C 与 γ 的最优组合,如
图 5-17 所示。桁架模型损伤的识别准确率见表 5-8。从表中可以看出,本章所提的方法能较
好地识别出桁架结构的损伤情况,且将压电陶瓷传感器用于桁架结构的损伤识别是可行的。

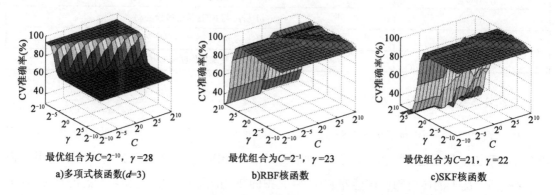

最优组合为$C=2^{-10}$,$\gamma=28$

a)多项式核函数($d=3$)

最优组合为$C=2^{-1}$,$\gamma=23$

b)RBF核函数

最优组合为$C=21$,$\gamma=22$

c)SKF核函数

图 5-17　CV 准确率随参数的分布及 C 和 γ 的最优组合

桁架模型损伤的识别准确率　　　　　　　　　　　　　　　　表 5-8

核函数类型	Case 1	Case 2	Case 3	Case 4	Case 5	Case 6
多项式	10/10	9/10	10/10	9/10	8/10	9/10
RBF	10/10	10/10	10/10	9/10	9/10	9/10
SKF	10/10	10/10	10/10	9/10	8/10	9/10

本章参考文献

［1］ Farrar C R,James G H. System identification from ambient vibration measurements on a bridge［J］. Journal of
Sound and Vibration,1997,205(1):1-18.

［2］ 周绮凤,宁永鹏,周青青,等. 一种基于支持向量机的结构损伤识别方法［J］. 厦门大学学报:自然版,
2013,52(1):57-62.

［3］ Vapnik V N. The nature of statistical learning theory［M］. New York:Springer,1999.

［4］ Johnson E A,Lam H F,Katafygiotis L S,et al. Phase I IASC-ASCE Structural Health Monitoring Benchmark
Problem using Simulated Data［J］. Journal of Engineering Mechanics,2004,130(1):3-15.

［5］ 雷家艳,姚谦峰,雷鹰,等. 基于随机振动响应互相关函数的结构损伤识别试验分析［J］. 振动与冲击,
2011,30(8):221-224.

第6章 基于压电传感器的螺栓松动识别

6.1 引　言

工程结构通常是两个或多个部件共同工作,螺栓连接作为广泛使用的连接形式,其安全性对于结构的健康非常重要。螺栓松动或连接处预加扭矩的退化都可能导致螺栓连接失效,从而影响整个系统结构的正常使用。因此,对螺栓连接的健康状况进行实时监测是很有必要的。

本章介绍了一种基于压电陶瓷的智能垫圈传感器,它是将压电陶瓷片嵌入两个预先加工的平面金属垫圈制作而成,用于检测螺栓连接的松动情况。首先,利用主动传感技术,一个智能垫圈用来产生应力波,另一个用作传感器以检测穿过螺栓连接面的应力波。采用时间反演法来量化两个垫圈之间传播的应力波的情况,从而建立预紧力螺栓连接的退化程度与应力波响应信号之间的关系。基于小波能量分析,提出了一种螺栓松动指数来评估螺栓连接的松紧度。其次,为了减少传感器数量,采用机电阻抗技术(Electro-mechanical Impedance),只用一个传感器监测螺栓连接的预紧力损失。通过压电陶瓷智能垫圈和结构的耦合电阻抗反映连接件的松紧状态。试验发现,螺栓连接的预紧力的减小导致其谐振频率的减小。通过计算阻抗实部信号的均方根偏差(RMSD)作为评价螺栓松动程度的依据。最后,为实现定量监测,利用分形接触理论,结合有限元方法模拟超声波通过螺栓接触传播时的时间反演过程,得到实际接触区域和聚焦信号峰值之间的关系,从而实现基于固有接触机制不同预紧力作用下螺栓松动精确的定量监测。

6.2　压电智能垫圈

根据之前的介绍,我们知道,压电陶瓷属于能量转换材料,具有正、逆压电效应。根据这一特性,我们设计了专门用于监测螺栓松动的传感器——智能垫圈。首先,在两个垫圈中间有一个适当的凹槽,将压电陶瓷片进行防水和防电磁屏蔽处理,用环氧树脂进行包覆,嵌入两个凹槽内,如图6-1所示。焊接导线和BNC接头后的智能垫圈实物图如图6-2所示。智能垫圈可方便地安装在螺栓组件内,通过相应的设备和算法检测螺栓的预荷载损失。

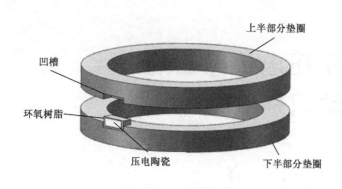

凹槽

环氧树脂

压电陶瓷

上半部分垫圈

下半部分垫圈

图 6-1 智能垫圈的设计

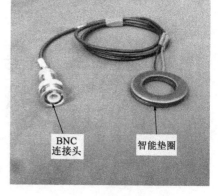

BNC
连接头

智能垫圈

图 6-2 BNC 连接的智能垫圈

6.3 基于主动传感的螺栓松动识别

6.3.1 螺栓松动监测简介

螺栓连接作为使两个或多个结构部件能够一起工作的最常见的连接形式之一,与其他类型的连接相比具有许多优点,如简单性、易于组装等。由于这些优点,其在钢结构中得到了广泛应用。然而,螺栓松动或连接处预加扭矩退化可能威胁结构的稳定性和可靠性。因此,在螺栓使用期间,有必要对其健康状况进行监测。

很多学者已经对螺栓连接松动的监测进行了研究。Argatov 等[1]提出了一个基于粗糙接触界面的收缩阻力的简单公式,用于监测结构中螺栓连接的健康状况。Johnson 等[2]使用超声波技术和飞行时间测量来计算作用在螺栓上的应力。Amerini 和 Meo[3]基于一阶声学矩提出了紧缩/松动状态指数。Joshi 等[4]使用连续波技术检测螺栓应力的机械共振频率偏移。Park 等[5]通过试验验证了结构阻抗变化可以用来判断结构损伤。Ritdumrongkul 等[6]使用机械阻抗识别双接头和四接头铝结构梁的损伤位置和程度。An 和 Sohn[7]提出了一种利用阻抗和导波的螺栓松动检测方法。Wait 等[8]将阻抗法和 Lamb 波法结合起来,对损伤进行检测和定位。

超声波或应力波可用于结构健康的监测。近年来,将超声波或应力波与具有时间聚焦和空间聚焦特性的时间反演(TR)相结合用于无损评估和损伤检测得到广泛关注。Fink[9]使用时间反演镜(TRM)将超声波场聚焦在非均匀介质中。Ing 等[10]通过试验验证了时间反演 Lamb 波的空间和时间特性。Wang 等[11]对时间反演概念在板状结构中导波的适用性进行了试验和理论研究。Qiu 等[12]提出了一种基于时间反演聚焦的冲击成像方法,用于复杂复合结构的冲击定位。在他的研究中,利用了一个冲击图像方法来估计冲击的位置。Yan 等[13]基于压电方程和连续介质动力学的第二类方程,建立了压电材料与结构表面结合的动态力学模型。其还提出了一种利用迭代时间反演法来测定周期性层状介质相对介电常数的新方法。

压电材料广泛应用于生物医学、机械和航空航天领域,还可用于能量收集,其具有响应快、灵敏度高、带宽宽、成本低等优点。此外,压电材料还可以用作能量转换器,能够将电能转换为机械能,反之亦然。此外,压电陶瓷换能器可以很容易安装在表面上或将它们嵌入内部结构与结构进行耦合。由于具备这些优点,压电材料已经广泛用于与监测结构健康有关的研究中。Song 等[14]使用压电陶瓷以智能集料的形式进行混凝土结构健康监测。在压电陶瓷换能器的帮助下,已经提出了许多信号处理方法。Valdes 等[15]提出了一种共振超声波光谱法,根据样本分层前后模态频率的变化来决定损伤程度。Yang 等[16]使用经验模式分解(EMD)和希尔伯特变换的方法从数据中提取损伤信息。Hou 等[17]使用基于小波的方法来模拟受到谐波激励的简单结构模型产生的响应。

近年来,螺栓松动和预紧力退化的监测备受关注。Caccese 等[18]通过试验量化了复合材料/金属混合连接的螺栓荷载变化,并采用了 3 种不同的监测技术来检测螺栓荷载的损失。Todd 等[19]通过构建 Euler-Bernoulli 梁模态的试验以分析所接收的能量来评估螺栓连接力退化的情况。Wang 等[20]使用主动传感方法来检测螺栓松动。然而,这些方法对于工程应用来说仍然是复杂且烦琐的。

本节将压电陶瓷换能器与主动传感技术相结合,研制出一种新型的"智能垫圈"装置,用于识别螺栓的预紧力损失。将压电陶瓷片嵌入两个预先加工的平面金属环中,制成了智能垫圈。在试验研究中,制作了一个由螺母和螺栓连接的两个钢板试件。在试件中,用了两个智能垫圈,一个在螺栓一侧,另一个在螺母一侧。由于嵌入了压电陶瓷片,智能垫圈可以作为一个激励器来产生穿过螺栓连接的应力波,并作为传感器来检测穿过它的应力波。采用时间反演法对两垫圈间应力波传播的能量进行量化,从而建立螺栓连接预紧力退化程度与两垫圈间应力波传播响应信号之间的关系。在此基础上,提出了一种基于小波能量比的螺栓连接松动指数。

6.3.2　监测方法

1.智能垫圈

压电陶瓷属于能量转换材料,具有正、逆压电效应,如图 6-3 所示。正压电效应将应力或应变能转换为电能,而逆压电效应则相反。本节采用具有较强压电效应的锆钛酸铅(PZT)作为传感器。根据不同的检测情况,可以选择压电陶瓷的不同模式(如 d_{33},d_{31} 或 d_{15})。在本试验中,选择沿极化方向振动的 d_{33} 模式的压电陶瓷更加适合于检测螺栓预紧力。图 6-4 给出了压电陶瓷的 d_{33} 模式示意图。极坐标方向为 3 轴,即压电陶瓷的运动方向平行于 3 轴。

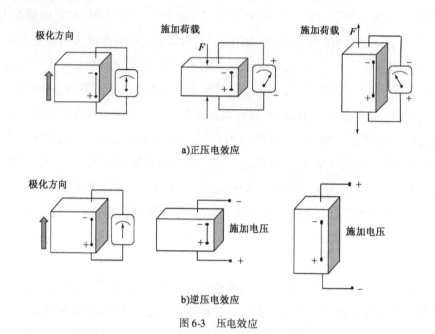

a)正压电效应

b)逆压电效应

图6-3 压电效应

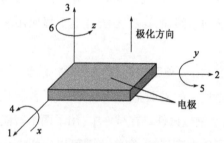

图6-4 压电陶瓷传感器在3方向上的极化

2.时间反演法

近年来,时间反演(TR)法在成像和信号处理领域得到了广泛应用。它是接收信号的时域反演操作,有两个属性,即时间聚焦和空间聚焦。时间聚焦是在接收点集中最大能量的一种特性,如果接收的信号经过时间反转,那么时间源的特性可以近似恢复。空间聚焦特性意味着在没有任何关于接收点的预先经验条件下,在接收点上自动实现聚焦。在本试验中,图6-5给出了时间反演的详细过程,具体如下:

(1)SW1发出激励信号,该信号由NI数据采集系统生成,然后由功率放大器放大。

(2)SW2接收到从SW1传输的响应信号。

(3)接收的信号在时域反演,然后由SW2重新发出反演信号。

(4)SW1最终接收到反演信号。该信号具有时间和空间聚焦特性。

3.基于小波能量比的螺栓预紧力损失指数

由于螺栓连接的两个钢板之间的接触面影响应力波的传播,所以螺栓上的预加扭矩可以显著影响波的传播,并且可以通过使用小波分析来检测应力波的衰减。Han等[21]使用基于小波包的方法来识别梁结构的损伤,并提出了小波包能量率指数(WPERI)作为损伤检测特征,用于评估梁结构的任何损坏程度。采用n级小波分解接收信号,如图6-6所示,分解信号用于检测螺栓松紧度。

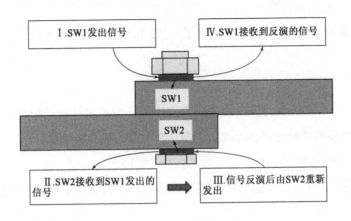

图 6-5　采用时间反演法监测螺栓松动的 4 个步骤

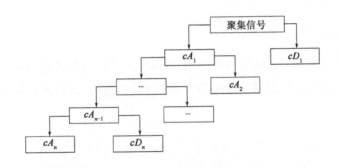

图 6-6　n 级小波分解方案

在图 6-6 中,原始信号被分解为 $n+1$ 个系数信号集 $\{cD_1\},\cdots,\{cD_n\}$。$\{cD_1\}$ 是最高频率系数集合。$\{cA_1\}$ 是最低频率系数集合。为了确定小波能量比,将 $\{cD_1\},\{cD_2\},\cdots,\{cD_n\}$ 重命名为 $\{S_1\},\{S_2\},\cdots,\{S_{n+1}\}$。每组 $\{S_1\},\{S_2\},\cdots,\{S_{n+1}\}$ 的样本可以表示为 X_{ij},并且 X_{ij} 如下所示:

$$X_{ij}=\left[X_{i1},X_{i2},X_{i3},\cdots,X_{im}\right]$$

其中,$i=1,2,\cdots,n+1,j=1,2,\cdots,m$,$m$ 是每组中的样本数,以及 $\{S_1\}$ 中每组的能量,$\{S_2\},\cdots,\{S_{n+1}\}$ 可以通过式(6-1)计算。

$$E_i^l=\sum_{j=1}^{m}\left|X_{ij}\right|^2 \tag{6-1}$$

其中,$l=1,2,\cdots,p$,p 是试验的序列号,E_i^l 是第 l 次试验中第 i 组的能量。因此,可以获得每个分解系数集的小波能量比。

$$W_i^l=\frac{E_i^l}{\sum\limits_{i=1}^{n+1}E_i^l} \tag{6-2}$$

其中,W_i^l 表示第 l 个试验的第 i 组小波能量比。根据比率的变化,将确定螺栓的预紧力

117

损失。

为了量化预紧力损失程度的变化,提出了 W_i^l 的小波能量比的归一化:

$$I_i^l = \frac{W_i^b - W_i^l}{W_i^b - W_i^t} \tag{6-3}$$

式中:I_i^l——在第 l 个试验条件下第 i 组的预紧力损耗指数或螺栓松动指数;

W_i^b——第 i 个没有螺栓松动的小波能量比,被认为是基线能量比;

W_i^t——具有完全松动情况的螺栓的第 i 个固定能量比。

随着松动的发展,每组小波能量比的相应螺栓松动指数将发生变化,这反映了螺栓的松动程度。

6.3.3 试验装置

1.试件和智能垫圈

试件包括由螺母和螺栓连接的两块钢板。如图 6-7 所示,在试件的每一侧安装一个智能垫圈(SW)。此外,还用胶黏剂将智能垫圈黏结在钢板表面。试件的详细尺寸和智能垫圈的位置如图 6-8 所示。

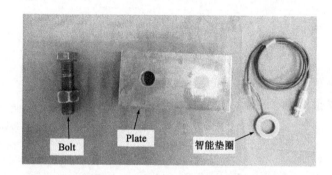

图 6-7 板材、螺栓、螺母和智能垫圈(SW)

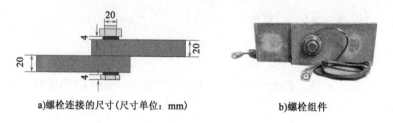

a)螺栓连接的尺寸(尺寸单位:mm)　　b)螺栓组件

图 6-8 试件的详细尺寸和智能垫圈的位置

2.仪器

试验方案如图 6-9 所示,使用数据采集设备(NI-USB 6366)生成和接收信号。采用功率放大器对发射的信号进行放大。用扭矩扳手测量螺栓的扭矩,如图6-10所示。

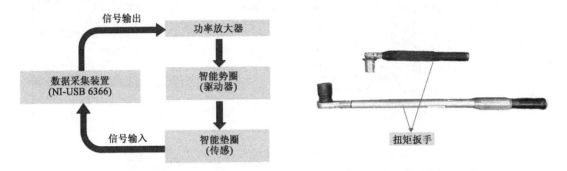

图6-9　试验方案　　　　　　　　　　图6-10　扭矩扳手

NI-USB 6366 的最大采样率为 2MHz。发射信号的详细信息见表6-1,试验所用仪器如图6-11所示。

发射信号的详细信息　　　　　　　　　　　表6-1

中心频率(kHz)	振幅(V)	衰减(dB)	带宽(Hz)
1	5	0.8	1.5

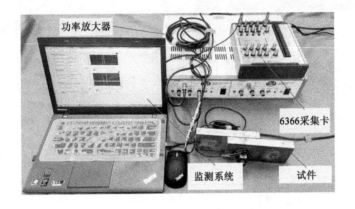

图6-11　智能垫圈的试验装置检测仪器

6.3.4　试验验证

1.时域信号和时间反演操作

在试验中,用扭矩扳手控制螺栓连接的松动,并采用该方法研究了螺栓的不同松动状态。试验过程中发生的扭矩为 0N·m 的发射信号、接收信号、反演信号和聚焦信号如图 6-12 所示。图 6-13 和图 6-14 分别表示扭矩为 42.3N·m 和 167.5N·m 的接收信号和聚焦信号。

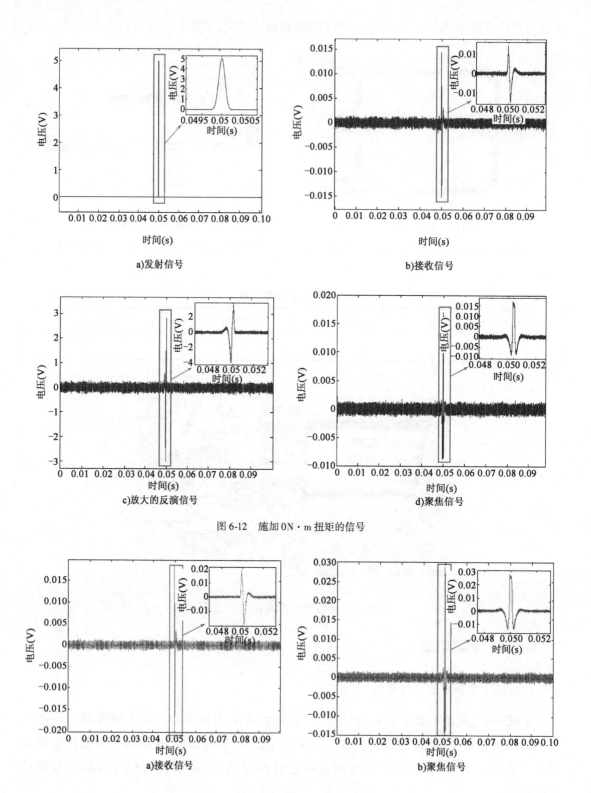

a)发射信号

b)接收信号

c)放大的反演信号

d)聚焦信号

图 6-12 施加 0N·m 扭矩的信号

a)接收信号

b)聚焦信号

图 6-13 施加 42.3N·m 扭矩的信号

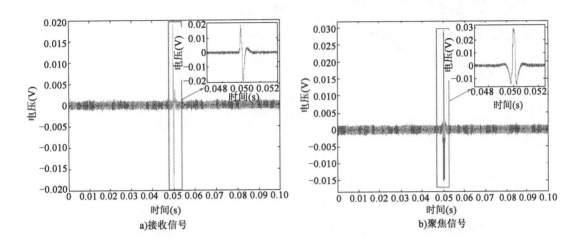

图 6-14 施加 167.5N·m 扭矩的信号

试验期间,反演接收信号是经过 NI 数据采集系统在时域中将接收信号放大 200 倍来获得较大峰值的,如图 6-12b)和图 6-12c)所示。在研究中共有 11 个螺栓预加扭矩工况,代表 11 种不同数量的螺栓预紧力松动。试验序列号和预紧力信息见表 6-2,如在第 11 个加载工况中,0N·m 表示螺栓预紧力为 0N·m。由于扭矩扳手的限制,最大扭矩不能超过 205N·m。11 个螺栓预紧力条件的聚焦信号峰值如图 6-15 所示。

11 个试验序列号和预紧力信息 表 6-2

序列号	1	2	3	4	5	6	7	8	9	10	11
预紧力 (N·m)	205	182.5	167.5	142	127.5	104.5	80.2	63.7	42.3	21.2	0

如图 6-15 所示,聚焦信号的电压随着螺栓预紧力的减小而减小,因此,可以使用基于图 6-15所示的关系的聚焦峰值来识别螺栓预紧力损失。聚焦信号的峰值与螺栓预紧力之间的关系与正指数相关。值得注意的是,当扭矩达到 180N·m 时,聚焦信号的峰值几乎达到饱和,聚焦峰值约为 0.031V。这表明螺栓预紧力的进一步增加将对两个接头之间的接触面积产生很小的影响,因此几乎不会影响通过界面的波传播。

2. 基于小波能量的螺栓松动指数分析

采用 n 级小波分解来处理数据。在这项研究中,使用了四级小波分解 11 个聚焦信号。以扭矩为 42.3N·m 为例,图中显示了 5 个分解的系数 $\{cD_1, cD_2, cD_3, cD_4, cA_4\}$。

图 6-16 包括高频系数集 $\{cD_1, cD_2, cD_3, cD_4\}$ 和低频系数集 $\{cA_4\}$。根据式(6-1),可以获得第 9 次试验的 5 组能量。第 9 个试验 W_1^9、W_2^9、W_3^9、W_4^9、W_5^9 的 5 组小波能量比见表 6-3。

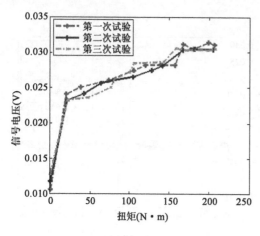

图 6-15　11 个螺栓预紧力工况下聚焦信号峰值

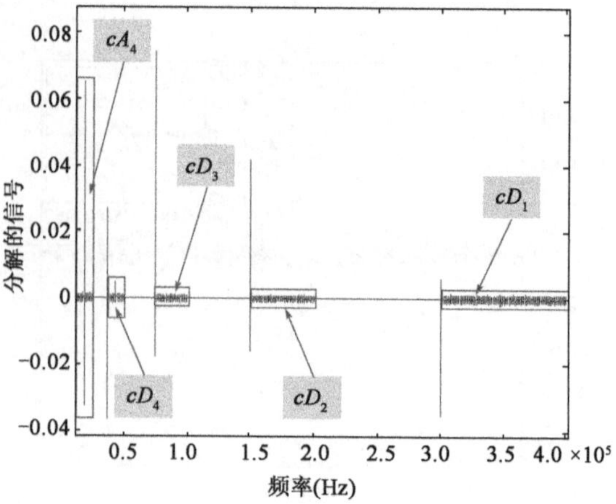

图 6-16　4 级小波处理信号

第 9 次试验的 5 组小波能量比　　　　表 6-3

分解集	W_1^9	W_2^9	W_3^9	W_4^9	W_5^9
小波能量比(%)	1.040 e − 003	1.668 e − 003	1.812 e − 003	2.480 e − 003	9.9993 e + 001

在表 6-3 中,第 5 组小波能量(W_5^9)占 99.993%,这意味着低频能量占主导地位。同样的方法可以获得第 5 组($W_5^1,W_5^2,W_5^3,\cdots,W_5^{11}$)中的 11 个低频小波能量比的预紧力情况。将它们代入式(6-3),可以获得螺栓预紧力松动指数。表 6-4 为 11 个预紧力情况下第 5 组的螺栓预紧力松动指数。

第 5 组中 11 个预紧力情况下的螺栓松动指数　　　　表 6-4

序列号	1	2	3	4	5	6	7	8	9	10	11
预紧力松动指数	I_5^1	I_5^2	I_5^3	I_5^4	I_5^5	I_5^6	I_5^7	I_5^8	I_5^9	I_5^{10}	I_5^{11}
值	0	0.151	0.188	0.316	0.395	0.555	0.698	0.800	0.815	0.902	1.00

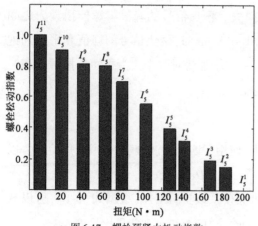

图 6-17　螺栓预紧力松动指数

螺栓松动指数与施加扭矩之间的关系如图 6-17 所示。根据之前的定义,205N・m(无松动)处螺栓松动指数 I_5^1 为 0,而 0N・m(完全松动)处螺栓松动指数 I_5^1 为 1。从图中可以看出,随着施加扭矩的减小,螺栓的松度指数增大。结果表明,螺栓松动度指标能有效反映螺栓松动程度。

3. 结论

在本节中,提出了一种基于压电陶瓷的智能垫圈,用于监测螺栓连接的预紧力损失。智能垫圈为嵌入式压电陶瓷传感器提供保护,坚固耐用且易于使用。在不同的扭矩下,通过所提出的方法研究了由螺母和具有两个智能垫圈的螺栓连接的两个钢板的试件。试验结果验证了智能垫圈的功能以及所提出的检测螺栓松动的方法的可行性。采用智能垫圈时间反演法,聚焦信号的峰值与螺栓连接的预紧力相关。此外,利用智能垫圈的主动传感技术,建立了基于小波能量比的螺栓预应力松弛指数,可以有效反映螺栓的预应力损失。

6.4　基于压电阻抗的螺栓松动识别

6.4.1　基于 EMI 的预紧力监测原理

结构刚度、阻尼和质量变化会引起机电阻抗改变。通过测量和分析连接在主体结构表面的压电陶瓷片的阻抗,可以判断主体结构的物理特性变化。此外,高频激励可以用来识别结构中很小的损伤。基于 Liang 等[22]首先提出的机电阻抗理论,图 6-18 给出了智能垫圈驱动的动态结构系统的螺栓连接一维(1-D)模型。

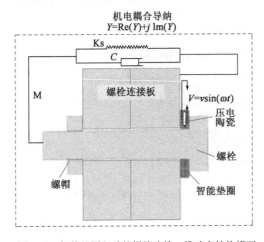

图 6-18　智能垫圈驱动的螺栓连接一维动态结构模型

在这个单自由度(DOF)质量刚度阻尼系统中,电导纳(阻抗的倒数)$Y(\omega)$可以用式(6-4)表示:

$$Y(\omega) = j\omega \frac{wl}{h} \left\{ \overline{\varepsilon_{33}^T} + \left[\frac{Z_A(\omega)}{Z_A(\omega) + Z_S(\omega)} \right] d_{31}^2 \overline{Y_{11}^E} \left(\frac{\tan \kappa l}{\kappa l} \right) - d_{31}^2 \overline{Y_{11}^E} \right\} \tag{6-4}$$

其中,l、w、h 分别表示压电陶瓷片的长度、宽度和厚度,ω 为激励频率,Z_A、Z_S 分别表示压电陶瓷和主体结构机电阻抗。波数 $\kappa = \omega / c_t^E$,密度是 ρ,波速 $c_t^E = \sqrt{Y_{11}^E / \rho}$,$d_{31}$ 为压电陶瓷片的压电常数,ε_{33}^T 为压电材料在零应力下的复介电常数,$\overline{\varepsilon_{33}^T} = \varepsilon_{33}^T (1 - \delta j)$ 为压电陶瓷传感器的复介电常数,Y_{11}^E 为零电场下的复模量,$\overline{Y_{11}^Z} = Y_{11}^Z (1 + \eta j)$ 是压电陶瓷的杨氏模量,η、δ 分别为机械损

耗系数和介电损耗系数。利用该式可以得到损伤前后电阻抗的定性评价。通过比较方差,可以评价结构的健康状态。Giurgiutiu 等[23]通过对电阻抗进一步研究,提出了一种标量损伤度量"均方根偏差"(RMSD),可以用式(6-5)表示:

$$\rho_{\text{RMSD}}(\%) = \sqrt{\left\{ \sum_{i=1}^{N}(y_i - x_i)^2 \right\} \bigg/ \left\{ \sum_{i=1}^{N}(x_i)^2 \right\}} \times 100 \tag{6-5}$$

其中,x_i 和 y_i 分别为损伤发生前后的阻抗信号。考虑到电阻抗的复杂特性,式(6-5)中的介电常数对温度敏感,阻抗信号虚部对温度变化更敏感。因此,导纳(或阻抗)的实部更适合于螺栓松动监测。式(6-5)可以进一步用实部形式表示,见式(6-6)。

$$\rho_{\text{RMSD}}(\%) = \sqrt{\left\{ \sum_{i=1}^{N}\left[\text{Re}(y_i) - \text{Re}(x_i)\right]^2 \right\} \bigg/ \left\{ \sum_{i=1}^{N}\left[\text{Re}(x_i)\right]^2 \right\}} \times 100 \tag{6-6}$$

损伤指数 ρ_{RMSDR} 表示实部 RMSD 值。

损伤指数是评价螺栓松动程度的关键指标。为了量化变化,评估松动程度,不参考初始 RMSD 值,采用电阻抗实部 RMSD 值的归一化,如式(6-7)所示:

$$I_{\text{RMSDR}}^{i} = \left(\rho_{\text{RMSDR}}^{b} - \rho_{\text{RMSDR}}^{i}\right) \bigg/ \left(\rho_{\text{RMSDR}}^{b} - \rho_{\text{RMSDR}}^{t}\right) \tag{6-7}$$

式中:i——试验中的第 i 个测试条件;

ρ_{RMSDR}^{b}——螺栓连接紧密无松动时的损伤指数;

ρ_{RMSDR}^{i}——螺栓连接其他预紧情况下的损伤指数;

ρ_{RMSDR}^{t}——螺栓连接完全松动时的损伤指数。

6.4.2 试验装置和试验程序

1. 试件

在本研究中,智能垫圈安装在一个由两块钢板、一个螺栓和一个螺母组成的试件上。试件的详细尺寸如图 6-19 所示。

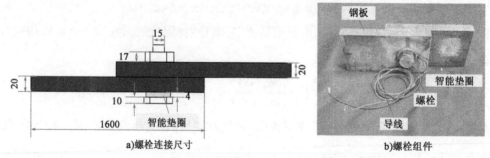

a)螺栓连接尺寸 b)螺栓组件

图6-19 试件的详细尺寸(尺寸单位:mm)

2. 试验装置

如图 6-20 所示,采用压电阻抗的基于智能垫圈的螺栓预紧力监测组件的试验装置包括安装了智能垫圈的测试试件、精密阻抗分析仪和预装阻抗采集软件的个人电脑(PC)。

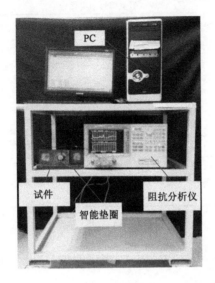

图6-20　试验装置

在试验中,用两个不同测量范围的(分别为 0 ～ 100N·m 和 100 ～ 240N·m)扭力扳手对螺母进行扭转,得到不同的螺栓预紧力状态。以 20N·m 为间隔施加扭矩,但由于扭力扳手难以控制,因此,扭矩在以 20N·m 为间隔增加时会有一定的偏差。在试验中,对 11 种不同扭矩程度的螺栓松动状态进行了研究和分析,见表 6-5。扭矩由 218N·m 的紧密状态变为0N·m 的完全松动状态。在实际应用中,螺栓松动条件的变化可以识别并模拟为螺栓连接的预紧力退化。

11 种螺栓松动状态和相应的扭矩大小　　　　表 6-5

松散状态	1st	2nd	3rd	4th	5th	6th	7th	8th	9th	10th	11th
扭矩 (N·m)	218	200	185	158	128	105	85	65	42	23	0

3. 试验步骤

以往的研究表明,为了检测初始损伤类型,激发信号的波长必须小于损伤的特征长度。对于基于机电阻抗的检测技术[24],由于高频激励,发射的检测应力波的波长通常比结构损伤的波长小得多,因此,使用这种技术比其他现有的无损检测方法更容易检测到初始结构物理变化。此外,基于阻抗的检测灵敏度在很大程度上取决于激发信号的选定扫频范围[25]。因此,在试验开始时进行了频率范围为 10kHz ～ 1MHz 的扫频测试,测试结果如图 6-21 所示。

从图 6-21 中可以看出,在阻抗信号的实部有一个频率为 462.9kHz 的明显峰值。因此,频率为 462.9kHz 的激励信号对结构物理变化敏感。在基于阻抗的螺栓松动检测试验中,选择如图 6-21 所示的 400kHz ～ 600kHz 的频率作为激励信号的扫频频带。

125

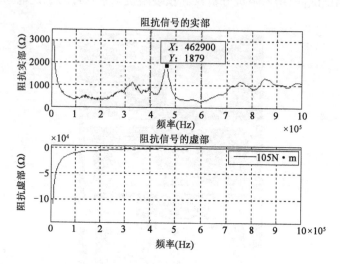

图 6-21 压电陶瓷片在 105N·m 扭矩(10kHz~1MHz)的电阻抗信号

6.4.3 试验结果与分析

如表 6-5 所示,扭矩等级从 218N·m 到 0N·m,涉及 11 种不同的加载工况。对于每个负载情况,直接测量压电陶瓷传感器的电阻抗特征,由阻抗分析仪获得。图 6-22 显示了在 400kHz~600kHz 频率范围内的 11 个阻抗测试信号(实部分),表明随着螺栓松动程度的增加或扭矩值的降低,频率明显从右向左偏移。根据 Sauerbrey 方程[46]:

$$\Delta f = -2f_0^2 \frac{\Delta m}{A} \cdot \sqrt{\rho_q \mu_q} \tag{6-8}$$

式中:f_0——谐振频率(Hz);

Δf、Δm——频率(Hz)和质量(g)的变化;

ρ_q——压电的活跃区域(电极之间的区域,cm²)。

由式(6-8)可知,压电陶瓷片的阻抗特征的主要峰值的频率偏移与其基本谐振频率的平方成正比;可以预期的是,主体结构的一些力学性质的变化可能会导致压电陶瓷片的机电阻抗函数的共振频率发生显著的变化。在本研究中,主频峰值左移可能是由于螺栓松动导致刚度下降引起的。为了进一步验证所提方法的结论和可重复性,又进行了两次重复试验,试验结果一致性良好,如图 6-23 所示。结果表明,螺栓松动即施加于试件上的扭矩的减小会导致阻抗信号实部主峰的频率降低。

另外,采用基于归一化的 RMSD 松动指数,对松动情况进行定量评价,结果如图 6-24 所示。其中 218N·m 时指数为 0(无松动),而螺栓荷载为 0N·m 时指数为 1(完全松动)。从图 6-24 中可以看出,随着扭矩的减小,松动指数逐渐增大,这反映了螺栓松动的严重程度。由此可以得出结论,所提出的螺栓松动指数可以成功地用于评价螺栓的松动程度。

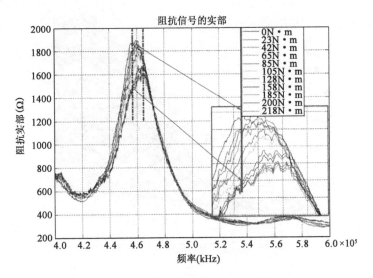

图 6-22　从 SW 的电阻抗信号(400kHz～600kHz)

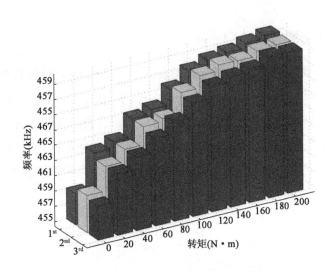

图 6-23　3 次重复试验(400kHz～600kHz)

6.4.4　结论

本节提出了一种结合嵌入式压电陶瓷传感器的智能垫圈机电阻抗技术,用于监测螺栓连接的预紧力。对由螺栓、螺母和智能垫圈连接的两块钢板组成的试件进行了研究。试验结果证明,由于螺栓扭矩值的降低,结构刚度减小,阻抗信号实部的主峰频率降低。此外,采用基于归一化的 RMSD 松动指数来评估螺栓的预紧力损失的严重程度,最后的试验结果表明,该松动指数可以监测螺栓连接的松动状态。

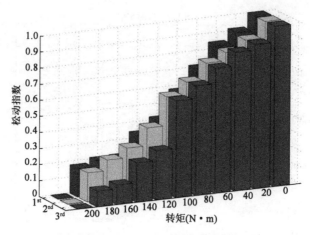

图 6-24　基于 RMSD 规范的螺栓预紧松动指数

6.5　基于分形接触理论的螺栓连接界面研究

6.5.1　理论背景和方法

在微观尺度上,金属加工表面,如螺栓连接表面都是粗糙的,因此实际接触面积小于名义接触面积,如图 6-25 所示。基于 Wang 和 Komvopoulos 提出的分形接触理论,实际接触面积可以通过螺栓的轴向荷载和分形接触参数来计算,这可以通过表面粗糙度测量来确定。然而,他们没有考虑分形接触理论的弹塑性变形阶段。本节在传统的分形接触理论和先前的有限元结果的基础上,提出了一种新的分析模型,用于研究增加法向力作用下接触面弹塑性变形的演化过程。

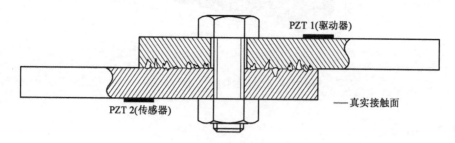

图 6-25　螺栓连接表面的微接触状态

赫兹接触理论[26]被广泛用于解决接触应力问题,但是,只考虑了弹性变形过程。另外,与分形接触理论相比,赫兹接触理论无法很好地分析接触物体的微观特征。在分形接触理论中,赫兹接触理论仅用于计算弹性变形阶段的接触应力。根据有限元法的结果,弹塑性接触的演化可分为 4 个阶段:

$$\begin{cases} F_e = \dfrac{4}{3}E^* R^{1/2}\delta^{1/2} & \delta \leq \delta_c \\[3mm] F_{e-p1} = \dfrac{2}{3}\times 1.03KH\pi R\delta_c \left(\dfrac{\delta}{\delta_c}\right)^{1.425} & \delta_c \leq \delta \leq 6\delta_c \\[3mm] F_{e-p2} = \dfrac{2}{3}\times 1.40KH\pi R\delta_c \left(\dfrac{\delta}{\delta_c}\right)^{1.263} & 6\delta_c \leq \delta \leq 110\delta_c \\[3mm] F_p = 2H\pi R\delta & \delta \geq 110\delta_c \end{cases} \tag{6-9}$$

式中： F_e——弹性变形阶段的正常接触荷载；

F_{e-p1}、F_{e-p2}——两个不同的弹塑性变形阶段的接触荷载；

F_p——塑性变形阶段的接触荷载；

R——粗糙表面上的粗糙半径；

δ——粗糙的正常变形；

$\delta_c = \dfrac{\pi KH^2}{2E^*}R$——粗糙的临界变形程度；

E^*——$E^* = \left[(16\upsilon_1^2)/E_1 + (1-\upsilon_2^2)/E_2\right]^{-1}$，是等效弹性模量；

E_1、E_2——两种接触材料的弹性模量；

υ_1、υ_2——两种接触材料的泊松比；

H——材料的硬度，$H = 2.8\sigma_s$；

σ_s——材料的屈服强度；

K——硬度系数，$K = 0.454 + 0.41\upsilon$。

在分形接触理论中，Weierstrass-Mandelbrot（W-M）函数[27]可用于描述加工表面的表面轮廓：

$$z(x) = G(D-1)\sum_{n=n_1}^{\infty}\frac{\cos 2\pi\gamma^n x}{\gamma^{n^{2-D}}} \quad 1 < D < 2; \gamma > 1 \tag{6-10}$$

其中，γ^n 对应于粗糙度波长的倒数；G 是一个缩放常数，D 是一个分形维数，可以通过 W-M 函数的功率谱来计算。

在之前的研究基础上，Majumdar 等[28]提出 M-B 分形模型中微接触的粒度分布函数为：

$$n(A') = \frac{D}{2}A_1'^{D/2}A'-(D+2)/2 \quad 2 < A' \leq A_1' \tag{6-11}$$

基于 M-B 分形模型[28]，Wang 等[31]介绍了微接触粒度分布的域扩展因子 Ψ，并给出了微接触的粒度分布函数：

$$n(A') = \frac{D}{2}\Psi^{2-D/2}A_1'^{(D+2)/2} \quad 2 < A' \leq A_1' \tag{6-12}$$

其中，A' 是微接触的截断区域；A_1' 是最大微接触的截面区域。域扩展因子 Ψ 可以计算为：

$$\frac{\Psi^{(2-D)/2} - (1 + \Psi^{-D/2})^{-(2-D)/D}}{(2-D)/D} = 1 \quad \Psi > 1 \tag{6-13}$$

考虑到 W-M 分形函数,Wang 等人提出了 δ 和 R 的计算方法:

$$\delta = G^{D-1} A'^{\frac{2-D}{2}} \tag{6-14}$$

$$R = \frac{A'^{D/2}}{2\pi G^{D-1}} \tag{6-15}$$

然后,可以获得以下表达式:

$$\frac{\delta}{\delta_c} = \left(\frac{a'_c}{A'}\right)^{D-1} \tag{6-16}$$

其中,$a'_c = G^2 \left(\dfrac{2^{3/2} E^*}{\pi^{1/2} KH}\right)^{2/(D-1)}$。

然后,可以通过以下方式计算整个螺栓连接表面的正常接触荷载,将式(6-10)、式(6-13)、式(6-15)、式(6-16)和式(6-17)代入式(6-18)并考虑约翰逊提出的横截面面积与实际接触面积之间的关系,关于这种关系的下列表达式可以根据归一化方法建立轴与螺栓连接面实际接触面积 A_r 之间的关系:

$$F = \frac{\int_0^{1101/(1-D)a'_c} F_p}{\int_6^{a'_c 1/(1-D)a'_c} F_{e-p}} \tag{6-17}$$

$$F^* = 5.6 g_1(D) \varphi \psi^{\frac{(D-2)^2}{4}} A_r^{*\frac{D}{2}} a_c^{*\frac{2-D}{2}} + g_3(D) \times \frac{0.46 g_4(D) \pi K^3 \varphi^3}{G^{*2(D-1)}} \psi^{\frac{(D-2)^2}{4}} a_c^{*\frac{D}{2}} A_r^{*\frac{D}{2}} +$$

$$g_2(D) \times \frac{4 G^{*(D-1)}}{3(2\pi)^{1/2}} \psi^{\frac{D-2}{4}} A_r^{*\frac{D}{2}} \left[\left(\frac{2-D}{D}\right)^{\frac{3-2D}{2}} \psi^{\frac{(D-2)(3-2D)}{4}} \times \right.$$

$$\left. A_r^{*\frac{3-2D}{2}} - a_c^{*\frac{3-2D}{2}} \right] \quad 1 < D < 2 (D \neq 1.5)$$

$$F^* = 0.7 \varphi A_r^{*3/4} \psi^{1/16} a_c^{*1/4} + 0.74 \left(\frac{1}{2\pi}\right) G^{*1/2} A_r^{*3/4} \psi^{1/16} \ln \frac{\psi^{-1/4} A_r^*}{3 a_c^*} +$$

$$0.85 \pi K^3 g_4(D) \frac{\varphi^3 A_r^{*3/4} \psi^{1/16} a_c^{*3/4}}{G^*} \quad D = 1.5 \tag{6-18}$$

其中,

$$g_1(D) = 110^{\frac{2-D}{2(1-D)}} \left(\frac{D}{2-D}\right)^{(2-D/2)}$$

$$g_2(D) = \frac{2^{(3-D/2)} D^{(2-D)/2} (2-D)^{D/2}}{3-2D}$$

$$g_3(D) = D^{\frac{2-D}{2}} 2^D \left(2 - D^{\frac{D}{2}}\right)$$

$$g_4(D) = \frac{1.03 \left(1 - 6^{\frac{1.425-0.925D}{1-D}}\right)}{1.425 - 0.925D} + \frac{1.40 \left(6^{\frac{1.263-0.763D}{1-D}} - 100^{\frac{1.263-0.763D}{1-D}}\right)}{1.263 - 0.763D}$$

$$F^* = \frac{F}{EA_a}, G^* = \frac{G}{\sqrt{A_a}}, A_r^* = \frac{A_r}{A_a}, a_c^* = \frac{a_c'}{2A_a}, \varphi = \frac{\sigma_s}{E^*}$$

6.5.2　数值模拟

在本节中,两个压电陶瓷片(PZT 1 和 PZT 2)安装在螺栓连接的两个外表面上,用于实现主动感应方法:一个充当激励器,另一个充当传感器,如图 6-26 所示。根据 Yang 等[29] 的研究结果,压电通过接触界面传输和接收的信号能量受实际接触面积的影响。Wang 等[20] 认为使用时间反演方法,响应信号能量随着聚焦信号峰值幅度的增加而增加。因此,实际接触面积可以与聚焦信号峰值幅度相关联,并且在本节中可以通过 FEM 获得它们之间的关系。

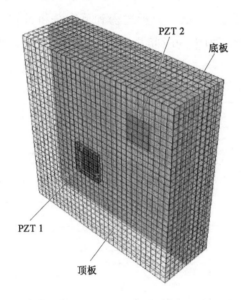

图 6-26　压电陶瓷片黏合到板上的数值模拟模型的几何形状

通过有限元软件,建立了基于 ABAQUS 的数值动态分析方法,研究了超声波通过螺栓连接界面的传播,实现通过时间反演法获得的聚焦信号峰值振幅。考虑到板和螺栓的材料是相同的,只有一小部分波浪成分穿过螺栓－板界面,故本节提出的模型可以忽略螺栓的影响。此外,本节关注的是聚焦信号峰值幅度与实际接触面积之间的关系,因此,这样简化可以认为是合理的,并可以显著提高模拟效率。数值模拟模型如图 6-26 所示,其显示 PZT 1 黏合到顶板的外表面,PZT 2 安装在底板的外表面上。

表 6-6 给出了钢和压电陶瓷片的材料特性。在数值模拟中,钢被设置为弹塑性体,同时,ABAQUS 内置压电陶瓷参数可以用于模拟压电陶瓷的机电耦合。压电陶瓷片的元件类型设置为 C3D8E,每个压电陶瓷片(10mm×10mm×1mm)具有 25 个元件。将 C3D8 元件类型分配给钢板,并且基于高斯脉冲的中心频率和钢中的波速确定网格的总数。考虑到网格的数量将控制数值建模的误差,因此,我们比较了不同数量的网格对模拟结果的影响(表 6-7)。例如,当

实际接触面积为 $16E-4\text{m}^2$ 时,控制不同网格的数量。将模拟结果进行比较发现,当网格数量足够时,可以忽略数值建模的误差。考虑到数值模拟的效率,本节选择网格数量为 4000。板的厚度为 10mm,并且该面积被设定为在不同螺栓轴向荷载下的实际接触面积,其可以通过式(6-19)计算。使用 Tie 约束函数将压电陶瓷安装在板表面上,并施加均匀分布的荷载以确保顶板和底板的相邻表面之间的接触。另外,接触特性用库仑摩擦进行定义,其值设定为常数值 0.3,并且其他表面具有自由位移自由度。为了模拟基于压电陶瓷波传播的时间反演过程,使用时间依赖的动态隐式分析。采集卡将中心频率为 100kHz 和 10V 幅度的高斯脉冲发送到 PZT 1,此为时间反演正向过程(从 PZT 1 到 PZT 2)。通过在时域中反转,在反向分析过程(从 PZT 2 到 PZT 1)重新发射由 PZT 2 接收的信号。然后,从 PZT 1 的输出获得聚焦信号峰值幅度。为了保证聚焦信号的准确性,正向分析过程和反向分析过程中的持续时间分别设定为 0.001s 和 0.0025s,并且数值模拟中的时间步长设定为 $1E-007\text{s}$,小于驱动高斯脉冲周期的 1/10。

材 料 属 性 表 6-6

材　料	属　性	值
钢	杨氏模量	209GPa
	泊松比	0.3
	密度	$7860\text{kg}/\text{m}^3$
	屈服应力	355MPa
压电陶瓷片	杨氏模量	46GPa
	泊松比	0.3
	密度	$7450\text{kg}/\text{m}^3$
	d_{31},d_{32}	0.186nC/N
	d_{33}	0.42nC/N
	d_{15}	0.66nC/N
	$\varepsilon_{11},\varepsilon_{22}$	0.1504nF/m
	ε_{33}	0.1301nF/m

不同数量元素下的数值模拟结果 表 6-7

元 素 数 量	仿 真 结 果
4000	0.743
6000	0.739
8000	0.746
11000	0.751
16000	0.752

该有限元仿真模型可以获得实际接触面积与聚焦信号峰值幅度之间的关系,如图 6-27 所示。

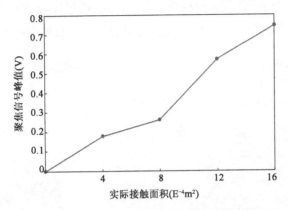

图 6-27　不同实际接触面积下的聚焦信号峰值幅度(FEM)

6.5.3　试验流程

为了验证所提出的螺栓连接分形理论分析模型,基于压电陶瓷换能器,构建试验装置,如图 6-28 所示。使用扭矩扳手给一对 M12 螺栓和螺母施加轴向力,用于固定两块矩形钢板(尺寸:$100\text{mm} \times 60\text{mm} \times 10\text{mm}$)。通过三维表面轮廓仪(Zygo,NewView 5022,USA)测量两个接合板的粗糙度轮廓,如图 6-29 所示。然后,基于表面轮廓获得分形参数 D 和 G,本节分别取值为 1.4058 和 $6.1852 \times 10^{-13}\text{m}$。

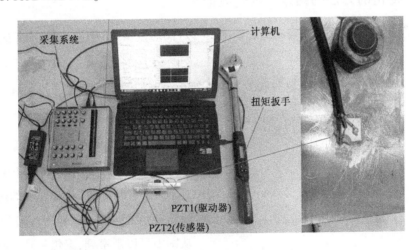

图 6-28　螺栓连接监测系统的试验装置图

两个压电陶瓷片 PZT 1 和 PZT 2(尺寸:$10\text{mm} \times 10\text{mm} \times 1\text{mm}$)分别用作驱动器和传感器,粘贴在与螺栓中心线相距约 25mm 的螺栓连接的两个端面上。使用 NI 多功能 DAQ 设备 NI 6366 产生中心频率为 100kHz 和 10V 幅度的高斯脉冲,并将其转换为模拟信号以激励 PZT 1。

PZT 1 产生的超声波通过接触表面传播并传递给 PZT 2。然后响应信号基于时间反演方法在时域中反转并放大从 PZT 2 重新发送,最后通过 PZT 1 检测聚焦信号。信号发送通过 Lab-VIEW 编程实现了基于时间反演方法的接收过程。因此,通过比较试验获得的聚焦信号幅值,可以验证使用分形理论和有限元模拟的螺栓连接健康监测分析模型的准确性。

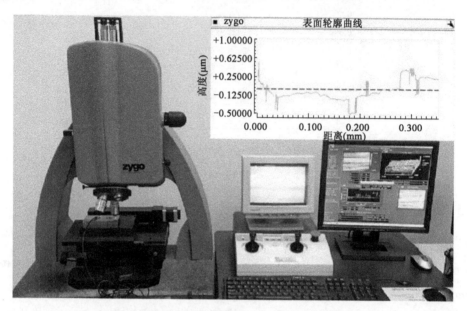

图 6-29 Zygo 表面轮廓仪和螺栓接口的测量表面轮廓曲线

6.5.4 提出的方法的结果,试验验证和讨论

基于分形参数 D 和 G 并从表面轮廓获得,可以计算式(6-18)中的变量:$g_1(D) = 0.037$;$g_2(D) = 6.6$,$g_3(D) = 2.0$,$g_4(D) = 5.61$,$K = 0.58$,$\psi = 2.0849$,$\varphi = 3 \times 10^{-3}$,$a_c^* = 6 \times 10^{-10}$,$G^* = 1.0309 \times 10^{-13}$。螺栓的轴向荷载 F_{axial} 与扭矩扳手施加的扭矩 T 之间的关系为:

$$0.15 \times F_{\text{axial}} \times d = T \qquad (6-19)$$

其中,d 是螺栓的公称直径。

最后,通过组合方程(6-18)和图 6-26 所示的仿真结果,可以得到螺栓上施加的扭矩与聚焦信号峰值振幅之间的关系如图 6-30 所示。

从图中可以观察到,聚焦信号峰值幅度随着扭矩的增加而增加。根据以上分析可以知道,这种关系是由于螺栓处的实际接触面积较大而传输更多波能量。这个饱和值与 Wang 等[20,31]的试验结果及 Parvasi 等[32]的模拟结果一致。因

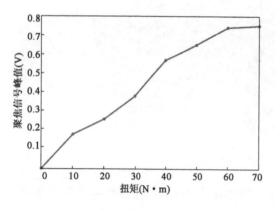

图 6-30 基于所提出模型的扭矩与聚焦信号峰值幅度的关系

此,这种现象可能与轴向荷载下相互作用的粗糙体的塑性变形有关,这与 Pullen 等[33] 提出的假设相似。根据试验观察,Wang 等人[20]注意到饱和度会通过增加接触界面的粗糙度而延迟或消失。本节提出的模型可以用来解释试验结果和观察背后的原因:对于加工表面,粗糙度的增大意味着更小的值 D 和更大的值 G,这导致需要更大的实际接触面积,同时表示饱和度增加。

为了验证所提出的模型,在不同的扭矩值下重复 3 次试验,结果显示在图 6-31 中。例如,在 30N·m 扭矩值下,发送如图 6-31a)所示的高斯脉冲以激励 PZT 1,然后通过 PZT 2 检测到接收信号,如图 6-31b)所示。通过使用时间反演方法获得的反转信号[图 6-31c)]从 PZT 2 重新发送,聚焦信号由 PZT 1 检测[图 6-31d)]。此外,表 6-8 显示了预测值与 3 次重复测试的平均试验值之间的误差,并且通过预测值与试验值之间的比较验证了本节提出的模型的准确性。

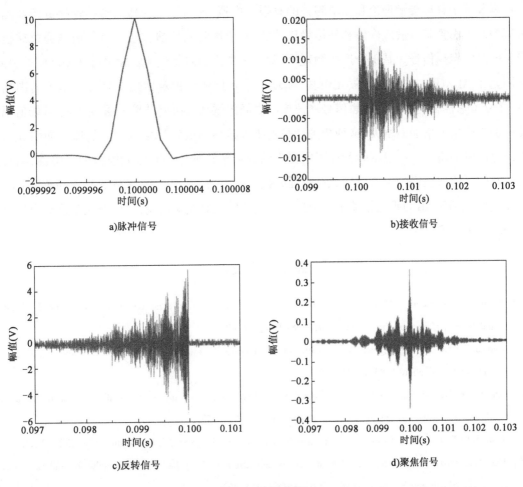

a)脉冲信号　　　　　　　　　　　　　b)接收信号

c)反转信号　　　　　　　　　　　　　d)聚焦信号

图 6-31　试验信号

预测值与试验验证值的比较 表6-8

轴向荷载(N·m)	预测值(V)	验证值(V)	误差
10	0.18	0.17	5.9%
20	0.26	0.28	7.1%
30	0.38	0.35	8.6%
40	0.57	0.54	5.5%
50	0.65	0.68	4.4%
60	0.74	0.72	2.3%
70	0.75	0.72	4.2%

6.5.5 结论

本节基于分形接触理论和压电陶瓷的有限元模拟,提出了一种新的螺栓连接健康监测分析模型。考虑到其自适应聚焦和高信噪比的能力,应用时间反演方法获得超声波通过螺栓连接表面时的聚焦信号。基于分形接触理论,确定了螺栓轴向荷载与实际接触面积之间的关系。利用基于 ABAQUS 软件的有限元仿真,实现了实际接触面积对聚焦信号峰值幅度的影响分析,建立了螺栓轴向荷载与聚焦信号峰值振幅之间的联系。研究结果表明,聚焦信号峰值幅度随着轴向荷载的增加而增大,这种相关性是由于螺栓界面处实际接触面积的增大而引起的接收信号能量的增加。通过试验验证了所提出的分形接触理论和有限元模拟的准确性,同时证实了时间反演法获得的聚焦信号具有较强的抗干扰能力。与以往基于试验技术和数值方法的研究相比,本节提出的研究是基于两个接触面之间的固有接触机制,可以直接实现对螺栓连接松动的定量监测。

本章参考文献

[1] Argatov I, Sevostianov I. Health monitoring of bolted joints via electrical conductivity measurements[J]. International Journal of Engineering Science,2010,48(10):874-887.

[2] Johnson G, Holt A, Cunningham B. An Ultrasonic Method for Determining Axial Stress in Bolts [J]. Journal of Testing and Evaluation,1986,14(5):253-259.

[3] Amerini F, Meo M. Structural health monitoring of bolted joints using linear and nonlinear acoustic/ultrasound methods [J]. Structural Health Monitoring,2011,10(6):659-672.

[4] Joshi S G, Pathare R G. Ultrasonic instrument for measuring bolt stress[J]. Ultrasonics,1984,22(6):261-269.

[5] Park G, Sohn H, Farrar C R, et al. Overview of piezoelectric impedance-based health monitoring and path forward [J]. The Shock and Vibration Digest,2003,35(6):451-463.

[6] Ritdumrongkul S, Fujino Y. Identification of the location and size of cracks in beams by a piezoceramic actuator-

sensor [J]. Structural Control and Health Monitoring,2006,14(6):931-943.

[7] An Y K,Sohn H. Integrated impedance and guided wave based damage detection[J]. Mechanical Systems & Signal Processing,2012,28(2):50-62.

[8] Wait J R,Park G,Farrar C R. Integrated structural health assessment using piezoelectric active sensors[J]. Shock & Vibration,2005,12(6):4-7510.

[9] Fink M. Time reversal of ultrasonic fields I. Basic principles[J]. IEEE Transactions on Ultrasonics Ferroelectrics & Frequency Control,1992,39(5):555-566.

[10] Ing R K,Fink M. Self-focusing and time recompression of Lamb waves using a time reversal mirror [J]. Ultrasonics,1998,36(1-5):179-186.

[11] Wang C H,Rost J T,Chang F K. A Synthetic Time-Reversal Imaging Method for Structural Health Monitoring [J]. Smart Materials & Structures,2004,13(2):415-423.

[12] Qiu L,et al. A time reversal focusing based impact imaging method and its evaluation on complex composite structures[J]. Smart Materials & Structures,2011,20(10):105014.

[13] Yan S,et al. Dynamic Mechanical Model of Surface-Bonded PZT Actuator:Theory and Experiment[C]. Applied Mechanics & Materials,2013,303-306:1732-1735.

[14] Song G,et al. Concrete structural health monitoring using embedded piezoceramic transducers. Smart Materials & Structures,2007,16(4):959-968.

[15] Valdes S H D,Soutis C. Delamination detection in composite laminates from variations of their modal characteristics[J]. Journal of Sound & Vibration,2009,228(1):1-9.

[16] Yang J N,Lei Y,Lin S,et al. Hilbert-Huang based approach for structural damage detection [J]. Journal of Engineering Mechanics,2004,130(1):85-95.

[17] Hou Z,Noori M,Amand R S. Wavelet-based approach for structural damage detection [J]. Journal of Engineering Mechanics,2000,126(7):677-683.

[18] Caccese V,Mewer R,Vel S S. Detection of bolt load loss in hybrid composite/metal bolted connections[J]. Engineering Structures,2004,26(7):895-906.

[19] Todd M D,et al. An assessment of modal property effectiveness in detecting bolted joint degradation:theory and experiment[J]. Journal of Sound & Vibration,2004,275(3):1113-1126.

[20] Wang T,Liu S,Shao J,et al. Health monitoring of bolted joints using the time reversal method and piezoelectric transducers[J]. Smart Materials & Structures,2016,25(2):025010.

[21] Han J G,Ren W X,Sun Z S. Wavelet packet based damage identification of beam structures[J]. International Journal of Solids & Structures,2005,42(26):6610-6627.

[22] Liang C, Sun F P, Rogers C A. Coupled Electro-Mechanical Analysis of Adaptive Material Systems-Determination of the Actuator Power Consumption and System Energy Transfer[J]. Journal of Intelligent Material Systems and Structures. 1997, 8(4):335-343.

[23] Giurgiutiu V. Recent advancements in the electromechanical(E/M) impedance method for structural health

monitoring and NDE[C] // Proceedings of SPIE - The International Society for Optical Engineering,1998,
3329:1-5.

[24] Nokes J P,Cloud G L. The application of interferometric techniques to the nondestructive inspection of fiber-re-
inforced materials[J]. Experimental Mechanics,1993,33(4):314-319.

[25] Faiss S,Lüthgens E,Janshoff A. Adhesion and rupture of liposomes mediated by electrostatic interaction moni-
tored by thickness shear mode resonators[J]. European Biophysics Journal Ebj,2004,33(6):555.

[26] Kogut L,Etsion I. Elastic-Plastic Contact Analysis of a Sphere and a Rigid Flat[J]. Journal of Applied Mechan-
ics,2002,69(5):657-662.

[27] Majumdar A,Tien C L. Fractal characterization and simulation of rough surfaces[J]. Wear,1990,136(2):313-
327.

[28] Majumdar A,Bhushan B. Fractal Model of Elastic-Plastic Contact Between Rough Surfaces,ASME Journal of
Tribology[J]. Journal of Tribology,1991,113(1):1-11.

[29] Yang J,Chang F K. Detection of bolt loosening in C-C composite thermal protection panels:II. Experimentalver-
ification[J]. Smart Materials & Structures,2006,15(2):591-599.

[30] Esteban J,Rogers C A. Energy dissipation through joints:theory and experiments[J]. Computers & Structures,
2000,75(4):347-359.

[31] Wang T,et al. Proof-of-concept study of monitoring bolt connection status using a piezoelectric based active
sensing method[J]. Smart Materials & Structures,2013,22(8):087001.

[32] Parvasi S M,et al. Real time bolt preload monitoring using piezoceramic transducers and time reversal tech-
nique-a numerical study with experimental verification [J]. Smart Materials & Structures, 2016, 25
(8):085015.

[33] Pullen J,Williamson J B P. On the Plastic Contact of Rough Surfaces[J]. Proceedings of the Royal Society of
London,1972,327(1569):159-173.

第7章 基于压电传感器的钢筋锈蚀监测

7.1 引　言

　　钢筋混凝土材料充分利用钢筋和混凝土各自的优异性能,提高结构的承载力与耐久性能。随着工业化和城镇化的迅猛发展,为满足生活、生产的需要,钢筋混凝土材料应用于土木工程结构和基础设施,其中包括薄壳结构、超高层结构,以及桥梁等土木工程结构。

　　大型混凝土结构不仅战略意义重要,经济价值高,而且投资巨大,结构形式复杂多变,设计施工难度高,使用年限长,因此会出现一些难以避免的人为因素,如工程结构没有完全按照规范设计施工,加之这些土木工程结构在长期使用过程中会遭受一些不利的自然因素如暴雨、地震等,这些不利因素产生的作用力将会对土木工程结构造成严重的损伤。

　　本章主要利用压电传感器的正逆压电效应、时间反演方法以及主动监测方法,对钢筋锈蚀进行监测。在钢筋锈蚀监测试验中,通过外涂环氧树脂保护压电换能器免受氯化钠溶液的腐蚀,通过外加电流法缩短锈蚀钢筋试件的时间,同时进行了基于 ABAQUS 的压电传感器监测钢筋锈蚀程度的研究。通过不同钢筋锈蚀程度的模拟,给予试验理论支撑,验证了试验结论的正确性,表明了钢筋的锈蚀程度和传感器信号的峰值的线性关系。同时也进行了通过压电传感技术以及主动法监测钢筋的锈蚀损伤位置,从理论上验证了能够通过时间-波速的关系确定钢筋的损伤位置。对于钢筋的多处损伤位置的确定,亦能够通过时间-波速的关系确定。需要指出的是,对于钢筋锈蚀损伤定位试验研究中,接收信号信噪比较大,无法较为直观地通过时间-波速的方法确定钢筋的锈蚀损伤位置。因此,通过小波分解方法来降低干扰信号对缺陷回波的影响,提高缺陷回波的比例,进一步提高了钢筋的损伤位置的精度。

7.2　钢筋锈蚀监测的试验研究

7.2.1　钢筋锈蚀机理

1. 钝化膜破坏原理

钢筋混凝土结构发生钢筋腐蚀时钢筋钝化膜最先遭受到破坏[1]。混凝土在水泥的水化过程中,会和水反应产生大量的 $Ca(OH)_2$,pH 值为 $12 \sim 14$,在钢筋处形成一层保护膜,保护钢筋免遭锈蚀[2]。但是建筑物随着服役年限的延长,在混凝土中出现裂纹,CO_2、SO_2 等气体会通过裂纹以及混凝土内的毛细孔隙进入内部,溶解于水中形成酸性溶液,并与 $Ca(OH)_2$ 发生中和反应,使混凝土发生碳化作用,使得附着在钢筋表面的钝化膜遭到破坏,并且随着碳化作用的进一步加深,酸性气体到达钢筋表面,进一步使钢筋遭受腐蚀,如图 7-1 所示。

图 7-1   钢筋锈蚀造成的结构破坏

2. 影响钢筋锈蚀的因素

影响钢筋锈蚀的因素主要包括以下几个方面:

(1)氯离子的作用破坏钢筋钝化膜[3]:氯离子具有催化作用,在氯离子的作用下铁单质生成氯化铁,进一步破坏了 $Fe(OH)_2$ 的保护层,使锈蚀继续进行。

(2)碳化作用[4]:酸性气体和水发生反应生成酸性溶液,因此侵蚀混凝土时会降低混凝土的 pH 值。

(3)温度:根据 Arrhenius 定律,钢筋脱钝时间及锈蚀时间随温度的升高而缩短。

(4)混凝土湿度:混凝土导电性随内部湿度增大而增大,能加快钢筋的电化学腐蚀。

(5)钢筋表面氧含量:钢筋发生锈蚀过程中,需要有足够的氧扩散到钢筋表面。

3. 外加电流技术加速钢筋锈蚀

在钢筋混凝土结构中,自然锈蚀是一个长期的过程,当在钢筋的表面出现电位差形成电流时才会出现锈蚀。外加电流技术简洁高效,已成为试验室中加速钢筋锈蚀、大量获取钢筋锈蚀试件的有效方法[5]。本书钢筋锈蚀监测试验中为缩短钢筋锈蚀时间采用外加电流技术,其机理如下所示。

钢筋连接到电源正极作为还原剂,在电流的作用下,钢筋表面二价铁离子不断失去。

$$Fe \rightarrow Fe^{2+} + 2e^- \tag{7-1}$$

溶液中的氯离子将会中和溶液中的二价铁离子,导致二价铁离子发生迁移,最终加速阳极的氧化反应。

$$Fe^{2+} + 2Cl^- \rightarrow FeCl_2 \tag{7-2}$$

氧气能够和水发生反应,作为氧化剂,最终两者之间发生还原反应生成氢氧根离子。当电解液中的氧气含量足够时,Fe^{2+}和$(OH)^-$结合生成$Fe(OH)_3$。

$$Fe^{2+} + 2Cl^- + 2H_2O + 2Fe \rightarrow Fe(OH)_2 + 2H^+ + 2Cl^- \tag{7-3}$$

$$4Fe(OH)_2 + O_2 + 2H_2O \rightarrow Fe(OH)_3 \tag{7-4}$$

当电解液中氧气含量不足时,$Fe(OH)_2$不能完全被氧化,因此会产生黑色铁锈Fe_3O_4。

$$6Fe(OH)_2 + O_2 \rightarrow 2Fe_3O_4 + 6H_2O \tag{7-5}$$

通过式(7-3)、式(7-4)可知,在锈蚀反应过程中,Cl^-并未消耗,只起到催化剂的作用,提高了锈蚀速率,加速了锈蚀过程。图7-2为钢筋发生锈蚀时的化学过程示意图。

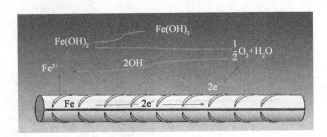

图 7-2 钢筋锈蚀的化学过程

7.2.2 压电传感器耐锈蚀试验

1. 时间反演方法

时间反转技术(Time Reversal Method,TRM)是一种自适应技术,起始于20世纪60年代,是基于智能材料的一种全新的结构损伤检测方法。该理论在1989年由法国科学家Fink[6]提出,说明声场具有空间聚焦的规律,并从光学领域应用到声学领域中。它能够实现信号在时域上产生反转,即将信号由先时刻变为后时刻,将信号后时刻转变为先时刻,此外时间反转方法不需要媒介,提取到的信号比直接采集得到的信号具有更好的信号抗干扰能力,并且可使源信号在时间和空间上聚焦,最后信号能量收敛于焦点。时间反转的过程如图7-3所示。

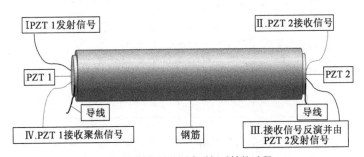

图 7-3 钢筋锈蚀监测中时间反转的过程

时间反演具体过程:在PZT 1处发射高斯脉冲信号,信号通过待测试件传递,PZT 2处接收传递信号。通过采集系统采集接收信号并将接收到的信号通过程序后面板进行放大。通过时间反演操作,将接收信号在时间域内进行反转。反转信号在 PZT 2 处发射并且在 PZT 1 处最终接收到聚焦信号。

2. 压电传感器封装耐锈蚀监测及结果分析

在钢筋锈蚀监测试验中,需要将压电换能器和钢筋同时浸入氯化钠溶液中腐蚀。因此为确保压电传感器可以正常工作,需要检测和验证压电换能器。具体检测过程如下:将两片压电陶瓷用超声波振子胶分别粘贴在有机玻璃两个表面上,然后使用环氧树脂将之完全包裹住。检测装置如图 7-4 所示。

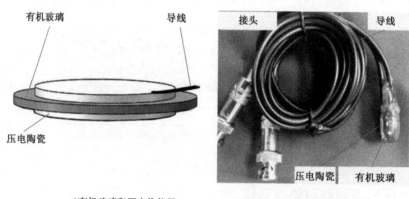

a)有机玻璃和压电换能器　　　　b)压电传感器

图 7-4　压电传感器检测装置图

待压电换能器表面的环氧树脂晾干后,将其完全浸泡到盛有质量分数为 20% 的氯化钠水溶液的水箱中。LabVIEW 程序发射高斯冲信号,该信号的频率和信号幅值分别是 100kHz、10V,70kHz、9V,60kHz、7V,50kHz、8V,30kHz、5V 等。每隔 5h,将封装好的压电陶瓷换能器从水箱中拿出来,用电脑采集接收信号,该过程持续了 55h,然后得出锈蚀时间和聚焦信号幅值的关系图,如图 7-5 所示。

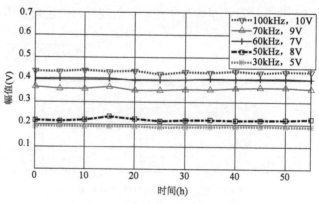

图 7-5　传感器锈蚀时间与电压关系图

由图7-5得知,浸泡在氯化钠溶液中的压电换能器,在环氧树脂包裹下接收的聚焦信号的峰值并未产生太大的波动。因此,可以验证在环氧树脂包裹下的压电换能器的工作性能不会受到氯化钠溶液较大影响,能够正常工作。

7.2.3　裸钢筋锈蚀监测试验

1. 监测锈蚀试验设计

本试验装置包括采集系统(NI-USB 6366)、笔记本、待腐蚀试件、压电传感器和泡沫支撑、直径为20mm的光圆钢筋,长度为400mm。为了能够准确对比钢筋锈蚀前后情况,需要将传感器粘贴在钢筋的两端,用以接收信号。前文中提及为防止氯化钠溶液对压电传感器的使用功能产生影响,需要将钢筋端部、压电传感器以及外延导线用环氧树脂包裹。除此之外,本试验采用外加电流(大小恒为2A),与钢筋、氯化钠溶液以及铜棒共同构成加速锈蚀系统。试验仪器如图7-6所示。

图 7-6　钢筋锈蚀数据采集装置

将钢筋和铜片均浸泡在盛有5%的氯化钠溶液的水箱中,钢筋连接到直流电源的正极作为阳极,铜片连接到直流电源的负极作为阴极,由此构成钢筋加速锈蚀系统。图7-7显示了钢筋加速锈蚀试验装置。

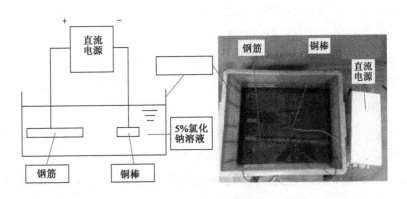

图 7-7　钢筋加速锈蚀装置

143

在钢筋锈蚀监测试验中,压电传感技术和时间反演技术被同时应用其中。传感器粘贴在钢筋的两端并用多功能万用表检测是否短路。首先应用采集系统对待测试件做扫频处理,获得钢筋的共振频率。根据采集到的数据显示接收的信号在55kHz～90kHz这一频率范围内显示出较好的信号幅值。发射信号为高斯脉冲信号,并且信号的幅值为5V,信号的频率分别为70kHz、60kHz、50kHz,信号由电脑连接 LabVIEW 采集卡发射出该信号。每隔5h 将锈蚀的钢筋从水箱中取出,洗净钢筋表面的锈蚀产物并且称其重量,然后使用采集系统采集钢筋不同锈蚀程度所对应的信号。图7-8、图7-9 分别显示了无损状态下的钢筋以及锈蚀35h 后的钢筋状况。

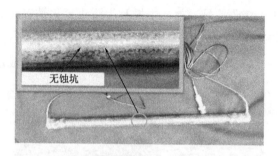

图7-8　无损状态的钢筋

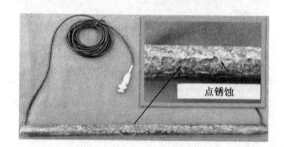

图7-9　锈蚀35h 后的钢筋

2. 试验结果分析

图7-10、图7-11 分别显示了在钢筋锈蚀15h 和35h 后所对应的接收信号的幅值。在锈蚀监测试验中,接收信号通过程序后面板的增大系数放大接收信号并在时域内反转信号最终得到集中信号。随着钢筋锈蚀程度的加深,钢筋表面出现不均匀点锈蚀或蚀坑,信号在钢筋内反复振荡,信号能量降低,最终接收信号幅值降低。通过对比图7-10d)和图7-11d)可知,反演信号的峰值随钢筋锈蚀程度的增大而降低。

50h 后,采集钢筋不同锈蚀程度所对应的信号,并将采集到的试验数据用 MATLAB 分析软件处理,得到钢筋的质量损失率和聚焦信号的峰值之间的关系,如图7-12 所示。图中4 条不同的直线反映了不同的试件对应的不同锈蚀率和峰值之间的关系。3 幅图反映的是发射信号分别为50kHz、5V,60kHz、5V,70kHz、5V 在不同工况下的信号变化趋势。

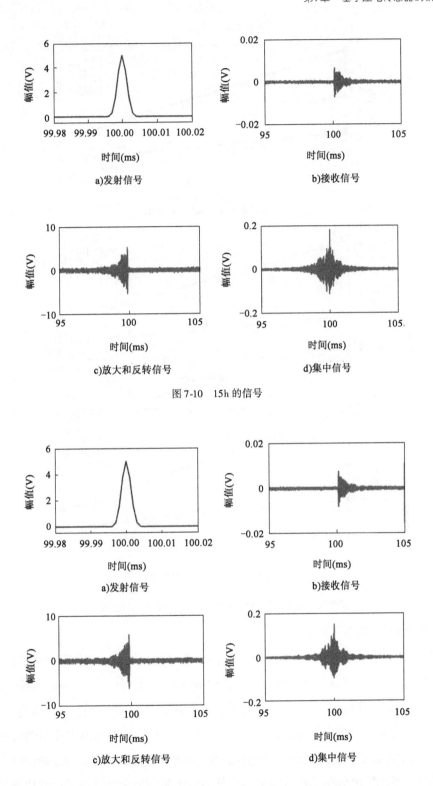

a)发射信号　　　　　　　　　　b)接收信号

c)放大和反转信号　　　　　　　d)集中信号

图 7-10　15h 的信号

a)发射信号　　　　　　　　　　b)接收信号

c)放大和反转信号　　　　　　　d)集中信号

图 7-11　35h 的信号

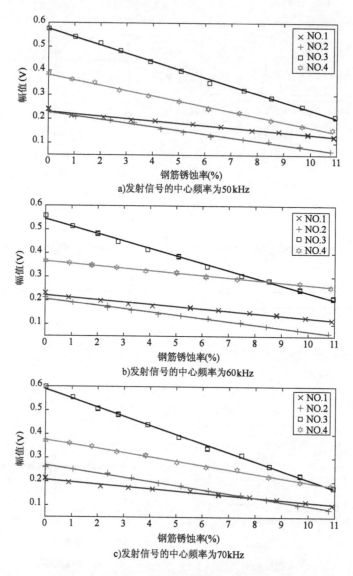

图 7-12　钢筋的质量损失率和聚焦信号的振幅之间的关系

根据试验结果可得如下结论:

本小结在试验室环境下提出了基于压电传感器和时间反演技术的钢筋锈蚀检测方法。环氧树脂包裹下的压电传感器可以很好地保证传感器的稳定性,为后续监测钢筋锈蚀试验提供了可能性。在钢筋锈蚀监测中,两个压电传感器分别粘贴在钢筋的两端,一个作为驱动器发射信号,另一个作为接收器接收信号。通过图 7-12 可以得知,随着外加电流作用的时间的增加,钢筋的锈蚀质量逐渐增大,聚焦信号的峰值随着钢筋质量损失率的增大而逐渐降低。此外,从图中还可得知,使用压电传感器接收的集中信号的峰值和钢筋的锈蚀率成线性比例关系,从而能够初步定量分析确定钢筋的锈蚀程度。

7.2.4　外包混凝土钢筋的锈蚀监测试验

1.钢筋混凝土短柱试验设计

本试验主要通过腐蚀钢筋混凝土试块进一步说明钢筋的理论锈蚀率与传播信号之间的关系,并从直观上观察在不同的锈蚀状态下混凝土所对应的情况。本试验中仍采用外加电流加速锈蚀,不同理论锈蚀率对应的锈蚀时间通过法拉第定律直接计算得出。

法拉第定律:在电化学腐蚀中,电极上发生化学变化的物质的质量与通电时间、通电量成正比。故可通过式(7-6)计算出钢筋理论的锈蚀率。

$$\Delta m = \frac{MIt}{ZF} \tag{7-6}$$

式中:Δm——钢筋的理论锈蚀质量;

　　　t——通电时间,(h);

　　　M——钢筋的摩尔质量,大小为 56g/mol;

　　　I——外加在钢筋上的电流大小,(A);

　　　Z——亚铁离子的化合价,为 2;

　　　F——法拉第常数,取 96500A・S。

根据式(7-7)计算钢筋的理论锈蚀率:

$$\eta = \frac{\Delta m}{m} = \frac{\Delta m}{\pi \rho R^2 L} \tag{7-7}$$

式中:m——钢筋质量,(g);

　　　η——钢筋的理论锈蚀率;

　　　ρ——钢筋密度,($7 \sim 8\text{g/cm}^3$);

　　　R——钢筋的半径,(cm);

　　　L——钢筋试件的长度,(cm)。

本试验所选用的试件为钢筋混凝土短柱,其强度等级为 C20,质量具体配合比见表7-1。

C20 混凝土配合比　　　　　　　　　　　　　　　　　　　　　表 7-1

水　泥	水	砂　子	石　子
1	0.51	1.81	3.68

混凝土材料具有离散性,因此信号在混凝土中的传播距离增大将会导致接收信号峰值较低,所以选用的混凝土的尺寸为 $200\text{mm} \times 100\text{mm} \times 100\text{mm}$。在混凝土内沿长度方向埋设一根直径为 20mm 的光圆钢筋,钢筋的长度为 250mm。埋入混凝土试件中的钢筋长度为 200mm,并在混凝土短柱的两端分别外伸钢筋长度为 30mm,在钢筋两端粘贴压电传感器 PZT 1、PZT 2,并在裸露的钢筋外表面涂抹环氧树脂保护传感器。图 7-13 所示为外面用大理石包裹起来

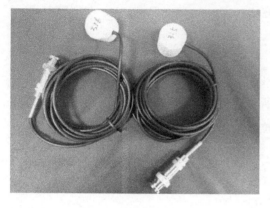

图 7-13　智能集料实物图 PH

的嵌入式压电陶瓷传感器,并将传感器埋入混凝土短柱内。该类型传感器能够降低对混凝土结构本体的影响。

1 号智能集料作为驱动器发射信号,2 号、3 号作为传感器,用来监测混凝土内的不同区域的变化情况,进而间接说明钢筋的锈蚀程度。智能集料的位置以及浇筑好的混凝土试件如图 7-14 所示。

将浇筑好的混凝土短柱浇筑成型放在标准室温下 1d,然后拆模并将之放入养护室内养护 28d,接着将其浸泡在质量浓度为 5% 的氯化钠溶液中,浸泡时间为 2d,其目的是使氯化钠溶液渗透在混凝土内,便于后期的加速锈蚀。

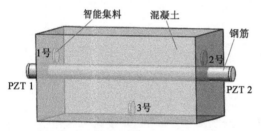

a)传感器位置图

b)浇筑试件实物图

图 7-14　压电传感器布置以及钢筋混凝土短柱图

在钢筋实际锈蚀过程中,由于直流电源中的通道数目较少,为了能够快速获得多个锈蚀试件,需要将多根钢筋连接到相同的通道上。同济大学曾严红[7]通过研究不同组的钢筋混凝土试件在锈蚀过程中与直流电源采用不同的连接方式,验证得出在钢筋的锈蚀过程中钢筋的串联和并联效果相同。如图 7-15 所示,为简化试验,将待锈蚀试

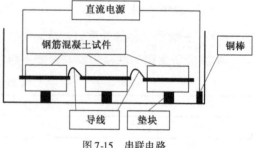

图 7-15　串联电路

件采用串联的方式连接起来接通电源正极,以加速锈蚀;将铜棒连接电源负极作为阴极,以混凝土作为加速锈蚀的介质,形成加速腐蚀系统。

在外加电流技术加速钢筋锈蚀下,通过式(7-6)、式(7-7)可以计算出钢筋的理论质量损失率和通电腐蚀时间,见表 7-2。

钢筋的理论质量损失率和通电腐蚀时间 表7-2

钢筋理论锈蚀率（%）	1	2	3	4	5	6	7	8	9	10	11
钢筋锈蚀时间（h）	4.69	9.38	14.07	18.76	23.45	28.14	32.83	37.52	42.21	46.90	51.59

每隔4.69h,将直流电源关闭,PC电脑上的LabVIEW程序发射高斯脉冲信号,信号的幅值为5V,频率为70kHz,通过混凝土内以及钢筋一端的压电驱动器发射,经钢筋及混凝土传播,被其他传感器接收。

在浇筑好混凝土后,将养护好的试件和浸泡后的试件进行对比,可以发现智能集料接收到的信号的幅值有了大幅度的减小。信号在钢筋混凝土中的传播过程中,由于混凝土内部进入水分,有一部分被混凝土内的水分消散,导致传感器接收信号降低。

本试验中的4组试件的试验现象保持一致。选取试件1未锈蚀前和锈蚀51.59h,传感器及2号智能集料接收信号峰值如图7-16、图7-17所示。通过分别对比传感器接收信号峰值可以发现,钢筋锈蚀后,智能集料接收信号的峰值出现了下降,而PZT 2传感器接收信号的峰值增大,如图7-18、图7-19所示。

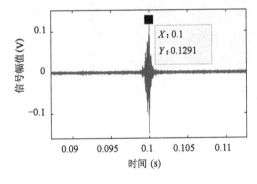

图7-16 未锈蚀前2号智能集料接收信号

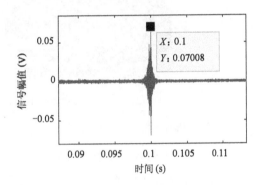

图7-17 锈蚀51.59h 2号智能集料接收信号

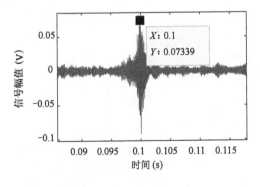

图7-18 未锈蚀前PZT 2接收信号

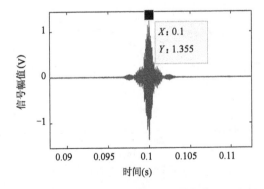

图7-19 锈蚀51.59h PZT 2接收信号

图7-20 所示为未锈蚀前的钢筋混凝土试件,钢筋表面光滑,未出现蚀坑等腐蚀现象,浇筑好的混凝土试件无铁锈流出,表面未见明显裂缝等。根据式(7-7)可以得出,试件锈蚀51.59h后理论锈蚀率为11%,将试件从溶液中取出,根据图7-21可以得出,试件的外观无明显变化,基本保持完好,在钢筋裸露处发现有少量铁锈溢出,将混凝土短柱敲碎后取出锈蚀的钢筋可以发现,钢筋表面出现凹凸不平的锈蚀,而在氯化钠溶液中的红褐色的胶装物质为氢氧化铁。

图7-20　未锈蚀前的钢筋混凝土短柱

图7-21　锈蚀后的钢筋混凝土短柱

2.试验结果分析

将5组试件中的各个传感器接收到的不同锈蚀状况下信号的峰值作为分析参数进行整理,整个锈蚀过程通过处理可以得到以下试验结果,如图7-22、图7-23所示。

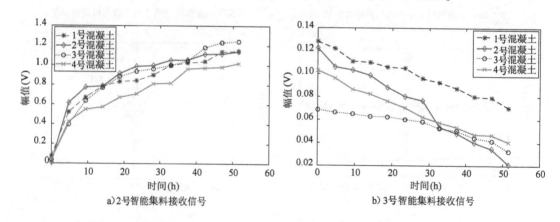

a)2号智能集料接收信号　　　　　b)3号智能集料接收信号

图7-22　钢筋混凝土锈蚀时间和2号、3号智能集料接收信号峰值的曲线关系

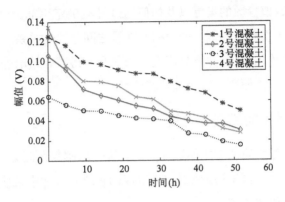

图 7-23　钢筋混凝土理论锈蚀率和 PZT 2 传感器接收信号峰值的曲线关系

在钢筋锈蚀率较低的情况下,随着钢筋锈蚀率的增长,2 号、3 号集料的信号幅值逐渐减小,而 PZT 2 传感器信号幅值则逐渐变大,这是因为传感器很大程度上受到钢筋锈蚀程度的影响。在未发生锈蚀前的钢筋混凝土试块中,钢筋与混凝土未产生分离,两者之间的黏结比较紧密,因此钢筋端的传感器发射的信号通过钢筋与混凝土的界面时,会有一部分信号透射到混凝土内,因此压电陶瓷接收信号幅值相对较小;随着通电加速锈蚀后,锈蚀产物在钢筋表面不断积累并且体积开始膨胀,导致混凝土与钢筋的界面逐渐形成一层疏松的锈蚀层,使得混凝土与钢筋之间的黏结性能下降,两者之间的界面开始出现脱离,PZT 1 与 PZT 2 传感器之间的传播信号较少地泄露到混凝土中,因此会导致 PZT 2 传感器接收信号峰值逐渐增大。而埋入混凝土内的 2 号、3 号智能集料由于混凝土内部出现细小的裂纹,导致信号在传播过程中被吸收衰减和散射衰减的比例增大,从而导致信号的幅值发生大幅度下降,因此埋入混凝土内的智能集料接收到的信号幅值的大小能够间接表征钢筋混凝土试件内钢筋的锈蚀程度。

7.2.5　小结

(1)本节主要利用压电传感器的正逆压电效应、时间反演方法以及主动监测的方法对钢筋锈蚀进行监测。可以得出:在钢筋锈蚀监测试验中,外涂环氧树脂可以有效地保护压电换能器免受氯化钠溶液腐蚀的影响;通过外加电流的方法,能够缩短锈蚀钢筋试件的时间。基于以上两个条件,能够通过压电陶瓷接收的信号的峰值量化钢筋的锈蚀程度,建立两者之间的线性关系。

(2)对贴近于实际工程的钢筋混凝土短柱进行了锈蚀试验。通过理论锈蚀率和接收信号的幅值可以发现:在钢筋锈蚀率较低的情况下,随着锈蚀时间的延长,钢筋的理论锈蚀率逐渐增大,接收信号逐渐降低。

7.3　钢筋锈蚀监测的数值模拟

本节基于压电传感技术的钢筋锈蚀监测数值模拟,主要是借助于 ABAQUS 有限元数值分析软件,介绍了相关的数值参数的设置以及如何通过导波确定钢筋的锈蚀程度。基于前人的研究表明,钢筋的锈蚀损伤程度和钢筋截面的改变量之间呈线性关系。因此,可以通过改变钢筋的截面来模拟钢筋的均匀锈蚀,并将数值模拟与前文所得试验结论进行对比验证,对钢筋均匀锈蚀监测试验结果的可能原因进行合理解释[8]。

7.3.1 有限元模拟的原理及发展

有限元分析通过化繁为简的方式能够在一定程度上求解复杂问题。其主要原理是有限的离散元素通过节点之间的连接来逼近无限未知的系统,例如数学中常应用多边形逼近圆来求圆的周长。其过程如下所述:

(1)建模:这一部分属于前处理阶段,通过 ABAQUS 软件以及相关的专业性软件(Solid-Works、MSC. PATRAN、Hypermesh、FEMAP 等),按照需要建立符合实际的计算模型。

(2)截面参数设置:设定截面特性的参数值并将数值赋予对应的模型,材料的数据很大程度上影响结果的准确性。

(3)单元剖分:在模拟中,将某个工程结构计算模型离散为不同类型的单元。

(4)节点的连接:首先利用单元公共节点将离散单元连接起来,然后在单元节点上加载等效力如点荷载、热荷载等替代结构中的实际作用,其中应该根据实际结构的对应问题设置单元节点的性质及数目,当描述变形形态接近实际变形以及计算精度较高时,一般网格的划分越密,即网格中单元的数量越大,其计算量越大。

(5)分析计算:在分析阶段,使用 ABAQUS/Standard 或者 ABAQUS/Explicit 求解输入文件中所定义的数值模型,通常以后台的方式运行,其分析结果保存在二进制文件中,便于进行后处理。完成一个求解过程所需的时间取决于问题的复杂程度、网格的划分情况以及计算机的计算能力,因此相对应的计算时间可以从几秒到几天不等,需要根据实际情况选择更为高效的计算过程。

(6)后处理:又称 ABAQUS/Viewer,可以用来读取分析结果数据,并且以多种方法显示分析结果,包括彩云纹图、动画、变形图和 XY 曲线图等。因此根据需要选择不同的显示结果。

有限元分析求解的整体工作流程如图 7-24 所示。

根据上述说明可以得知:在有限元数值分析中,工程结构是由众多单元以一定方式重新构建的离散体,其已不是原有的结构物。因此,用有限元分析计算所获得的结果只是近似的,并且模拟结果与实际情况的相似度取决于单元划分的数目是否足够以及是否合理,应注意评估有限元模型的适用性及限制条件。

追溯有限元法的发展源头,最早应用于现代力学、计算机科学以及应用数学等领域,主要是分析一些线、非线性以及小位移的静态问题;随着计算机技术的快速普及以及显示程序功能的强健发展,有限元法渐渐成为应用更为有效的数值分析方法,目前在生物、医学、机电工程、物流运输,以及建筑等科学技术领域也有广泛的应用。

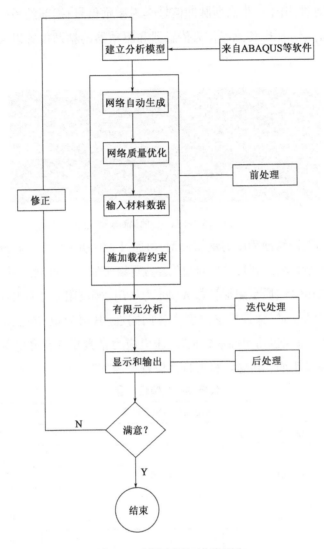

图 7-24 有限元求解工作流程图

7.3.2 钢筋锈蚀监测模拟

基于正、逆压电效应,在主动监测法中,压电传感材料制作为驱动器和传感器来发射和接收信号,利用接收信号特性对钢筋的锈蚀程度进行评定与检测。通过 ABAQUS 有限元软件,对不同锈蚀程度和损伤位置的钢筋进行模拟和定位。本节将分别对钢筋锈蚀程度、损伤位置与接收信号的关系做出模拟。

对于钢筋的锈蚀监测模拟,试件模型是长度为 400mm、直径为 20mm 的光圆钢筋,钢筋的锈蚀区长度是 360mm,其锈蚀深度设为 ΔR,分别为 0mm、0.1mm、0.2mm、0.3mm、0.4mm、0.5mm、0.6mm、0.7mm 等 8 组工况。

在模型中间位置去掉其中一部分,用于模拟钢筋锈蚀损伤情况。钢筋的其中一端粘贴的压电传感器作为驱动器,用于产生高斯脉冲信号作为激励信号;钢筋的另一端作为接收端,用于采集通过损伤的信号。压电传感器作为传感器和驱动器的粘贴位置以及钢筋锈蚀范围,如图 7-25 所示。

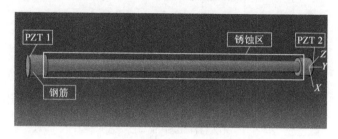

图 7-25　模拟锈蚀的钢筋模型

模拟中所需要的不同锈蚀程度的钢筋模型,可通过 ABAQUS 建立不同锈蚀截面来模拟。在采用 ABAQUS 软件进行模拟分析时,材料的相关参数可设定如下:钢筋密度为 7850kg/m³,泊松比为 0.3,弹性模量为 210GPa,质量阻尼参数 Alpha 为 0.01,刚度阻尼参数 Beat 为 1.5E - 7;压电传感器的密度为 7450kg/m³,弹性模量类型为各向同性,其值为 46GPa,其阻尼比为 0.3。此外,压电传感器的相关系数包括弹性常数矩阵、压电应力常数矩阵和介电常数等,并将材料的参数分别赋给传感器及钢筋。传感器材料特性设置见表 7-3。

传感器材料特性设置　　　　　　　　　　　　　　　　　　　　　　　　表 7-3

传感器材料特性设置				
介电常数(C/m^2)			弹性	
D11	D22	D33	杨氏模量	泊松比
$1.504E-008$	$1.504E-008$	$1.301E-008$	46GPa	0.3
压电应力常数(Vm/N)				
d1 11	d1 22	d1 33	d1 12	d1 13	d1 23
0	0	0	0	$6.6E-10$	0
d2 11	d2 22	d2 33	d2 12	d2 13	d2 23
0	0	0	$6.6E-10$	0	0
d3 11	d3 22	d3 33	d3 12	d3 13	d3 23
$-1.86E-10$	$-1.86E-10$	$4.2E-10$	0	0	0

注:介电常数的类型为正交,压电的类型为应变。

在模拟过程中,其分析采用隐式动力求解方法,这是由于隐式求解具有增量步较少、计算周期较短的优点。除此之外,显式求解在每一步的求解过程中并非能够保证绝对的平衡,而隐式求解方法显然能够克服此种方法的缺陷,因此在模拟中采用动力隐式进行求解。

此外,钢筋模型与传感器之间的相互作用为绑定约束,因此在对模型进行划分网格时不必考虑节点与节点之间一一对应。

导波在钢筋中的传播速度较快,而且对于模型网格密度的划分具有严格的要求,因此为了能够获取导波在钢筋中的波动效应,在模拟过程中需要设置较小的积分步长以及单元长度,因此当采用 New mark 法(隐式法)时,对于时间步长,设置的原则应满足式(7-8)。

$$\Delta t \leqslant \frac{1}{20f} \tag{7-8}$$

式中:f——导波的激励频率。

对于划分单元尺寸时,其单元的长度近似值需满足式(7-9)。

$$\Delta x \leqslant \frac{\lambda_{min}}{20} \tag{7-9}$$

式中:λ_{min}——$\lambda_{min} = c_p/f$;

c_p——该频率下的波速度[9]。

在满足式(7-8)、式(7-9)的情况下,模型的单元长度取 3mm。

在有限元模拟分析过程中,为了能够更为准确地反映模拟结果、减少模拟过程中的误差,在建模初期需要选择较为合理的单元类型,ABAQUS 中最常用的单元类型包括实体单元、壳单元和梁单元。其中,实体单元中较为常用的主要有完全积分单元、减缩积分单元。这两种不同类型的单元模式具有如下特点:

(1)完全积分单元:当单元为较规则的形状时,Gauss 积分点的数目可以对单元刚度矩阵中的多项式进行精确积分,可以满足模拟的需要。而对于二次完全积分单元主要适用于应力集中。

(2)缩减积分单元:与完全积分单元相比,缩减积分单元在每个方向少用一个积分点。对于积分点而言,当数目较少时,其计算较为简便,计算分析时间较短。

通过上述分析,压电传感器所选用的单元类型为压电实体单元(此单元具有热场、电场、电磁场等分析能力,能够对这些场之间进行耦合),单元形状为六面体,其中单元库为 Standard,族为压电,几何阶次为二次,其中六面体为减缩积分,即 C3D20RE。

在满足上述条件下可对模型进行网格划分,如图 7-26 所示。

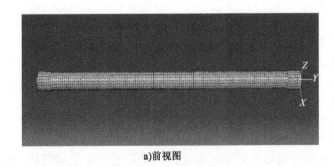

a)前视图　　　　　　　　　　　　　　　　b)侧视图

图 7-26 在 ABAQUS 中模型网格划分

为了能够模拟压电传感器接收信号的幅值,需分别在传感器上、下表面设置节点集。将

PZT 1 的上表面节点定义为 Set-1,将下表面节点定义为 Set-2;将 PZT 2 上表面节点定义为 Set-3,将下表面节点设定为 Set-4,并且在设置边界条件时,将 4 个节点集的边界类别设置为 Electrical/Magnetic,并将激励信号的幅值赋给节点 1,其他 3 个节点的幅值大小即电势为零电势。

7.3.3 钢筋锈蚀数值模拟结果与分析

前文试验中采用的信号为高斯脉冲信号,并且信号的中心频率包含 50kHz,因此为了保证模拟与试验结果的一致性,采用的激励信号为中心频率是 50kHz 的高斯脉冲信号,信号幅值为 1V。图 7-27 所示为发射的脉冲信号。

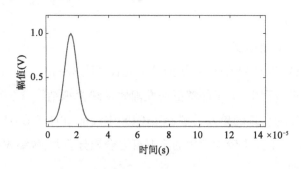

图 7-27　激励信号

王雪慧等[10] 提出钢筋在均匀锈蚀的情况下,其质量损失率 $n(\%)$ 与截面损失率 $n_s(\%)$ 在理论上是保持一致的,可根据式(7-10)得出。

$$n = \frac{W - W_0}{W} = \frac{\pi \left(\frac{d}{2}\right)^2 l\rho - \pi \left(\frac{d_0}{2}\right)^2 l\rho}{\pi \left(\frac{d}{2}\right)^2 l\rho} = \frac{d^2 - d_0^2}{d^2} = n_s \tag{7-10}$$

式中:n——钢筋的质量损失率;

　　W——钢筋的原始质量,(g);

　　W_0——损失后的钢筋的质量,(g);

　　d——钢筋的原始直径,(mm);

　　d_0——损失后的钢筋的直径(mm);

　　l——钢筋的长度;

　　ρ——钢筋的密度;

　　n_s——钢筋截面损失率。

基于上述推论,当钢筋锈蚀均匀时,截面损失率与质量损失率在理论上是相等的,遵循线性关系。因此模拟钢筋模型截面均匀缩减的计算结果,与钢筋均匀锈蚀产生的效果是一致的,从而能够间接说明钢筋的锈蚀率与接收信号的峰值之间的相互关系。模拟的结果如图 7-28、

图 7-29 所示。

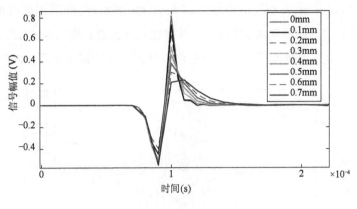

图 7-28　接收信号

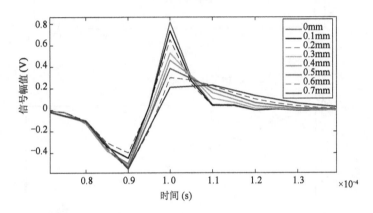

图 7-29　接收信号的局部放大

　　为实现模拟数据与试验结果的一致性,模拟中将接收到的压电传感器信号通过时间反演的方法进行模拟。其主要过程是将接收到的信号放大,并在时域内将接收信号反转。此部分模拟中,材料相关参数的设置均不发生变化。其反转信号如图 7-30 所示。

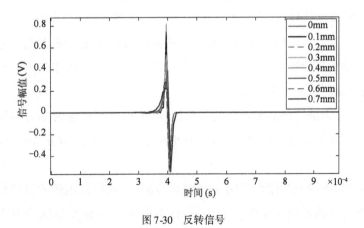

图 7-30　反转信号

最终通过传感器接收到的聚焦信号如图 7-31 所示。

通过图 7-31 可以看到,在不同截面锈蚀深度下,聚焦信号的峰值逐渐降低。由于钢筋长度为 400mm,钢筋锈蚀区的长度为 360mm,则其锈蚀长度占总长度的 90%,故基于传感器聚焦信号的峰值,可以建立钢筋截面损失率与聚焦信号峰值之间的相互关系,如图 7-32 所示。

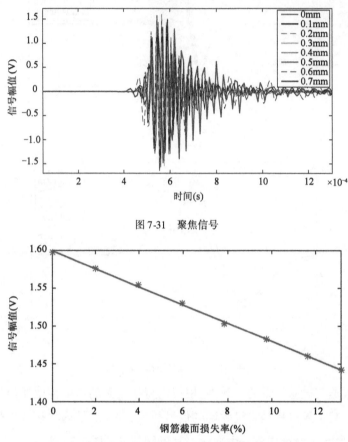

图 7-31　聚焦信号

图 7-32　钢筋截面损失率与信号峰值的关系

根据图 7-32 可知,在钢筋锈蚀监测的数值模拟中,随着钢筋截面锈蚀深度的增大,聚焦信号的幅值逐渐降低,并且截面损失率和聚焦信号的幅值保持线性关系,从而间接验证了在均匀锈蚀的情况下,钢筋的质量损失率与聚焦信号的峰值之间也存在相同的规律,因此能够间接验证 7.2 节钢筋锈蚀监测试验结果的准确性。

为了进一步验证钢筋锈蚀监测模拟的可信度,取试件模型长度为 2m,钢筋的锈蚀深度与前述相同,分为以下几种工况进行研究:0mm、0.1mm、0.2mm、0.3mm、0.4mm、0.5mm、0.6mm、0.7mm。

对于不同锈蚀深度的钢筋模型采用 ABAQUS 绘制,以此模拟钢筋的锈蚀程度。在本小节的模拟中,钢筋试件截面的损伤长度为 1.96m,其中 0.04m 为在实际试验中应用环氧树脂包裹压电传感器所需要的钢筋长度。

激励信号采用中心频率为50kHz的高斯脉冲信号,信号幅值为1V。根据前述提出的当钢筋在均匀锈蚀的情况下,钢筋的质量损失率$n(\%)$与截面损失率$n_s(\%)$在理论上保持一致,对应不同锈蚀深度下的钢筋截面损失率可通过式(7-10)计算得出。图7-33、图7-34是传感器接收信号。

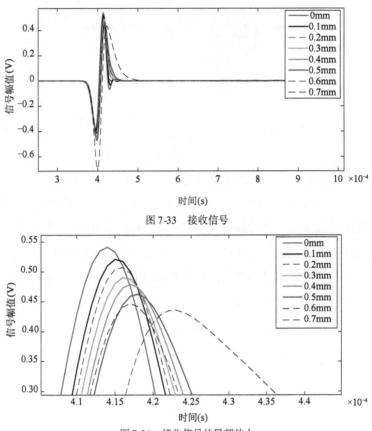

图7-33　接收信号

图7-34　接收信号的局部放大

为实现模拟数据与试验结果的一致性,模拟中将接收到的压电传感器信号通过时间反演的方法进行模拟,其反转信号如图7-35所示。

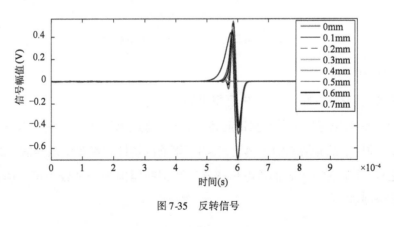

图7-35　反转信号

通过传感器接收的聚焦信号如图 7-36 所示。

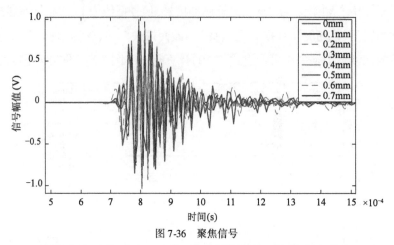

图 7-36　聚焦信号

提取图 7-36 中传感器聚焦信号的幅值可建立钢筋截面损失率与信号峰值之间的相互关系,如图 7-37 所示。从图中可得知如下结果:在钢筋锈蚀监测的数值模拟中,随着钢筋截面锈蚀深度的增大,钢筋的截面损失率逐渐增大,聚焦信号的幅值在逐渐降低,并且截面损失率和聚焦信号的幅值保持线性关系,与前述结论保持一致,因此也能够间接验证在均匀锈蚀的情况下,钢筋的质量损失率与聚焦信号的峰值之间存在相同的规律。说明此种方法的可靠性,并且对于预测钢筋的锈蚀程度有着借鉴作用。

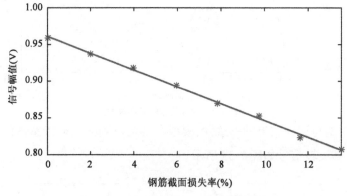

图 7-37　钢筋截面损失率与信号峰值的关系

7.3.4　小结

在压电传感器钢筋锈蚀监测模拟中可得出如下结论:

基于 ABAQUS 的压电传感器监测钢筋锈蚀程度,通过钢筋锈蚀程度模拟,给予 7.2 节以试验理论支撑,验证了试验结论的正确性,表明了钢筋的锈蚀程度和传感器信号的峰值的线性关系。除此之外,基于 ABAQUS 的压电传感器监测钢筋锈蚀是一种较为可靠的方法,能够实现锈蚀程度监测研究。

7.4　钢筋锈蚀位置的定位研究

在桥梁结构健康监测研究工作中,主要通过各种可能的、结构允许的测试手段测试桥梁结构的工作状态,并与其临界失效状态进行比较,评价其安全状况[11]。因此,对桥梁中钢筋的锈蚀损伤位置做出检测,不仅能够及时维护,而且能够减少不必要的经济损失。本节包含两部分内容:基于 ABAQUS 的钢筋锈蚀定位的数值模拟以及监测试验研究。

7.4.1　钢筋单处锈蚀定位的数值模拟

本节数值模拟采用了两种不同的试件长度,分别为 1000mm 和 2000mm,直径为 20mm。

1. 1000mm 的钢筋模型的锈蚀损伤定位

钢筋模型长度为 1000mm,直径为 20mm,损伤深度为 3mm,锈蚀损伤位置为模型的中间部位,可得如图 7-38 所示的模型。

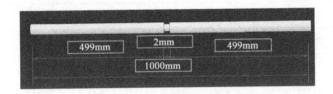

图 7-38　损伤钢筋模型

钢筋模型的两端为压电传感器,用于发射和接收信号。发射的信号为高斯脉冲信号,如图 7-39 所示。通过有限元计算得出模型试件在完整和损伤情况下接收到的信号,如图 7-40 所示。

根据图 7-39 可知,发射信号波峰对应的时间为 $T_0 = 1.5E - 5s$;根据图 7-40 中传感器接收信号波峰对应的时间,可建立发射信号波峰与接收信号波峰,见表 7-4。

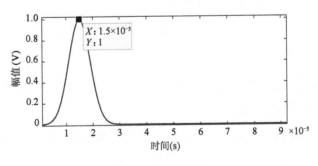

图 7-39　发射信号

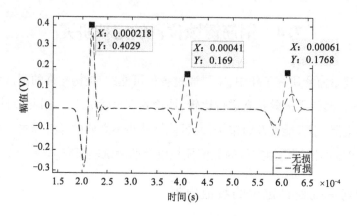

图 7-40　无损、有损模型接收信号

发射信号波峰与接收信号波峰　　　　　　　　　　　　　　表 7-4

接 收 信 号	$T_i(s)$	$\Delta t_i(s)$
无损信号第一波峰	2.18E−4	2.03E−4
无损信号第二波峰	6.1E−4	5.95E−4
有损信号第一波峰	2.18E−4	2.03E−4
有损信号第二波峰	4.1E−4	3.95E−4
有损信号第三波峰	6.18E−4	6.03E−4

注：T_i 代表接收信号波峰对应的时间；Δt_i 代表接收信号峰值对应时间与发射信号波峰对应时间的差值，$i=1$、2、3、4、5。

波速及损伤位置计算公式如下所示：

$$v = \frac{l}{\Delta t_1} = 4926(\mathrm{m/s})$$

$$s = v \times (\Delta t_3 - \Delta t_1) = 4926 \times (1.92E-4) \div 2 = 0.473(\mathrm{m})$$

式中：v——激励信号在钢筋中的传播速度；

　　　l——钢筋模型的长度；

Δt_1——信号从钢筋一端第一次到达钢筋另一端所需时间。

由此可以计算出理论损伤位置和实际损伤位置误差大小为 5.2%。

2.2000mm 的钢筋模型的锈蚀损伤定位

由于上述钢筋模型锈蚀损伤位置定义在模型中间，因此，通过改变钢筋模型损伤位置以提高可信度，从而确定钢筋的实际损伤位置。

（1）钢筋长度为 2000mm，直径为 20mm。无损模型和损伤模型如图 7-41 和图 7-42 所示。

图 7-43、图 7-44 分别为脉冲信号以及传感器接收信号。

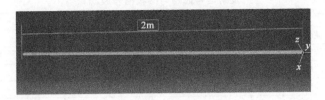

图7-41 无损钢筋模型

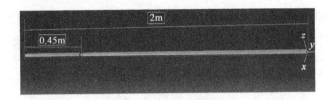

图7-42 损伤钢筋模型

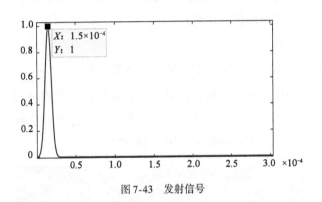

图7-43 发射信号

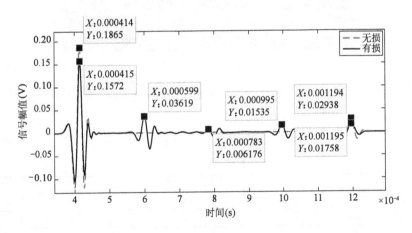

图7-44 模型无损和有损状态下接收信号

根据图7-43可知,发射信号峰值对应时间为$T_0 = 1.5\mathrm{E}-5\mathrm{s}$,根据图7-44传感器接收信号波峰对应的时间,可建立表7-5。

163

发射信号波峰与接收信号波峰   表 7-5

接 收 信 号	$T_i(\mathrm{s})$	$\Delta t_i(\mathrm{s})$
无损信号第一波峰	4.14E − 4	3.99E − 4
无损信号第二波峰	1.194E − 4	1.043E − 4
有损信号第二波峰	5.99E − 4	5.84E − 4
有损信号第三波峰	7.83E − 4	7.68E − 4
有损信号第四波峰	9.95E − 4	9.8E − 4
有损信号第五波峰	1.195E − 4	1.045E − 4

注：T_i 代表接收信号波峰对应的时间；Δt_i 代表接收信号峰值对应时间与发射信号波峰对应时间的差值，$i = 1$、2、3、4、5。

无损信号第一波峰对应时间和有损信号第一波峰对应时间在时间点处基本吻合，即可区分在不同时间下所对应的信号含义，也能确定信号在钢筋中传播速度及钢筋的损伤位置，波速及损伤位置计算公式如下：

$$v = \frac{l}{\Delta t_1} = 5012.5(\mathrm{m/s})$$

$$s = v \times (\Delta t_3 - \Delta t_1) = 5012.5 \times (1.85\mathrm{E} - 4) \div 2 = 0.464(\mathrm{m})$$

式中：v——激励信号在钢筋中的传播速度；

l——钢筋模型的长度；

Δt_1——信号从钢筋一端第一次到达钢筋另一端所需时间。

可以计算出理论损伤位置和实际损伤位置误差在工程范围之内，误差大小为 3.1%。

（2）选用如下模型，钢筋的损伤位置随意确定，现确定钢筋的长度为 2m，损伤位置中心线距离钢筋的右端为 0.699m，损伤钢筋模型如图 7-45 所示。

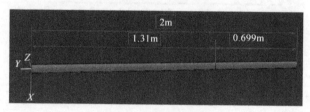

图 7-45　损伤钢筋模型

激励信号采用高斯脉冲信号，模拟压电传感器一端发射信号，另一端接收信号，可以获取如图 7-46 所示的信号。

根据图 7-46 传感器接收信号波峰对应的时间，可建立表 7-6。

发射、接收信号   表 7-6

接 收 信 号	$T_i(\mathrm{s})$	$\Delta t_i(\mathrm{s})$
无损信号第一波峰	4.15E − 4	4.0E − 4
无损信号第二波峰	1.195E − 4	1.045E − 4
有损信号第一波峰	4.15E − 4	4.0E − 4
有损信号第二波峰	6.79E − 4	6.64E − 4
有损信号第三波峰	1.197E − 4	1.047E − 4

注：T_i 代表接收信号波峰对应的时间；Δt_i 代表接收信号峰值对应时间与发射信号波峰对应时间的差值，$i = 1$、2、3、4、5。

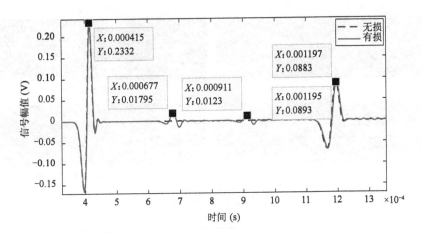

图 7-46　无损、有损模型接收信号

根据表 7-6,波速及损伤位置计算公式如下:

$$v = \frac{l}{\Delta t_1} = 5050(\text{m/s})$$

$$s = v \times (\Delta t_3 - \Delta t_1) = 5012.5 \times (2.64\text{E} - 4) \div 2 = 0.67(\text{m})$$

式中:v——激励信号在钢筋中的传播速度;

l——钢筋模型的长度;

Δt_1——信号从钢筋一端第一次到达钢筋另一端所需时间。

可以计算出理论损伤位置和实际值相差 0.029m,通过计算得出模拟误差为 4.1%,可以作为下一步试验的理论依据。

通过以上两组工况的有限元模拟可以发现,基于 ABAQUS 的压电陶瓷传感器能够检测出钢筋的损伤位置,并且误差能够控制在工程许可的范围内。

7.4.2　钢筋多处锈蚀损伤定位的模拟

在特大跨桥梁工程中,由于桥体较长,因此埋置在混凝土中的钢筋的锈蚀将会出现在不同的位置,基于前面对钢筋模型中出现的单处锈蚀的模拟,可以对钢筋多处锈蚀位置进行判定。

为了更好地区分结构的锈蚀位置,可通过建立如图 7-47 所示的 4 个模型进行比对。图 7-47a)为无损模型,模型为 $L = 2.104\text{m}$、$D = 20\text{mm}$ 的圆截面光圆钢筋;图 7-47b)可定义为 1 处锈蚀损伤;图 7-47c)为 2 处锈蚀;图 7-47d)为 1 处和 2 处锈蚀。

通过模拟可以获得不同的钢筋模型接收信号,如图 7-48、图 7-49 所示。通过对比如下 4 种传感器信号,可以计算不同锈蚀情况下所对应的时间、传播速度以及最终确定钢筋锈蚀的具体位置。

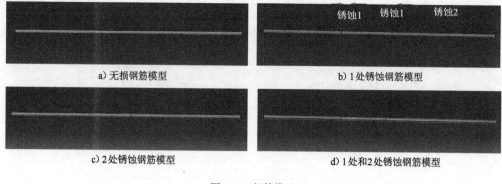

a) 无损钢筋模型　　　　　　　　　b) 1处锈蚀钢筋模型

c) 2处锈蚀钢筋模型　　　　　　　　d) 1处和2处锈蚀钢筋模型

图 7-47　钢筋模型

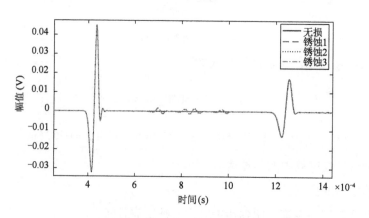

图 7-48　各工况下钢筋模型接收信号

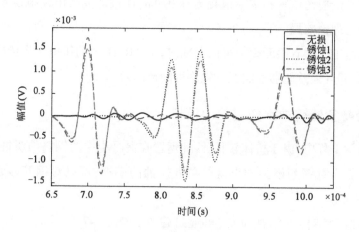

图 7-49　各工况下钢筋模型接收信号细部

对比图 7-49 中各接收信号可以发现，无损模型在第 1、2 处接收信号峰值对应时间与传感器在锈蚀 3 模型下通过接收信号波峰对应的时间保持一致。因此可以通过该对应时间与发射信号之间的时间差值计算信号在钢筋中的传播速度，再通过各锈蚀模型接收信号峰值与传感器发射信号峰值对应时间差计算钢筋的锈蚀位置。

7.4.3　钢筋锈蚀位置定位的试验研究

基于压电传感器的超声波检测技术是目前比较成熟可靠的技术。许多国内外科研人员对此种方法展开了相关研究,目前国内外主要将该技术应用于管道损伤监测,而对于钢筋锈蚀导致的损伤监测研究较少。本小节主要是通过确定超声波在钢筋中的传播特点,应用时间-波速的方法确定钢筋由于锈蚀导致损伤的位置。

体波在理想的无边界的且无限大的空间内传播时,将会出现横波(s)、纵波(p)两种波形。由于这两种波形在均匀介质中传播的波速不同,因此这两者不会发生耦合。

然而体波在有边界的构件中传播时,会在边界处出现反射现象,但是体波在有限介质中总体是沿着波导的方向传播的,因此将反射后的超声波相混合就形成了超声导波。波导结构有多种形式,例如板状、圆柱状、圆管状等。超声导波在圆柱状及圆管状波导中主要存在形式有 3 种:纵向模态、扭转模态和弯曲模态[12]。

合成波的包络在介质中的整体传播速度称为群速度。波的相位速度是指在空间中的传播速度,即波的任一频率成分所具有的相位均以速度传播。

频散表征当波在介质中传播时,波速的变化与波长或频率有关。频散现象如图 7-50 所示。

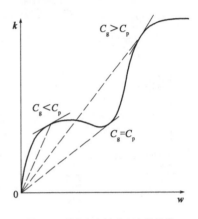

图 7-50　群速度和相速度变化曲线

7.4.4　超声导波在钢筋中的频散曲线

基于压电传感技术确定钢筋的损伤位置中,其试验所选用的钢筋为光圆钢筋,钢筋的直径为 20mm,长度为 2000mm,弹性模量为 210GPa,泊松比为 0.3,钢筋的密度为 $7850kg/m^3$。通过 MATLAB 可以求解特定频率区域中所有模态下波的频散曲线。

图 7-51 是在直径为 20mm 钢筋下求解出的群速度频散曲线及相速度频散曲线。通过图 7-51a)和图 7-51b)两图的对比可以得出,在 50kHz 附近的频率,超声导波在钢筋中只会产生 $L(0,1)$、$T(0,1)$ 与 $F(1,1)$ 3 个模态,这 3 种模态下降的坡度较为缓慢,并且可以发现 $L(0,1)$ 模态的导波在 50kHz 附近时频散相对不是特别明显,因此选取 50kHz 的信号频率作为激励频率。

7.4.5　试验仪器

本节试验中的装置主要包括功率放大器、压电陶瓷、NI-6366 采集卡以及电脑等。试验中经程序发射的脉冲信号,经过功率放大器将之放大,然后通过压电驱动器导入到钢筋试验试件中,最后压电传感器得到的信号通过程序显示并且保存,经过多次试验和采集得到最终的试验结果。图 7-52 所示为试验装置。

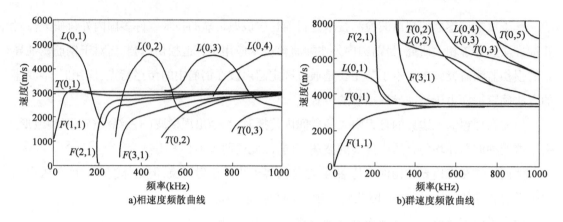

a)相速度频散曲线　　　　　b)群速度频散曲线

图 7-51　频散曲线

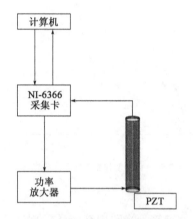

图 7-52　压电传感器检测钢筋损伤装置

本节试验中,压电陶瓷传感器的类型为 d_{33} 型,沿厚度方向发生振动。在钢筋一端粘贴压电陶瓷作为驱动器,通过钢筋传播信号,而在钢筋另一端粘贴的压电陶瓷作为传感器将压力信号转化为电压信号,从而通过采集卡被电脑储存。

在实际锈蚀过程中,钢筋会出现点蚀或均匀锈蚀等。因此,为了消减钢筋实际锈蚀所带来的不利影响,也为了模拟钢筋的锈蚀,需要用打磨机在钢筋中切出槽口。

光圆钢筋的直径为 20mm,长度为 2000mm,和模拟的钢筋模型的尺寸保持一致,钢筋的相关参数特性包括钢筋密度 $(7850kg/m^3)$、泊松比 (0.3) 和弹性模量 $(210GPa)$。

7.4.6　试验结果

对钢筋锈蚀损伤模拟,设置其锈蚀深度为 2mm,宽度为 3mm 的槽口。将钢筋损伤试件分为 4 组,并且在每根钢筋两端粘贴压电传感器,如图 7-53 所示。

图 7-53　钢筋锈蚀位置及传感器

图 7-54 所示为通过基于脉冲信号调整的五波峰信号。通过采集数据,可以获取钢筋在无损状态下的压电传感器接收的信号以及在有损状态下的压电传感器接收到的信号,如图 7-55 所示。

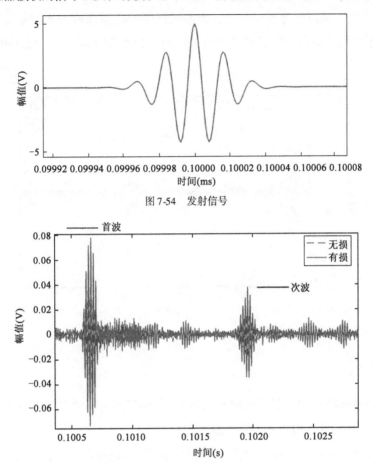

图 7-54 发射信号

图 7-55 在无损、有损状态下原始接收信号

通过图 7-55 可以得知,钢筋损伤定位试验中,由于干扰信号的影响,导致缺陷回波隐藏于干扰信号中。为提高缺陷回波的比例,降低干扰信号对其的影响,在数据处理中采用小波分解的方法来增加缺陷信号的比重,如图 7-56 所示。

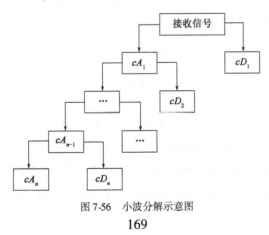

图 7-56 小波分解示意图

在无损状态下接收信号的幅值反映了信号在钢筋中反复振荡的传播特性,而通过有损状态下的接收信号可以得知,发射信号除了在钢筋两端发生反射以外,还会在钢筋的损伤部位出现反射。通过图 7-57 可以计算出该信号在钢筋试件中的传播速度为 4012m/s,因此可以通过缺陷信号与发射信号之间的时间差计算出钢筋的损伤位置距离钢筋的一端为 0.761m,实际的计算误差为 8.7%。

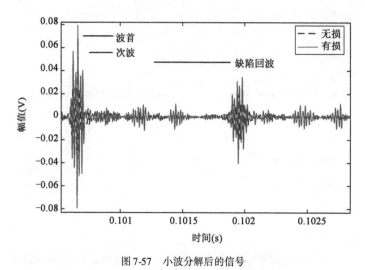

图 7-57   小波分解后的信号

7.4.7   小结

在本节钢筋锈蚀损伤定位数值模拟和试验中,主要是通过压电传感技术以及主动法监测钢筋的锈蚀损伤位置,并可得出相关的试验结论:

(1)基于 ABAQUS 有限元分析,利用主动传感技术,可以监测钢筋任意处的损伤位置。从理论上验证了能够通过时间-波速的关系确定钢筋的损伤位置。

(2)对于钢筋的多处损伤位置的确定,亦能够通过时间-波速的关系确定多处损伤,为下一步的钢筋损伤定位试验提供了一定的理论支撑。

(3)对于钢筋锈蚀损伤定位试验研究中,由于接收信号信噪比较小,无法较为直观地通过时间-波速的方法确定钢筋的锈蚀损伤位置。因此,通过小波分解方法降低干扰信号对缺陷回波的影响,提高缺陷回波的比例,对于确定钢筋的损伤位置较之前有了明显的提高。

本章参考文献

[1] 曹楚南.腐蚀电化学原理[M].北京:化学工业出版社,2008.

[2] 胡杰珍.海洋环境跃变区碳钢腐蚀行为与机理研究[M].北京:北京科技大学,2016.

[3] 张章.锈蚀钢筋混凝土梁抗弯性能试验研究[D].上海:上海交通大学,2010.

[4] Rizvi S S,Akhtar S,Verma S K. Carbonation induced deterioration of concrete structures[J]. Indian Concrete

Journal,2017,91(9):65-70.

[5] Maaddawy T A E,Soudki K A. Effectiveness of Impressed Current Technique to Simulate Corrosion of Steel Reinforcement in Concrete[J]. Journal of Materials in Civil Engineering 2003,15(1):41-47.

[6] Fink M,Prada C，Wu F,et al. In Self focusing in inhomogeneous media with time reversal acoustic mirrors[J]. Ultrasonics Symposium,1989(2):681-686.

[7] 曾严红,顾祥林,张伟平,等.混凝土中钢筋加速锈蚀方法探讨[J].结构工程师 2009,25(1):101-105.

[8] 周俊.基于封装式压电传感器的钢筋均匀锈蚀监测研究[D].哈尔滨:哈尔滨工业大学,2015.

[9] 逯彦秋,安关峰,程进.基于主动导波的钢筋锈蚀识别技术[J].北京工业大学学报,2014,40(6):865-871.

[10] 王雪慧,钟铁毅.混凝土中锈蚀钢筋截面损失率与重量损失率的关系[J].建材技术与应用,2005,(1):4-6.

[11] 黄盛楠.钢筋混凝土梁桥损伤识别方法的研究[D].北京:清华大学,2008.

[12] 秦琪.超声导波在钢筋锈蚀监测中的应用[D].济南:济南大学,2016.

第8章 基于压电传感器的 混凝土性能监测

8.1 引　言

　　土木工程结构形式复杂多变,规模大,所处环境恶劣,周围环境噪声较大。而基于波动法的健康监测对噪声较为敏感,因此在利用压电波动分析法监测土木工程结构的健康状态时,应对采集信号进行抗噪处理。由于时间反演方法具有较强的抗噪能力,并且可以使信号实现自适应聚焦,所以在土木工程结构健康监测中得到越来越广泛的应用。另外,由于压电陶瓷有着成本低廉、结构简单、可靠性好、响应速度快、频率响应范围广等优点,近年来,在土木工程中,尤其是在结构健康监测领域的应用得到了极大的关注。由压电材料的正、负压电效应而制作成的传感器和驱动器埋置到混凝土中,实时发射和采集应力波,可构成依据波动理论的压电智能混凝土的主动健康监测系统。应力波在混凝土介质中传播特性的改变是判断损伤程度的主要依据,根据接收到的信号特性参数变化,国内外诸多学者已经提出了很多的损伤指数。混凝土结构随着荷载增加不断产生微裂缝,承受荷载的能力不断降低。然而,应力波的传播特性又是如何随损伤程度变化的呢? 为解决此问题,本章应用标准混凝土试块,构建了基于波动理论的压电智能混凝土的主动健康监测系统,进行了单轴荷载破坏试验。

　　自密实混凝土(SCC)是一种新型高性能混凝土,其特点是能够在自身重量的作用下无振动地扩散,并且能够自密实而不出现离析现象。目前在自密实混凝土中使用高掺量的粉煤灰(FA)(50%)代替水泥有助于实现良好的坍落度流动。本章应用基于压电智能集料(SA)的主动传感方法来监测具有不同体积比例的灰分的 SCC 的早期水化特性,将监测结果与 SCC 和砂浆的贯入阻力力学试验进行了对比,通过比较 SA 和贯入阻力的结果,在具有高体积粉煤灰的SCC 的水化特性的情况下,本章评估了基于 SA 的测试方法的意义和可行性。

　　作为基础建筑材料,混凝土被广泛应用在土木工程领域。通常混凝土中存在缺陷,如裂缝、空隙和混合沉积物等。这些缺陷可能会损害混凝土结构的稳定性,对于二维混凝土结构,基于成像的损伤检测方法不仅能够检测出是否存在损坏,而且还能提供缺陷的位置和大小。本节提出了具有嵌入式管状压电陶瓷传感器的智能混凝土板(SCS)的概念和方法,其能够产生径向均匀的二维应力波,用于基于图像的损伤检测和健康监测(SHM)。首先,嵌入式管状压电陶瓷传感器用于在 SCS 中产生径向均匀的二维应力波。其次,通过使用不同传感器之间的直接响应,基于所提出的圆形类型延迟和求和(C-DAS)算法来实现有源声源监测。再次,将分别从无缺陷的和有缺陷的混凝土板中收集的数据相减,以获得损伤的散射信号。最后,在椭圆形延迟和求和(E-DAS)成像算法下构建损伤图像。和传统的超声损伤成像方法(如 CT 算法和迁移成像技术)相比,本章提出的方法只需要很少的传感器和简单的设备。此外,该方法也为基于成像的混凝土结构 SHM 提供了新的思路和方法。

在现代混凝土结构中,预应力混凝土结构与普通混凝土结构相比,能够有效地提升结构的刚度和承载能力,并可以延缓结构裂缝的出现,从而提高混凝土结构的耐久性。现阶段对于预应力混凝土的后张法预应力孔道的灌浆密实度的检测研究很少。本章采用压电陶瓷圆环传感器和压电陶瓷片,并结合时间反演方法和波动法的相关理论,将时间反演聚焦信号的幅值作为灌浆程度的评价指标,来判断后张法预应力孔道灌浆的程度,取得了良好的试验效果。

尽管基于阻抗的结构健康监测方法已被广泛用来检测不同类型结构中的裂缝和缺陷,但是却没有进行基于阻抗技术来检测黏结滑移损坏的相关研究。本章提出了一种使用压电陶瓷贴片的基于阻抗法来检测包裹混凝土复合结构黏结滑移的产生与发展过程新方法。包裹混凝土复合结构的构件由 I 型钢和混凝土组成。使用阻抗分析仪获得表面粘贴的压电陶瓷片的电导纳(阻抗的倒数)信号,通过均方根偏差(RMSD)计算黏结滑移损伤指数,并根据导纳信号的变化定量地确定剥离损伤的程度,试验结果证明了所提出的黏结滑移损伤检测方法是可行的。此外,还进行了基于有限元分析的数值模拟研究,进一步验证所提方法的可行性。

8.2 时间反演成像理论

时间反演技术(Time Reversal,TR)是由 M. Fink 于 1992 年首先提出的。这一技术是在时域上对所接收到的信号进行一种逆序操作,它等同于频域上的相位共轭[1]。无论是在均匀媒质环境中还是在非均匀媒质环境中,经由时间反演技术处理过的信号具有时间和空间的同步聚焦特性。而且这种时空聚焦特性对环境是自适应的,不需要获取任何的先验知识或进行任何被动控制。因此,其在通信和探测等应用领域存在巨大的潜力。由于压电材料具有双重感知和激励功能,既可作为传感器使用,也可作为接收器使用,因此压电材料对于完成时间反演操作来说是非常理想的智能材料。

时间反演是对时域信号的一种逆序操作,它将信号按照到达接收点的顺序进行前后倒转。在频域上,它等效于相位共轭。根据互易原理,时间反演具有以下特点:①在指定时间段内,时间反演场能够聚焦;②聚焦信号具有统计稳定性。时间反演这一聚焦特性体现在空间聚焦和时间聚焦两方面。所谓时间反演的时间聚焦,是指在复杂媒质中经过多径传输的各时间反演信号的最大能量会在同一时间到达目标接收点,以实现时间上的能量聚焦。而空间聚焦是指在没有任何关于目标接收点先验知识的情况下,时间反演信号会自适应地聚焦到目标接收点所在位置,以实现空间上的能量聚集。时间反演技术的这种时空聚焦特性能有效补偿非均匀复杂环境或媒质引起的信号多径延迟衰减。

时间反演的数学描述过程如下:

考虑两个传感器,分别定义为 A 和 B。向传感器 A 发送激励信号 $\nu(t)$,其傅立叶变换为 $V(\overline{\omega})$。假设通过传感器后,空间中所得到的激励信号的傅立叶变换为 $P(\overline{\omega})$。由于传感器自身具有非线性特性 $K_a(\omega)$[传感器为天线,$K_a(\omega)$ 则为天线的时域特性;若传感器为激励超声波信号的压电传感器,则 $K_a(\omega)$ 为压电传感器的电机械转化效率],$P(\overline{\omega})$ 可以表示成:

$$P(\overline{\omega}) = K_a(\omega)V(\overline{\omega}) \tag{8-1}$$

设传感器 B 的非线性特性为 $K_b(\omega)$,传感器 B 的时域输出电信号 $v_B(t)$ 可以表示为:

$$v_B(t) = \frac{1}{2\pi}\int_{-\infty}^{\infty} V(\omega)K_a(\omega)K_b(\omega)G_{ab}(\omega)e^{i\omega t}\mathrm{d}\omega \tag{8-2}$$

其中,$G_{ab}(\omega)$ 为传感器 A 到传感器 B 的传递函数,即格林函数。

出于方便的目的,我们定义 $K_{ab}(\omega) = K_a(\omega)K_b(\omega)$。对输出信号 $v_B(t)$ 进行时间反转处理,则式(8-2)的时间反演形式可以表示为[2]:

$$v_B(-t) = \frac{1}{2\pi}\int_{-\infty}^{\infty} V(\omega)K_{ab}(\omega)G_{ab}(\omega)e^{i\omega(-t)}\mathrm{d}\omega$$

$$= \frac{1}{2\pi}\int_{-\infty}^{\infty} V^*(\omega)K_{ab}^*(\omega)G_{ab}^*(\omega)e^{i\omega t}\mathrm{d}\omega \tag{8-3}$$

其中,* 表示频域上的共轭。由式(8-3)可以看出,时域上的时间反演等同于频域上的相位共轭。

在传感器 B 上,重新激励上述时间反演信号。此时,空间中的场与传感器 A 发送原始激励信号所形成的场在时序上是相反的。传感器 A 所接收到的时间反演信号可以表示为:

$$v_A(t) = \frac{1}{2\pi}\int_{-\infty}^{\infty} V^*(\omega)K_{ab}^*(\omega)K_{ab}(\omega)G_{ab}^*(\omega)G_{ab}(\omega)e^{i\omega t}\mathrm{d}\omega \tag{8-4}$$

将传感器 A 接收到的时间反演信号再次进行时间反转,得到:

$$v_A(-t) = \frac{1}{2\pi}\int_{-\infty}^{\infty} V^*(\omega)K_{ab}^*(\omega)K_{ab}(\omega)G_{ab}^*(\omega)G_{ab}(\omega)e^{-i\omega t}\mathrm{d}\omega$$

$$= \frac{1}{2\pi}\int_{-\infty}^{\infty} V(\omega)K_{ab}^*(\omega)K_{ab}(\omega)G_{ab}^*(\omega)G_{ab}(\omega)e^{i\omega t}\mathrm{d}\omega$$

$$= \frac{1}{2\pi}\int_{-\infty}^{\infty} V(\omega)K_{ab}^*(\omega)K_{ab}(\omega)G_{ab}^*(\omega)G_{ab}(\omega)e^{i\omega t}\mathrm{d}\omega$$

$$= \frac{1}{2\pi}\int_{-\infty}^{\infty} V(\omega)|K_{ab}(\omega)|^2|G_{ab}(\omega)|^2 e^{i\omega t}\mathrm{d}\omega \tag{8-5}$$

由式(8-5)可以看出,传感器 A 接收到的信号所对应的时间反演版本是近似于原始发射信号的,所以,时间反演技术可以在时域和空域上恢复发射信号,即实现时空上的聚焦。

图 8-1 和图 8-2 为整个时间反演过程。向自由空间中发送一个二阶高斯脉冲,经过空间中物体的反射和散射后,形成透射波和反射波,如图 8-1 所示。记录下反射波,并对记录下来的信号进行时间反演,然后在原接收位置进行重新发送,可以看到聚焦波形出现在原发送位置,如图 8-2 所示。时间反演在混凝土中的原理可在第 4 章 4.2 节时间反演理论中查阅,本部分不再进行阐述。

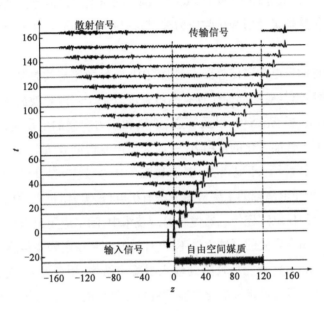

图 8-1　激励信号的正向传播过程

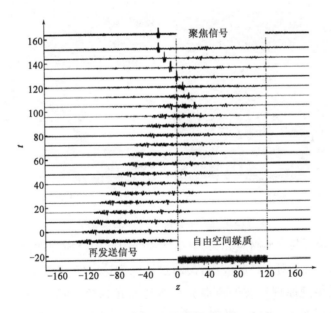

图 8-2　激励信号的逆向传播过程

8.3　混凝土单轴破坏过程监测

8.3.1　波的传播分析方法

波的传播分析方法,其原理为将两片或两片以上的压电陶瓷传感器粘贴或埋置于结构中,分别作为驱动器和传感器来发射和接收应力波,根据应力波在介质中传播性质的变化来探测结构的损伤。

在应用波动理论的压电陶瓷传感器主动监测中,一种常用形式是基于超声导波的损伤监测,这种方法的显著特点是对局部损伤具有高敏感度。基于超声导波的损伤识别方法常用于形式简单的结构,如梁、板、壳结构,以及管道、铁轨和压力容器的损伤定位和评估中[3,4]。超声波检测是反映混凝土性能变化的常用方法,因为超声波检测方法对材料微观结构变化的敏感性很高[5]。由于锆钛酸铅(压电陶瓷)具有较强的压电效应[6,7],所以被广泛用于[8,9]发射和检测超声波,而基于压电陶瓷的主要检测方法有机电(E/M)阻抗[10]和主动传感方法[11]。

在基于波动理论的压电陶瓷传感器健康监测技术中,除了应用超声导波外,另一种常用的方法为体波传播。与超声导波的测试主体不同,体波监测将压电陶瓷传感器嵌入到非薄壁、大体积结构的介质内。Song将智能集料阵列埋入混凝土结构,用于发射和接收应力波,通过传感器接收到的应力波信号能量指标变化来监测混凝土结构的损伤,如图8-3所示。

a)框架结构监测　　　　　　　　　　　　　　b)钢筋混凝土柱监测

图8-3　基于智能集料的结构健康监测

弹性波的传播速度与介质材料相关,由结构损伤引起的介质弹性性质变化会引起结构中弹性波到达时间的改变。对于膨胀波而言,通过波的到达时间,可直接反演出传播介质的弹性性质。故膨胀波波速原理是波的传播分析方法常用理论依据之一。Kee等[12]将压电陶瓷薄片传感器埋入混凝土,通过一系列试验验证了压电陶瓷传感器测试混凝土脉冲波波速的可行性。

8.3.2 试验过程

1.试验材料

采用 C25 混凝土立方体试块,材料配合比为水∶水泥∶细集料∶粗集料 = 190∶396∶698∶1046,原材料如下所示:

水泥:采用大连华能—小野田水泥有限公司生产的 PO32.5R 型水泥,具体指标见表8-1。

PO32.5R 型水泥成分及物理参数　　　　　表 8-1

化学成分(%)		烧失量(%)	细　度	凝结时间(min)		安 定 性
MgO	SO₃			初凝	终凝	沸煮
1.8	2.12	2.02	1.8	120	210	合格

细集料:河砂,细度模数为 2.8,系 Ⅱ 区中砂。表观密度为 $2620kg/m^3$,堆积密度为 $1264kg/m^3$。使用前经过烘干,含水率可忽略不计。

粗集料:粒径为 5~25mm 均匀级配。表观密度为 $2613.7kg/m^3$,堆积密度为 $1430kg/m^3$。

拌和用水:普通自来水。

压电传感器的埋置方式如图 8-4 所示。

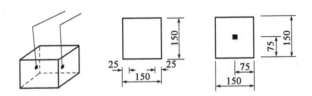

图 8-4　压电传感器的埋置方式(尺寸单位:mm)

2.试验设备和信号

声波发射和数据采集采用 PXI 虚拟仪器设备;试验的信号采用由正弦波加汉宁窗而成的脉冲信号;由于激励器所激发的应力波是多模态共存的,为了避免纵波效应与剪切波效应相互叠加,此次试验频率采用 290kHz 和 320kHz。试验发射信号如图 8-5 所示。试块加载时,荷载每增加 10kN 时收发一次应力波。

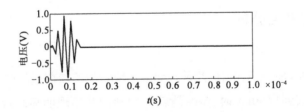

图 8-5　试验发射信号

3.试块的裂缝开展情况

由于混凝土试块的设计强度较低,"局部裂纹萌生"[13]应力较小;加载到 90kN,即 0.15 倍的极限荷载时,就到了"局部裂纹萌生"状态,出现了第一条可以目测到的裂缝。随着荷载持续增加,裂缝不断延伸,从"局部裂纹萌生"状态到"裂纹开始失稳扩展"状态并无明显界限。

4.小波阈值降噪

压电传感器容易受到电磁信号的干扰,接收到的应力波信号须进行降噪处理。小波分析具有良好的时频分析能力;阈值降噪方法能够对不同尺度上的信号分别设置阈限值,消除噪声。应用文献[14],对 Donoho[15]降噪方法改进,将 Donoho 阈值前乘以系数 λ,λ 的表达式如下:

$$\lambda = TT \tag{8-6}$$

其中,

$$T = \sum_{k=1}^{N} j^{k-1} \sum_{k=1}^{N} j^k, j = 1,2,\cdots,N \tag{8-7}$$

阈值法的表达式见式(8-8)。

$$\overline{k}_{k,j} = \begin{cases} k_{k,j} - \text{sign}(k_{k,j})\lambda \\ 0 \end{cases} \tag{8-8}$$

式中:T——阈值;

$k_{k,j}$、$\overline{k}_{k,j}$——处理前后的小波分解系数;

j——多分辨分析的分解层数的序数;

N——总的分解层数。

图 8-6 所示为降噪前后的信号对比。由此可以看出,文献[14]的阈值方法,能够很好地降低噪声,达到本次试验所需要求。

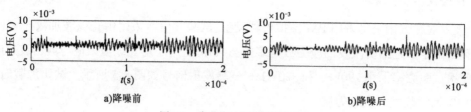

图 8-6 降噪前后的采集信号对比

8.3.3 试验结果与分析

1.剪切波速随荷载的变化

图 8-7 所示为 290kHz 和 320kHz 两种频率下的剪切波速随荷载的变化曲线。由于混凝土试块强度较低,荷载仅到达 90kN 时,微裂缝就开始延伸并出现明显表观裂缝,裂缝的不断扩展使材料弹性模量下降,承受荷载能力降低,剪切波速也随之降低。$0.6f_c \sim f_c$ 阶段,裂纹急剧扩展,剪切波速的下降速率也有增加的趋势。

2. 第一周期内信号的相对能量衰减的变化

埋置在混凝土内的压电陶瓷激励器所激发的应力波是多模态共存的,第一个周期内的试验信号,受到其他模态叠加的影响较小,更容易反映出混凝土内部损伤的变化,因此本节选用第一周期内的信号来分析。混凝土的裂缝能使信号的幅值产生衰减,幅值又是能量的外在表现之一,离散信号的能量与幅值的关系见式(8-9)[16]:

$$E = \sum_{N=-\infty}^{\infty} |x(n)|^2 \qquad (8\text{-}9)$$

零荷载情况下信号的能量为 E_0,施加荷载后信号的能量为 E_f,相对能量衰减 H 见式(8-10)。

$$H = E_0/E_f \qquad (8\text{-}10)$$

不同应力比情况下的相对能量衰减曲线如图 8-8 所示。从图中可以看出,能量衰减主要集中在 $0 \sim 0.4f_c$ 阶段,从微裂纹开始发展起,能量就急速衰减,荷载到达 $0.4 f_c$ 时,混凝土试块已经进入弹塑性状态,此时的相对能量衰减已经达到了 0.3 左右。因此,以能量衰减为指标的损伤指数,对裂纹更具有敏感性。所以本节也从另一角度验证了文献[17]损伤指数的有效性,对其相对能量衰减随损伤程度的变化研究做了补充。由于压电激励器在临近破坏阶段的损坏情况不同,在临近破坏阶段,相对能量衰减出现了差异。

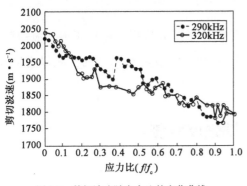

图8-7　剪切波速随应力比的变化曲线

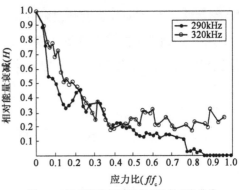

图8-8　相对能量衰减随应力比的变化曲线

3. 信号频率随荷载的变化

图 8-9 是两种频率情况下破坏前后信号的频幅图,从图中可以看出,破坏前后的主频并未发生改变,混凝土的破坏并未对信号主频产生明显影响。

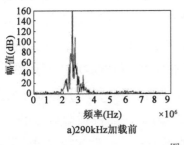

a)290kHz加载前

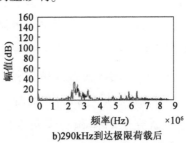

b)290kHz到达极限荷载后

图　8-9

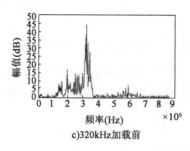
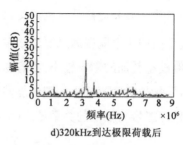

c)320kHz加载前　　　　　　　　　d)320kHz到达极限荷载后

图 8-9　两种频率下破坏前后的频幅图

8.3.4　结论

通过基于波动理论的主动健康监测系统,我们进行了混凝土标准试块的单轴破坏试验,得出了波动信号的特性随荷载的变化曲线,验证了基于波动理论的主动健康监测系统的可行性,同时也得出如下结论:

(1)裂缝的扩展使试块承受荷载的能力下降,剪切波速降低;到达极限荷载后期,剪切波速的衰减速率有所增加。

(2)对混凝土的损伤监测而言,信号的相对能量衰减是一个稳定又敏感的指标。试块应力进入弹塑性阶段,相对能量衰减仅剩下 0.3。

(3)本节的研究为损伤指数随破坏程度而变化提供了试验依据。相比于剪切波速而言,相对能量损失对加载前期的破坏更加敏感。此外,混凝土的破坏对信号的主频没有明显的影响。

8.4　混凝土早期强度监测

8.4.1　自密实混凝土介绍

自密实混凝土(SCC)是一种新型高性能混凝土,其特点是能够在自身重量的作用下无振动地扩散,并且能够自密实而不出现离析[18]。目前在自密实混凝土中使用高掺量的粉煤灰(FA)(50%)代替水泥有助于实现良好的坍落度流动。由于掺入连续级配的胶凝材料和填料,降低了颗粒间的摩擦[19,20],所以在 SCC 中粉煤灰有利于提高流动性。此外 SCC 中粉煤灰的大量应用减少了硅酸盐水泥的用量,产生较低的水化热[21],从而减少了混凝土裂缝。大量使用粉煤灰作为 SCC 生产的水泥替代品有利于混凝土可持续发展。利用粉煤灰作为水泥替代材料可以进一步探索这种矿物材料在混凝土性能中所起的作用,从而开发更环保混凝土。许多研究人员已经研究了高体积粉煤灰 SCC 的力学性能包括耐久性和可塑性[22-24]。如图 8-10 所示[25],掺入较高比例粉煤灰的 SCC 的强度比掺入纯硅酸盐水泥的混凝土低,尤其是早期强度。这可能是因为稀释效应和低火山灰反应[23,26,27]。有文献称硬化混凝土的强度主要取决于 SCC 水化过程中的固化[7]。通过使用等温量热法、热重分析（TGA）、X 射线衍射（XRD）、扫描电子显微镜（SEM）技术和孔隙溶液分析等方法[28]研究了少量石灰对掺粉煤灰水泥性能的影响、三元复合水泥中石灰石粉与粉煤灰的相互作用[29]以及高掺量粉煤灰(HVFA)——硅酸盐水泥(PC)胶结剂的物理化学性能[30]。

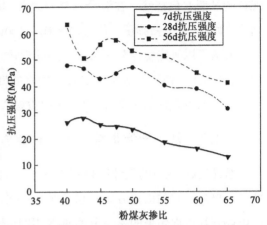

图 8-10　粉煤灰体积对不同阶段 SCC 抗压强度的影响[8]

目前为止，许多研究人员对早期混凝土水化监测进行了研究，揭示了混凝土凝固和硬化的基本过程。温度测量是监测早龄期混凝土水化的传统方法[31]，光纤传感器、红外热成像技术和热电偶用于测量水化过程中的温度变化，并且可以基于测量的温度信息估计混凝土早期强度发展[32,33]。除温度测量外，基于波传播的混凝土水化监测也受到关注[34,35]。由于超声波检测方法对材料微观结构变化的敏感性很高，因此超声波检测是检测混凝土性能变化的常用方法[36]。锆钛酸铅（压电陶瓷）[37,38]由于具有较好的压电效应[6,39]，被广泛用于发射和检测超声波。基于压电陶瓷的检测方法主要有机电（E/M）阻抗[40]和主动传感方法[41]两种方法。

压电陶瓷的阻抗对混凝土性能的变化非常敏感[42,43]，在参考文献[44]中提出了可用于监测混凝土初始水化和结构健康的压电陶瓷传感器装置，用来研究混凝土凝固和初始硬化的影响，以检测钢筋与混凝土之间的黏结性能[45]。借助模糊逻辑，文献[46]对高强混凝土的强度发展过程进行了监测，提出了基于压电陶瓷传感器 EMI 动态响应的混凝土早期强度人工神经网络估计算法[47]。Kim 等[48]提出了一种结合 EMI 方法的无线监测系统。

此外，Song 等[49]首先提出了使用压电陶瓷智能集料（SA）的主动传感方法，用于结构健康监测。此外，智能集料（SA）也被用于拟静力加载的钢筋混凝土（RC）桥梁的结构健康监测[50]。Kong 等[51]基于压缩型和剪切型智能集料，使用主动传感方法，对水泥早期水化进行监测研究。在 Kim 等[52]的研究中，使用支持向量机（SVM）对混凝土强度进行分类，根据速度变化，还可以评估早期混凝土强度[53-55]。在参考文献[56]中提出了扫频正弦波和几种常频正弦波，以全面分析混凝土非均匀、超杂波和高散射特性的水化情况。

众所周知，早期（0~24h）的混凝土水化在整个水化过程中起着非常重要的作用，在这期间，混凝土经历了从液相到硬化阶段的复杂化学反应。在 Zhu 等[57]的研究中，利用压电陶瓷弯曲元件测量 P 波和 S 波的速度，以确定在浇筑后的第一个 6h 内混凝土浆料的水化。然而，高掺量粉煤灰对 SCC 的早期水化性能的影响在现有文献尚未广泛研究。

本节应用基于压电智能集料 SA 的主动感应方法来监测具有不同体积掺量的粉煤灰的

SCC 的早期水化特性。在混凝土浇筑之前,将一对 SA 嵌入试样中。在水化过程中,一个 SA 用作激励器,发射扫频正弦信号(100Hz ~ 100kHz),另一个用作传感器以接收信号。根据接收信号幅值可以确定粉煤灰对水化作用的影响。SCC 水化过程中发现 3 种状态:①液体;②固液混合;③固体。将监测结果与 SCC 和砂浆的贯入阻力力学试验进行了对比,通过比较 SA 信号幅值和贯入阻力性的结果,评估高体积粉煤灰掺量对 SCC 水化特性的影响。

8.4.2 基于智能集料的主动传感方法

智能集料(SA)的设计原理图如图 8-11a)所示,SA 中嵌入一对共用电极的压电陶瓷片。两个压电陶瓷片的极化方向相互对立,在两个压电陶瓷片之间共用一个薄铜膜电极。在两个压电陶瓷片外面包裹的是一个铜薄膜,用于屏蔽电磁信号干扰,使用非导电环氧树脂将该屏蔽层黏合到压电陶瓷片上。铜薄膜外部涂有一层环氧树脂,一方面和两个保护层大理石粘贴,另一方面提供防水功能。每个压电陶瓷片的尺寸为 15mm × 15mm × 1mm,图 8-11b)为试验中使用的智能聚合的照片,智能集料的高度和直径分别为 20mm 和 25mm。

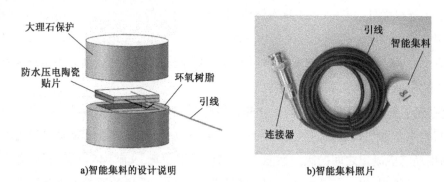

a)智能集料的设计说明　　　　　　　　　b)智能集料照片

图 8-11　智能集料示意图

由于压电陶瓷的压电特性,智能集料可以用作激励器和传感器,这里采用了主动传感方法,主动传感方法的原理图如图 8-12 所示。

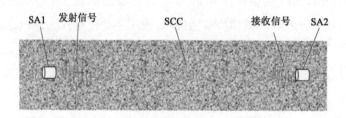

图 8-12　基于智能集料的主动传感方法示意图

每个 SCC 样本中有两个 SA:SA1 用作激励器,SA2 用作传感器。SA1 发出扫描正弦信号(100Hz ~ 100kHz)。本研究中扫描正弦信号的周期为 1s,当发出的扫频信号传播到 SA2 时,传感器检测到信号。随着水化的进行,接收信号在时域和频域上都发生变化,通过分析接收信号,可以实现 SCC 的水化特性监测。

8.4.3　小波能量分析

SCC 的水化在时域和频域上都显著地影响应力波的传播[56]。利用小波能量分析可以定量反映 SCC 水化特性变化。小波能量分析广泛用于结构健康监测[58,59]中,通过对基于小波的信号处理,文献[60]建立了复合结构的在线监测系统。Du 等[61]开发了一个基于小波的损伤指数矩阵来评估管道结构的裂缝损伤。Zhang 等[62]应用小波分析监测脚手架连接的松动情况。

在早期水化监测过程中,在第一个 24h 内每 0.5h 记录一次接收信号,第 k 个 0.5h($k=0$,1,2,$\cdots$,48)接收信号可以表示为 H_k,应该注意到 $k=0$ 代表水化作用的开始。通过 n 级小波能量分解,接收信号 H_k 被分解为 $n+1$ 不同频率范围的信号集 S_{1k},S_{2k},$\cdots$,S_{nk},S_{n+1k}。每个信号集可以表示为 X_{ij}^k。

$$X_{ij}^k = \left[X_{i1}^k, X_{i2}^k, X_{i3}^k, \cdots, X_{im}^k \right] \tag{8-11}$$

其中 $i=1,2,\cdots,n+1$,$j=1,2,\cdots,m$(m 是每组中的样本数[63]),每组 S_{1k},S_{2k},$\cdots$,S_{nk},S_{n+1k} 的能量可以通过以下公式计算:

$$E_H^k = \sum_{j=1}^m |X_{ij}^k|^2 \tag{8-12}$$

在第 k 0.5h,H_k 接收信号的能量定义为:

$$E_H^k = \sum_{i=1}^{n+1} E_i^k \tag{8-13}$$

其中,E_H^k 代表 H_k 的能量。根据 E_H^k 提出了水化反应完成指数(HCI),见式(8-14):

$$\mathrm{HCI}_l = \sum \frac{E_H^{k+1}}{E_H^k} \tag{8-14}$$

其中 HCI_l($l=k+1=1,2,3,\cdots,48$)是不同水化期间的水化完成,应该注意 $k=0$,意味着它是在水化作用开始时完成的。为了更清楚地显示结果,对水化完成指数(HCI)进行归一化处理。

$$\mathrm{NHCI}_l = \frac{\mathrm{HCI}_l - \mathrm{HCI}_1}{\mathrm{HCI}_{48} - \mathrm{HCI}_1} \tag{8-15}$$

其中,HCI_l 和 HCI_{48} 分别是在一开始(0.5h)和最后(第 24h)接收信号时计算的水化完成指数。HCI_l 是在第 1 个 0.5h 呈现标准化的水化完成指数(NHCI)($l=1,2,3,\cdots,48$)。基于所提出的新型标准水化完成指数(NHCI),可以定量且清楚地反映不同水化期间的水化特性。

8.4.4　试验设置和流程

1.试验设置

1)物料

水泥:本研究中使用的水泥是位于中国东莞的华润水泥有限公司提供的复合硅酸盐水泥,

它的等级为 C32.5,表 8-2 给出了水泥的化学成分。

粉煤灰和水泥的化学组成 表 8-2

混合物(%)	SiO₂	Fe₂O₃	CaO	K₂O	SO₃	TiO₂	MnO₂	SrO
粉煤灰	60.7	18.7	10.2	4.3	—	4.1	0.4	0.7
水泥	13.8	6.0	75.7	—	3.7	0.4	0.2	—

粉煤灰:F 型 II 级粉煤灰,通过 X 荧光射线(XFR)测定的粉煤灰的化学组成在表 8-2 中给出。

粗集料:在该试验中使用的由碎石组成的粗集料的粒度分布在 5 ~ 15mm 之间,本试验中粗集料的堆积密度和表观密度分别为 1352.67kg/m³ 和 2579.26kg/m³,它们的粒度分布见表 8-3,粗集料的筛分曲线如图 8-13 所示。

粗集料的粒度分布 表 8-3

粗　集　料		细　集　料	
筛孔孔径 (mm)	累计筛渣 (%)	筛孔孔径 (mm)	累计筛渣 (%)
19.00	0.0	4.75	2.928
16.00	0.0	2.36	11.416
9.50	16.6	1.18	23.662
4.75	94.4	0.60	42.976
2.36	99.8	0.30	76.904
底板	100.0	0.15	92.036

细集料:本研究中使用的细集料(河砂)的最大尺寸约为 5mm,堆积密度和表观密度分别为 1571.67kg/m³ 和 2666.76kg/m³,试验测试中的细集料属于中砂,由筛分试验结果提供的细度模数为 2.39。筛分试验结果和细集料的筛分曲线分别列于表 8-3 和图 8-14 中。

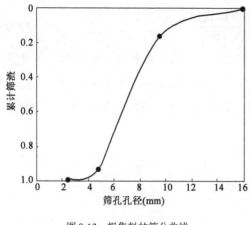

图 8-13　粗集料的筛分曲线

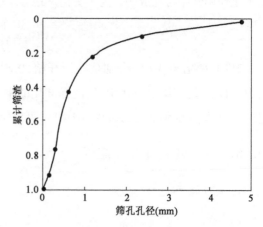

图 8-14　细集料的筛分曲线

石灰石粉：由于掺入石灰石粉末，混凝土的黏结性得到有效改善，在该试验中使用细度为 250 目筛石灰石粉末。

减水剂：Melflux2651F 高效减水剂用于改善混凝土的工作性能。

2）混合比例

所有 4 种 SCC 混合物的混合比重总结在表 8-4 中，总含量恒定为 42.264kg，粉煤灰以体积比为 20% 的间隔从 0% ~60% 替换水泥，水与水泥比和石灰石粉末与水泥比分别保持恒定在 0.343 和 0.137。

SCC 混合物的比重　　　　　　　　　　　　　　　表 8-4

试 样	粗集料（kg）	细集料（kg）	粉煤灰（kg）	水泥（kg）	水（kg）	减水剂（%）	石灰石（kg）
FA-0%	56.183	56.611	0.000	36.479	14.513	0.16	5.785
FA-20%	56.183	56.611	8.453	28.026	14.513	0.16	5.785
FA-40%	56.183	56.611	16.906	19.573	14.513	0.16	5.785
FA-60%	56.183	56.611	25.358	11.121	14.513	0.16	5.785

3）混合过程

在该测试中，建议 SCC 混合的总时间约为 6min。首先将粗集料、粉末材料（粉煤灰、水泥、石灰石粉、高效减水剂）和细集料依次倒入混凝土搅拌机中并搅拌 2min；然后缓慢加入一半质量水，混合物混合 2min；随后将剩余的水混合到混凝土搅拌机中，并且混合过程再进行约 2min。所有 SCC 样品的混合过程如图 8-15 所示。

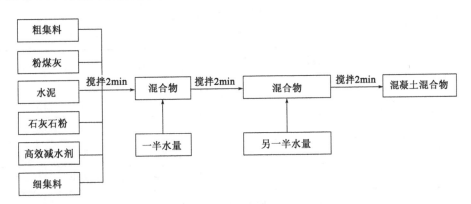

图 8-15　混凝土的混合过程

4）混凝土混合料的集料性能

对所有不同体积粉煤灰的 SCC 混合物进行了坍落度流动试验（图 8-16），研究 SCC 混合物的流动状态性能。通过坍落度流动试验，得到 T_{500}（混凝土混合物流到板 500mm 标记所需的时间）、坍落度和坍落度流动值。此外根据混合样品的观察研究了 SCC 混合物的可操作性，例如黏结性、渗出和分离。所有 SCC 混合物的性质列于表 8-5 中。

a) FA-0%

b) FA-20%

c) FA-40%

d) FA-60%

图 8-16 SCC 混凝土混合物的坍落度试验

混凝土混合料的集料性能   表 8-5

样　　本	T_{500}（s）	塌落（cm）	坍落流动（cm）	黏　结　性	渗　　出	分　　离
FA-0%	—	11.7	25.3	好	未发生	未发生
FA-20%	—	25.1	41.9	好	未发生	未发生
FA-40%	3	—	55.7	好	未发生	未发生
FA-60%	2	—	73.2	一般	未发生	未发生

据观察,当粉煤灰比例超过 40% 时,混凝土混合物的自相容性达到了自密实混凝土的要求(表 8-5 和图 8-17)。SCC 的坍落度和 T_{500} 需要在欧洲标准[64]规定的 550～850mm 和 2～5s 范围内。所有 SCC 试样都具有足够的施工可行性,然而由于使用大量的粉煤灰,FA-60% 的黏结性略低。在本试验中,使用高体积的粉煤灰产生了明显的滚珠效应,在 SCC 中产生润滑作用,增加流动能力。图 8-17 表明,随着粉煤灰体积的增加,混合物的流动能力大大提高,这意味着粉煤灰在 SCC 的流动性性质中起着重要作用。

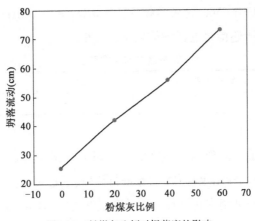

图 8-17 粉煤灰比例对坍落度的影响

2. 试验流程

1）使用压电陶瓷传感器进行主动传感

混凝土试件中 SA 的位置如图 8-18 所示。两个压电陶瓷智能集料埋置于 SCC 样本，它们距 SCC 混凝土试样的表面上为 75mm，间距为 60mm。

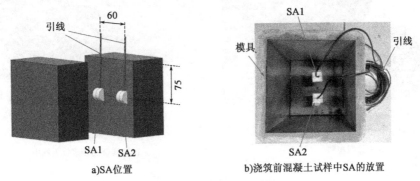

a）SA位置

b）浇筑前混凝土试样中SA的放置

图 8-18 SCC 试样（尺寸单位：mm）

该试验测试中使用的仪器如图 8-19 所示。采用数据采集设备（NI-USB 6366）产生和接收信号，并使用功率放大器放大发射信号。

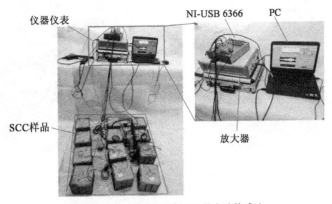

图 8-19 基于智能集料（SA）的主动传感法

本研究中使用的 NI-USB 6366 的采样频率为 1MHz,选择 100Hz～100kHz 的扫描正弦信号,信号周期是 1s。关于所述信号的详细信息见表 8-6。

发射信号的详细信息　　　　　　　　　　　　　　　　　　　　表 8-6

起始频率(Hz)	终止频率(kHz)	振幅(V)	持续时间(s)
100	100	3	1

2) 贯入阻力测试

在这项研究中,进行了一系列 SCC 试样的贯入阻力性试验,以确定 SCC 试样的初始和最终凝固时间。将贯入阻力试验结果与 SA 信号进行比较,通过贯入阻力试验,得到了贯入阻力-时间曲线,揭示了混合物的早期水化过程。初始和最终凝固时间分别由贯入阻力达到 3.5MPa 和 28MPa 的相应时间。如图 8-20 所示,在贯入阻力试验之前用 4.75mm 的筛子除去混合物的粗集料,并将剩余的砂浆倒入试验筒中,在浇铸后每小时进行贯入阻力测试(图 8-21)。

a)去除粗集料　　　　　　　　　　　　　b)将剩余的砂浆倒入桶中

图 8-20　贯入阻力试验准备

图 8-21　贯入阻力测试

8.4.5 试验结果和讨论

1.基于 SA 的测试结果

利用主动传感方法连续 24h 监测具有不同体积的粉煤灰的 SCC 的水化性能,传感器连续接收从激励器 SA 发送的传播波信号。接收响应信号在 SCC 从液态转变为硬化状态的阶段呈现出不同的时域幅度变化趋势,通过研究获得信号的特征,对 SCC 的水化性能进行了分类。

SCC 在固化的最初 24h 内的信号时域响应如图 8-22 ~ 图 8-25 所示,该试验阶段的时间间隔为 0.5h,每个图中,接收信号为完整的周期传感器信号。可以发现,每个试样在开始阶段采集到的信号幅值非常小,如图 8-22 a)所示。固化时间在 4h 内,FA-0% 试样接收电压幅值几乎相同。随着固化时间的延长,采集到的信号幅值增大,时域信号的形状随之改变。对于 FA-20%样品,这些信号的振幅在固化时间约 4.5h 时发生显著变化[图 8-22b)]。如图 8-22 ~图 8-25所示,当固化时间达到某一时刻时,所有这些信号响应都突然增强,这表明随着固化时间的推移,某一时刻内,在两个 SA 之间通过混凝土传播的能量得到显著增强,而此时刻即视为 SCC 的初始凝结时间。从图 8-22 ~ 图 8-25 中还可以发现,粉煤灰的体积含量增加会延迟接收信号由弱到强的时间,由此可以得出结论,增加 SCC 中粉煤灰的体积含量会影响微观结构的形成速度,并导致较长的初始凝固时间,例如 FA-0% 的初始凝固时间为 4h,FA-20% 为 8h,FA-40% 和 FA-60% 分别为 11h 和 16h。这是由于使用大量粉煤灰代替水泥降低了产热率,延长了水化反应时间[65]。当 SCC 初凝开始时,水泥迅速硬化,强度迅速增加,应力波通过 SCC 的传播变得更加快速,电压信号的幅值显著增强(图 8-22 ~ 图 8-25)。

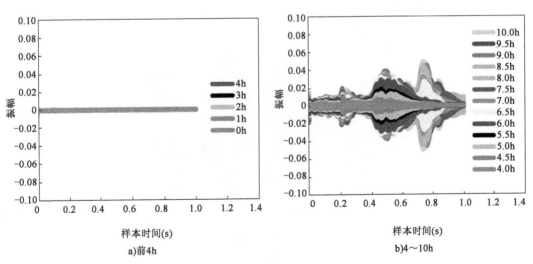

图 8-22

189

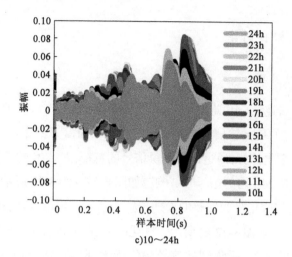

c)10～24h

图 8-22　粉煤灰的体积对水化监测时信号幅度的影响（FA-0%）

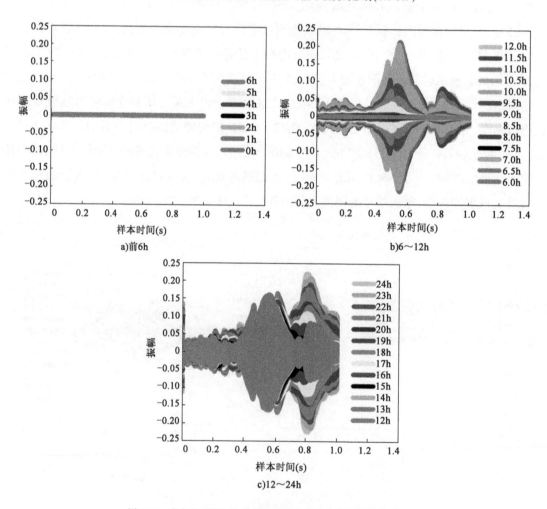

a)前6h

b)6～12h

c)12～24h

图 8-23　在水化监测（FA-20%）时,粉煤灰体积对信号幅度的影响

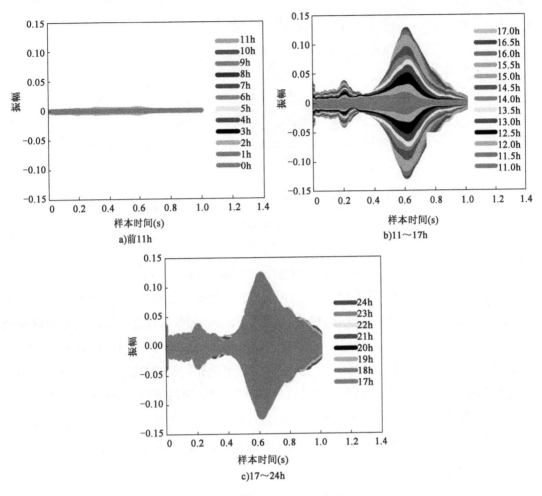

图 8-24 粉煤灰的体积对水化监测时信号幅度的影响

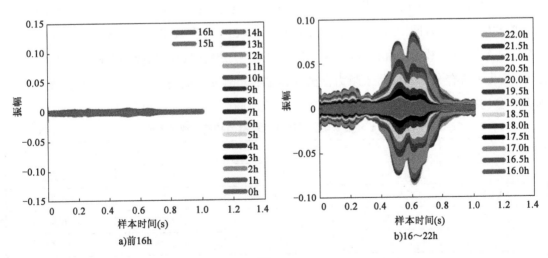

图 8-25

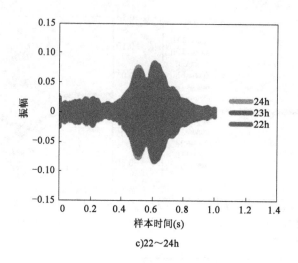

c)22～24h

图 8-25　水化监测时粉煤灰体积对信号幅度的影响（FA-60%）

从图 8-22～图 8-25 中可以看出，初凝之后，由于水化反应仍在进行，信号电压值也在增加。该阶段被定义为从液相到完全硬化的过渡阶段。此外，随着水化反应的放缓，信号幅值的增幅在某一时刻终止，例如 FA-0% 为 7h，FA-20% 为 11h，FA-40% 为 16h，FA-60% 为 21.5h，这一时刻可以被视为 SCC 的终凝时间。在此阶段之后，水化作用接近完成，电压信号幅值变得更稳定和平滑（图 8-22～图 8-25）。由试验结果可知，所有试样过渡阶段的持续时间约为 3～5h，并且增加粉煤灰的体积会导致过渡阶段的持续时间更长。这也表明，在 SCC 中粉煤灰的增加会导致水化作用的强度降低[66]。这一结果与贯入阻力试验也是符合的。

2.贯入阻力测试结果

为了验证采用基于 SA 的主动传感方法监测不同粉煤灰掺量的 SCC 水化性能的正确性，采用贯入阻力试验确定所有试样的初始凝固时间和最终凝固时间。根据建筑结构标准，SCC 的初始和最终凝固时间定义为筛分砂浆试样（图 8-21）的贯入阻力分别达到 $3.5N/mm^2$ 和 $28N/mm^2$ 的时间。图 8-26 和图 8-27 为 SCC 贯入阻力试验测定的初凝和终凝的精确时间。表 8-7 给出了所有 SCC 试样贯入阻力性试验确定的初凝和终凝时间。可以发现，粉煤灰替代水泥百分比的增加会延迟 SCC 的初始和最终凝固时间。

通过 SA 和贯入阻力试验测试获得的初凝和终凝时间　　　　表 8-7

样　　本	初　　凝		终　　凝	
	SA	贯入试验	SA	贯入试验
FA-0%	4	5.9	7	10.0
FA-20%	8	7.8	11	10.8
FA-40%	11	13.2	16	17.4
FA-60%	16	17.7	21.5	22.8

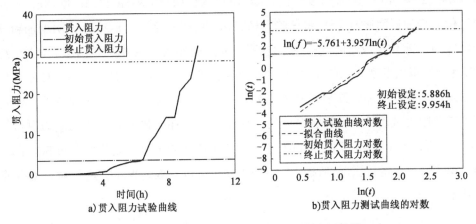

图 8-26　粉煤灰掺量为 0% 的 SCC 贯入阻力测试结果

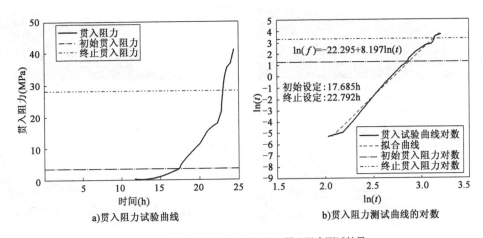

图 8-27　粉煤灰掺量为 60% 的 SCC 贯入阻力测试结果

3. 基于 SA 和贯入阻力测试的监测结果相关性

如表 8-7 所示,通过比较 SA 接收信号幅值预测的初凝和终凝时间与贯入阻力测试获得的初凝和终凝时间可以看出,两者之间有很好的相关性。这表明基于 SA 的主动传感方法可用于研究具有不同体积的粉煤灰的 SCC 的水化特性。值得注意的是,基于 SA 和贯入阻力测试的监测结果都表明,随着粉煤灰体积的增加,SCC 初凝时间增加,这表明粉煤灰掺量的增加会延缓 SCC 水化速度。

为了定量研究不同体积掺量的粉煤灰 SCC 的水化性能,提出了基于小波能量分析的标准水化完成指数(NHCI)。如图 8-28 所示,在初凝开始时,表 8-7 中所有 SCC 样品的对应 NHCI 预测值明显增加,因此所提出的 NHCI 可以清楚地反映不同水化阶段的水化特性。以没有掺入粉煤灰的 FA-0% 为例,NHCI 值在水化反应最初的 4h 内均低于 0.1。然而在第 4～5h 之间,水化速度迅速增加,此阶段即对应于该试件的初凝时间。从图 8-28 可以看出,在第 4.5h、8.5h、11.5h 和 18h,体积掺量为 0%、20%、40%、60% 的 SCC 的 NHCI 值迅速增加。这表明体积掺量为 0%、20%、40%、60% 的 SCC 的初凝时间分别为 4.5h、8.5h、11.5h 和 18h。初凝开始后,NHCI 值的增加程度逐渐降低,最终趋于稳定达到终凝硬化。图 8-28 还说明增加粉煤灰的体积会降低 SCC 水化反应速度,进而延迟初凝时间。此外,定义初凝时的 NHCI 为 N1,终凝时的 NHCI 为 N2,可以发现,N1 和 N2 之间的差异随着掺入粉煤灰量的增加而增加(见图 8-29)。这表明粉煤灰体积的增加导致 SCC 从液态到硬化状态的过渡阶段持续时间更长,这与表 8-7 中所示的贯入阻力试验结果也是相对应的。图 8-30 为 NHCI 和 SCC 的贯入阻力测试结果的比较,从图中可以看出,水化反应 24h 内,基于 NHCI 预测的水化性能的发展与 SCC 的贯入阻力性测试结果是一致的。因此,所提出的 NHCI 方法可以有效地揭示粉煤灰对 SCC 早期水化特征的影响。

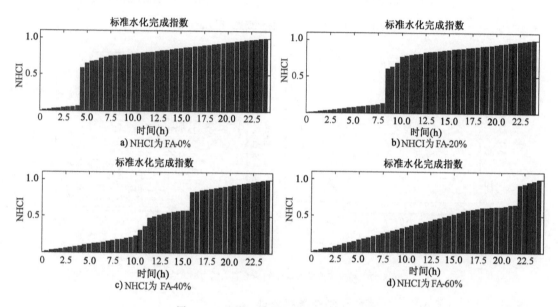

图 8-28　不同体积掺量粉煤灰的 SCC 的 NHCI

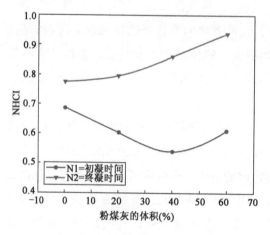

图 8-29　SCC 中粉煤灰体积对 NHCI 值的影响

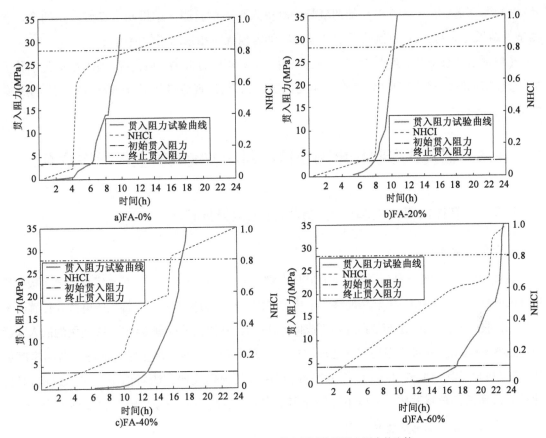

图 8-30　SCC 水化 24h 内 NHCI 值和测试结果贯入阻力的比较

8.4.6　结论

本小节采用基于压电陶瓷传感器的主动传感方法研究不同体积粉煤灰的自密实混凝土 (SCC)的水化性能。将一对智能集料(SA)埋入试样,一个作为发射器,另一个作为接收器,通过研究应力波幅值的大小,对不同粉煤灰掺量的 SCC 早期(浇铸后 24h)水化特性进行监测。通过比较贯入阻力试验结果,验证了提出方法的准确性。此外,提出的标准水化完成指数 (NHCI)可以定量地确定初凝和终凝时间。主要结论如下:

(1)粉煤灰的掺量对 SCC 中微结构的形成有着显著的影响,即粉煤灰掺量的增加减缓 SCC 的水化反应进程。

(2)通过研究一对 SA 之间应力波的幅值大小,可以将 SCC 水化反应分为 3 个水化阶段: 液相阶段、过渡阶段、硬化阶段。在液相阶段,SCC 的微观结构缓慢发生变化,SA 信号响应相应稳定;随着 SCC 进入初凝阶段,微观结构性质发生了剧烈变化,电压信号显著增强;过渡阶段为初凝到终凝时间,当进入终凝时,SCC 水化作用变缓,即为硬化阶段,此阶段电压信号的振幅变得稳定。

（3）基于 SA 信号预测 SCC 的初凝与终凝贯入阻力试验测试结果吻合良好。这两个试验测试的结果还表明，SCC 过渡阶段的持续时间随着粉煤灰掺量的增加而延长。

（4）通过小波分析，定量评价了不同体积粉煤灰 SCC 的水化完成情况，提出标准化水化完成指数（NHCI）。通过 NHCI 值和贯入阻力的测试结果，发现该指数可以作为 SCC 的早期水化性能评估依据。

8.5　嵌入式管状压电陶瓷传感器的智能混凝土板损伤检测

8.5.1　智能混凝土板和嵌入式管状压电陶瓷传感器

1. 智能混凝土板

智能混凝土板（SCS）是利用嵌入式管状压电陶瓷传感器和 DAS 成像原理来实现混凝土板的快速健康监测。在 SCS 结构中，利用能够产生均匀径向二维应力波的嵌入式管状压电陶瓷传感器来产生和接收应力波。和 CT 与数据迁移等成像方法一样，在提出的检测方法中，所使用的嵌入式超声传感器位置固定，并且不需要移动超声波探头。因此，SCS 使得混凝土结构的健康监测速度更快，而且更自动化。此外，由于 DAS 的特性，和传统的损伤成像方法对损伤对比度成像相比，此种方法所需的传感器较少。以下详细介绍了嵌入式管状压电陶瓷传感器和 DAS 成像方法。

2. 嵌入式管状压电陶瓷传感器

嵌入式管状压电陶瓷传感器用于产生均匀径向的二维应力波，基于采集信号成像实现对混凝土板进行损伤检测，如图 8-31 所示。与传统的压电陶瓷片一样，管状压电陶瓷传感器受到应力或是应变时产生电荷。同时，管状压电陶瓷传感器在施加电场时也会产生应力或应变。由于这些特性，管状压电陶瓷传感器可用作激励器或传感器。

图 8-31　管状压电陶瓷传感器

传统的压电陶瓷片用于激励器与结构耦合时，产生的应力波是垂直于贴片的极化面传播的，这种应力波在二维面上不均匀。为了解决这个问题，本节采用嵌入式管状压电陶瓷传感器来产生径向均匀的二维应力波。由于管状压电陶瓷的特性，应力波几乎垂直于管的圆形外表面产生。这种激振方式可以在混凝土板中实现沿管状压电陶瓷传感器径向方向的均匀致动，为基于应力波的板状混凝土结构原位成像损伤检测提供有效手段。

传统的嵌入式压电陶瓷贴片和本节提出的嵌入式管状压电陶瓷传感器在混凝土板中产生应力波,如图 8-32 所示。如图 8-32a)所示,对于传统嵌入式压电陶瓷片,产生的应力波几乎可以被认为是一维的。如果损伤位于波传播区域的外部,则传统压电陶瓷片检测不到该损伤。而嵌入式管状压电陶瓷传感器产生的应力波在二维面上是各个方向且均匀的,如图 8-32b)所示。从图中可以清楚地看出,嵌入式管状压电陶瓷传感器监测区域被扩大了。

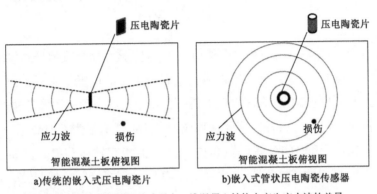

图 8-32 不同压电陶瓷传感器在二维混凝土结构中产生应力波的差异

8.5.2 成像方法

1. 有源声源监测

为了在混凝土结构中定位有源声源,首先应考虑空间分布阵列的性质,如图 8-33 所示。为方便起见,假设混凝土板中的激励器是有源声源。共有 N 个嵌入式管状压电陶瓷传感器,位于 $r_i(x_i+y_i)$ 的 i 传感器代表激励器,其中 $N-1$ 个传感器位于 $r_i(x_i+y_i)$ $(j\neq i)$ 接收响应信号。任何点之间的距离 D_{aj} 位于 $r_a(x_a+y_a)$ 混凝土板中,每个接收器都可以表达为:

$$D_{aj} = \sqrt{(x_j - x_a)^2 + (y_j - y_a)^2} \tag{8-16}$$

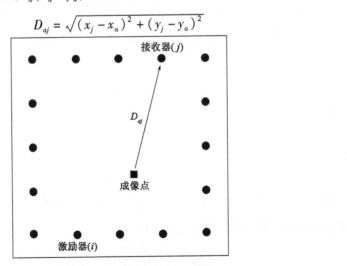

图 8-33 圆形类型延迟求和(C-DAS)算法

假设混凝土中应力波的传播速度 v_g 是常数,并且可以通过试验来测量。因此,从任意点 $r_a(x_a+y_a)$ 到达相应接收器的波所需的时间可以表示为:

$$T_{aj} = \frac{D_{aj}}{v_g} \tag{8-17}$$

根据将空间位置转换为时间位置的 DAS 算法,如果存在 $N-1$ 个接收器,则对于混凝土板的监视区域中的给定点,图像将被收缩为:

$$I_a(x,y) = \sum_{j=1,j\neq i}^{N-1} \hat{Y}_j(T_{aj}) \tag{8-18}$$

其中,$I_a(x,y)$ 是位置 (x_a+y_a) 处的图像值,$\hat{Y}_j(t)$ 是 j 接收器接收信号的包络。

显然,当 $r_a=r_i$,则 $T_{aj}=T_{ij}$ 时,最大像素值表示有源声源的位置。实际上,本节提出的有源声源监测方法是从传统的 E-DAS 算法推广出来的。由于有源声源的图像是通过使用每个接收器接收信号的中心绘制圆而获得的,因此这种成像方法可以概括为 C-DAS 算法。圆的半径可由空间位置[式(8-16)]和时间位置[式(8-17)]之间的相互转换获得。例如,如果声源位于图 8-33 中的成像点,则声源和接收器(j)之间的距离是 D_{aj},并且到达时间是 D_{aj}/v_a,圆的点的像素值是 $\hat{Y}_j(D_{aj}/v_g)$,其中心位于半径为 D_{aj} 的接收器(j)处。

2. 损伤成像

这里提出的损伤成像方法为有基准方法。也就是说,需要根据健康状况的响应来获得由损伤引起的散射信号。假设无损伤试件和有损伤试件的反应之间的变化只是由损伤引起的。因此,散射信号可以通过基线减法获得:

$$Y_{idj}(t) = Y_{ij}(t) - Y_{ijb}(t) \tag{8-19}$$

其中,$Y_{ij}(t)$ 和 $Y_{ijb}(t)$ 分别是在混凝土结构中有和没有缺陷的接收信号。

具有单一损坏的检测区域如图 8-34 所示。对于激励器和传感器对 ij,如果在某个任意点 $r_d(x_d,y_d)$ 处存在损坏,则散射信号到达接收器的距离 D_{idj} 是发射器与损坏之间的距离,以及损坏与接收器之间的距离为:

$$D_{idj} = \sqrt{(x_i-x_d)^2+(y_i-y_d)^2} + \sqrt{(x_j-x_d)^2+(y_j-y_d)^2} \tag{8-20}$$

如上所述,假设混凝土结构中的应力波 v_g 的速度是常数,激励器和传感器对 ij 之间的损坏的传播时间可以表示为:

$$T_{idj} = \frac{D_{idj}}{v_g} \tag{8-21}$$

由于采用了 N 个传感器,根据再现原理,$N(N-1)/2$ 可能的发射器和传感器对之间的散射信号是独立的。因此,检测区域的图像可以重建为:

$$I_d(x,y) = \sum_{i=1}^{N-1}\sum_{j=i+1}^{N} \hat{Y}_{idj}(T_{idj}) \tag{8-22}$$

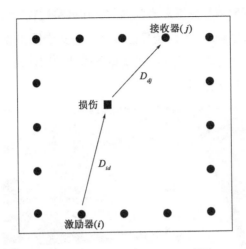

图 8-34 椭圆形延迟求和(E-DAS)算法

其中,$I_d(x,y)$是位置(x,y)处的重建图像的像素值,$\hat{Y}_{idj}(t)$是由损坏引起的散射信号的包络。

8.5.3 试验装置

为了验证所提出的基于嵌入式管状压电陶瓷传感器的有源声源监测损伤成像方法,进行了 SCS 验证试验。

1. 试样

试样是尺寸为 1000mm × 1000mm × 200mm 的 SCS。在浇筑混凝土之前,将 8 个管状压电陶瓷传感器放入木制模具中。由于压电陶瓷材料非常脆弱,为了保护压电陶瓷传感器免受混凝土结构浇铸过程中的振动损坏,在管状压电陶瓷传感器的表面上预先涂覆一层环氧树脂层。此外,环氧树脂层还起到为管状压电陶瓷传感器提供绝缘和防水功能。管状压电陶瓷传感器通过木制模具中的环氧树脂粘接到金属杆上的指定位置,传感器的安装位置和木制模具如图 8-35 所示。

在本小节中,管状压电陶瓷传感器的内径、外径和高度分别为 20mm、16mm 和 25mm。值得注意的是,管状压电陶瓷传感器的高度小于混凝土板,相对于传统压电陶瓷,管状压电陶瓷传感器在产生应力波时具有扩散角,高度差不会影响提出的损伤成像方法的有效性。安装传感器后进行混凝土浇筑,混凝土参数见表 8-8。粗集料的平均直径为 15mm。

混 凝 土 的 参 数   表 8-8

水 (kg/m³)	水泥 (kg/m³)	砂子 (kg/m³)	石子 (kg/m³)
175	398	676	1201

2. 数据采集

数据采集系统包括计算机、多功能数据采集卡(NI-USB 6366)和用于压电陶瓷功率放大器。使用 LabVIEW 系统完成信号生成和采集过程。在试验过程中,激励信号是由多功能数据采集卡产生并施加到嵌入式管状压电陶瓷传感器上。采集卡同步收集嵌入式管状压电陶瓷传感器的信号响应,采样速率为 2M/s。然后,调制高斯脉冲的固定增益设为 10,功率放大器带宽为 0~150kHz。图 8-36 为检测流程图。

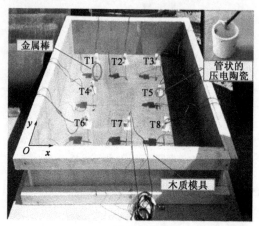

图 8-35 管状压电陶瓷传感器和木制模具

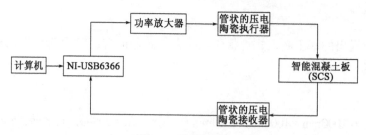

图 8-36 试验流程图

通常发射频率越高,就越能实现更好的空间分辨率。然而,混凝土结构中高频信号的衰减非常严重,这就降低了传感器监测频率范围。从多功能数据采集卡输出的激励信号是在窄频带上具有 75kHz 中心频率的超声调制高斯脉冲,如式(8-23)和图 8-37 所示。

$$V(t) = Ae^{-k(t-d)^2}\cos\left[2\pi f_c(t-d)\right] \tag{8-23}$$

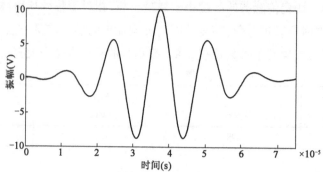

图 8-37 检测信号

激励幅度为 $A = 10\text{V}$ 时,调制高斯脉冲的延迟为 $d = 37.5\mu\text{s}$,中心频率为 $f_c = 75\text{kHz}$,参数为 $k = 3.39 \times 10^9$。

在收集基准响应之后,在 SCS 试件中钻出直径为 15mm 的通孔以表示损坏。然后,针对缺陷情况收集不同传感器之间的接收信号。嵌入式管状压电陶瓷传感器的位置列于表 8-9 中。整个试验装置如图 8-38 所示。

传感器和损坏的坐标 表 8-9

损伤坐标 D1(mm)	管状压电陶瓷坐标(mm)			
	T1	T2	T3	T4
	(250,750)	(500,750)	(750,750)	(250,500)
(700,500)	T5	T6	T7	T8
	(750,500)	(250,250)	(500,250)	(750,250)

图 8-38 试验装置

为了最小化低频环境噪声和高频电子噪声的影响,首先对所有接收信号进行滤波。激励信号的中心频率为 75kHz,可以考虑的实际频率范围约为 50kHz ~ 100kHz。因此,使用 4th-Butterworth 带通滤波器对在传感器处接收的原始脉冲响应进行去噪。值得注意的是,噪声包含许多组成部分,例如 50Hz 附近的电力干扰和环境机械振动。然而,噪声抑制问题不是我们研究的焦点。

从损伤处反射的信号可以通过在调制的高斯脉冲下从损伤板的响应中减去无边界板的基线响应来获得。应该注意的是,在未损伤的情况和有损伤的情况的响应之间的基线减法之后的变化被假定为仅由该试验中的损伤引起,并且对温度变化的补偿方法进行了广泛的研究[33]。因此,这里不再介绍具体的补偿方法。

通过基于式(8-18)利用每个激励器和传感器对之间的直接响应信号来实现有源声源监测,并且根据式(8-22)使用散射信号对损伤进行成像。通过时间窗口移除从边界反射的信号。

在有源声源监测情况或损坏成像情况下，来自传感器的第一个到达信号[图 8-39b)中虚线之间的部分]比来自边界的信号更早到达。因此，为简单起见，在第一个到达信号之后的后续到达信号被矩形时间窗滤出。

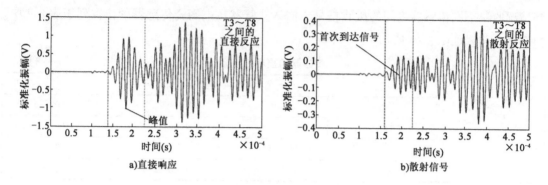

图 8-39　不同传感器 T3 ~ T8 之间的信号

此外，为了消除由不同的激励器和传感器对之间由于传播距离差异引起的伪像，所有滤波的信号根据间接到达和直接到达进行缩放。信号归一化如下：

$$\hat{S}_i(t) = \frac{S_i(t)}{Amp_i} \sqrt{\frac{D_1}{D_i}} \tag{8-24}$$

式中：$S_i(t)$、$\hat{S}_i(t)$——原始和缩放信号；

Amp_i——第一个到达的原始信号的最大值；

D_1、D_i——参考距离和不同激励器-传感器对之间的距离。

8.5.4　试验结果和讨论

1.有源声源监测结果

应力波 v_g 的速度可以根据每对传感器-传感器对之间的距离以及激励信号和接收信号之间的时间差来确定。本研究中应力波的平均速度 v_g 约为 $3800\mathrm{m} \cdot \mathrm{s}^{-1}$，相对误差小于 $\pm 2.6\%$。根据式(8-18)，基于测量速度构建检测区域的图像，并且通过像素值的最大值来缩放计算结果。

为了更好地验证所提出的有源声源监测方法的有效性，SCS 试样中的每个嵌入式管状压电陶瓷传感器用作激励器(有源声源)时，其余嵌入式管状压电陶瓷用作传感器。根据每个传感器的直接接收信号构建检测区域的图像，结果如图 8-40 所示。图 8-40 的 8 个图像根据像素值较大的区域(灰色区域)分别有效地定位有源声源。如图 8-40 清楚地显示了根据每个接收到的响应信号绘制的圆形轨迹，其中符号"o"表示有效源，符号"+"表示相应接收器的位置。

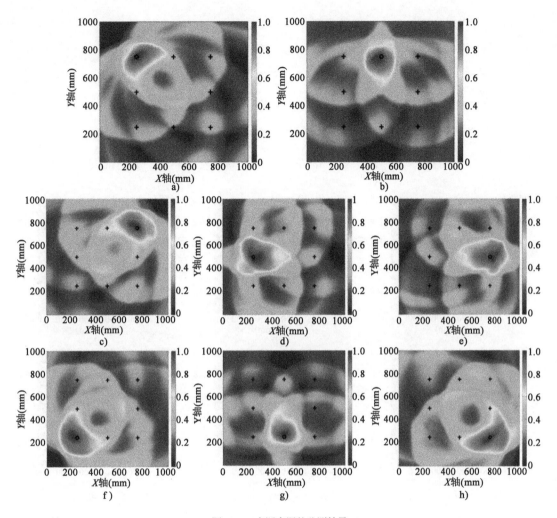

图 8-40 有源声源的监测结果

为了使图像更简洁,将成像结果的 −1.5dB 区域显示在图 8-41 的 8 个图像中。从图中可以看出,每个有源声源都可以清晰地成像,成功显示每个激励源的位置。因此,所提出的有源声源定位方法为混凝土损伤识别提供了一种可行方法。同时,该方法也可用于校准嵌入式管状压电陶瓷传感器本身的位置。

2. 损伤成像结果

利用所提出的方法,可以根据式(8-22)来构造检测区域的图像,并且通过像素值的最大值来缩放计算结果。由于互易性原理,所有嵌入式管状压电陶瓷传感器可以获得 28 个独立的散射信号。如图 8-42a)所示,可以通过灰色区域显示损伤的位置。由于损伤图像是基于每个激励器和传感器对记录的散射信号覆盖的椭圆构造的,因此可以在检测区域中清楚地看到椭圆轨迹。为了更加清楚地显示损伤位置,将成像结果的 −1.5dB 区域单独绘出,如图 8-42b)所示,其中符号"x"表示损伤位置。

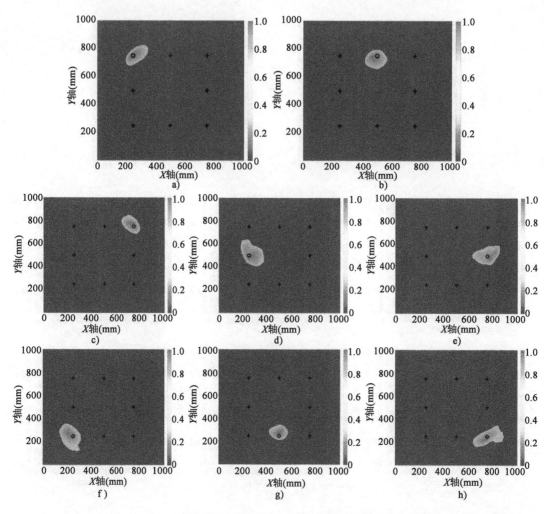

图 8-41　有源声源 - 1.5dB 有效监测结果

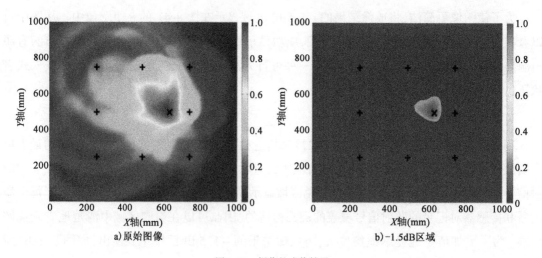

图 8-42　损伤的成像结果

3. 讨论

根据以上分析,基于管状压电陶瓷传感器的成像方法为混凝土板状结构的健康状况提供了简单可行的方法。由于管状压电陶瓷传感器可以沿着径向方向产生径向均匀的应力波,与传统的压电陶瓷贴片相比,它们具有更大的监测面积并且更适合于二维混凝土板的损伤成像。同时,可以根据本节提出的 C-DAS 算法和 E-DAS 算法检测有源声源和损伤。所提出的监测方法不仅可以估计损伤位置,还可以估计有源声源的位置。与传统的混凝土成像方法(如基于超声 CT 和数据迁移算法的损伤成像方法)相比,本章提出的方法为现场混凝土损伤监测提供了一种可靠且经济可行的方法。然而,本方法仍然存在一些问题,例如,损伤图像的区域与通孔的直径(或深度)之间的关系仍有待研究。同时,由于 DAS 型成像方法的特点,分辨率仍有待提高。此外,还需要研究所提出的方法对多个缺陷和裂纹(扩展缺陷)的有效性。下一步,我们的研究工作将涉及噪声和其他干扰的影响以及算法的发展,以尽量减少其不利影响。

8.5.5 结论

本节提出了 SCS 的概念和成像损伤监测方法,用于在线监测混凝土结构的健康状况。分别采用 C-DAS 算法和 E-DAS 算法定位有源声源和混凝土板中的损伤。同时,由于它们可以在径向方向上产生均匀的二维应力波,相比于常规压电陶瓷片,嵌入式管状压电陶瓷传感器增加了监测区域。嵌入式管状压电陶瓷传感器混凝土板的试验结果表明,该方法不仅能够成功地检测出有源声源的位置和实际的通孔损伤,还可以估算出损伤的严重程度。综上所述,所提出的智能混凝土结构的概念为进行现场损伤检测和混凝土板的 SHM(例如桥面板、剪力墙)开辟了新的方法。

8.6 混凝土结构密实度监测

在现代混凝土结构中,预应力混凝土结构与普通混凝土结构相比,能够有效地提升结构的刚度和承载能力,并可以延缓结构裂缝的出现,从而提高结构的耐久性。由于预应力混凝土结构具有上述优点,在实际工程中得到广泛重视,大范围应用在桥梁工程中。根据预应力施加方式的不同,预应力混凝土结构可以分为先张法预应力结构和后张法预应力结构两种[67]。采用后张法施工的混凝土结构施工速度快、建设成本低,不需固定的台座设备,不受地点限制,适用于施工现场生产大型预应力混凝土构件。因此,后张法预应力结构在众多预应力结构中占有很大比例[68]。对于应用后张法的预应力结构而言,预应力孔道的灌浆是一个重要的步骤,用来保证预应力钢筋与水分和空气隔离。但是在实际工程中,由于后张法预应力孔道通常布设于混凝土结构的内部,所以观察后张法预应力孔道的灌浆密实度是十分困难的。一旦后张法预应力孔道灌浆不饱满就可能导致预应力钢筋的腐蚀,并导致混凝土与预应力钢筋之间黏结能力下降,进而导致工程结构的安全性出现问题[69],甚至导致结构的倒塌。在全球范围内,由于压实灌浆不良而导致预应力钢筋腐蚀引起的事故,在后张拉预应力桥梁中非常普遍。例如,2000 年京广铁路石家庄段的百孔大桥由于预应力钢筋腐蚀导致突然坍塌[70],2011 年 7 月钱江三桥的引桥由于预应力钢筋腐蚀导致突然坍塌[71]。因此,后张法预应力孔道的灌浆密实度对于保证结构的安全性和耐久性至关重要,所以实际工程中需要特别注意后张法预应力孔道的灌浆密实度[72]。

现阶段对于后张法预应力孔道的灌浆密实度检测方式主要有探地雷达法、冲击回波法和超声探测法[73]等。在实际工程中后张法预应力孔道的材质主要有塑料、金属和复合编织材料等。Han 等[74]应用冲击回波法检测管道灌浆质量,但由于需要多次改变冲击源与接收传感器的位置,所以对于实际检测来说工作量十分巨大。Muldoon 等[73]应用探地雷达法和超声波法监测管道灌浆质量,但超声探测法需要采用多接口的采集设备,并需要对接收到的应力波信号进行波形分析,因此在实际中遇到的困难比较大[75]。而金属预应力管道具有电磁屏蔽的效应,会导致采用探地雷达对后张法预应力孔道的灌浆密实度探测的准确性下降[76]。本节采用压电陶瓷圆环传感器和压电陶瓷片,并结合时间反演方法和波动法的相关理论,将时间反演聚焦信号的幅值作为灌浆程度的评价指标,来判断后张法预应力孔道灌浆的程度,取得了良好的试验效果。

8.6.1 试验设计

本试验采用可径向均匀驱动圆环和 d_{33} 模式压电陶瓷片作为测试传感器,如图 8-43 所示。在试验中,将压电陶瓷圆环传感器(PZT 圆环)安装在中央的后张法预应力钢筋上,将 3 个 d_{33} 模式压电陶瓷片(PZT A、PZT B 和 PZT C)分别布设在预应力管道的顶部、75% 位置处和底部,传感器的布设与时间反演过程如图 8-44 所示,试件的三维模型和传感器布设如图 8-45 所示。

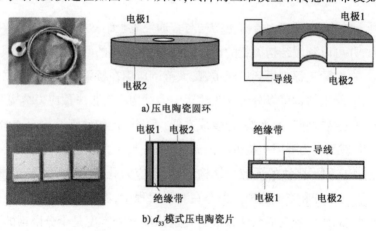

a)压电陶瓷圆环

b)d_{33}模式压电陶瓷片

图 8-43　压电陶瓷圆环与压电陶瓷片

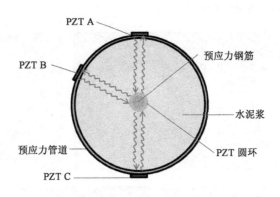

图 8-44　传感器布设与时间反演过程示意图

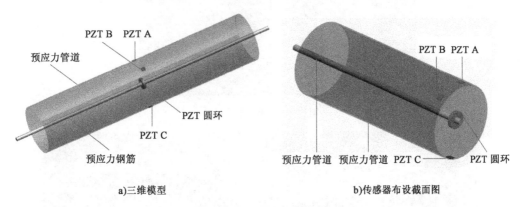

a)三维模型　　　　　　　　　　　b)传感器布设截面图

图 8-45　三维模型与传感器布设截面图

　　在试验过程中,对压电陶瓷圆环进行激励产生应力波,当预应力管道的内部存在水泥浆介质时,应力波就可以通过水泥浆介质传播,并被外表面的压电陶瓷片接收;将外表面的压电陶瓷片接收到的应力波信号在时域内进行反序变换并放大回传,回传信号经水泥浆介质的传播后被压电陶瓷圆环接收,故压电陶瓷圆环可接收到时间反演聚焦信号。只要压电陶瓷圆环与外表面的压电陶瓷片之间存在水泥浆介质,应力波就可以通过水泥浆进行传播,进而压电陶瓷圆环就可以接收到时间反演聚焦信号。因此,只要时间反演聚焦信号的幅值存在突变,即可认为水泥浆到达相应位置。在试验过程中,将 3 个 d_{33} 模式压电陶瓷片(PZT A、PZT B 和 PZT C)分别布设在预应力管道的顶部、75% 位置处和底部。由于应力波在介质中的传播服从费马原理[77],因此,试验可有效地监测 50%、75% 和 100% 灌浆水平,监测原理如图 8-46 所示。

　　试验设备包括测试试件、数据采集卡(NI-USB 6366)、笔记本电脑和功率放大器。测试试件采用内径为 100mm 的金属预应力管道,在预应力管道的两端用标注有刻度的透明有机玻璃进行封闭以观察灌浆水平,并将 3 个 d_{33} 模式压电陶瓷片(PZT A、PZT B 和 PZT C)分别布设在预应力管道的顶部、75% 位置处和底部。信号由数据采集卡产生并由功率放大器进行信号放大,然后传到压电陶瓷圆环驱动器并用采集卡收集由压电陶瓷片传感器接收到的信号。试件与设备分别如图 8-47 和图 8-48 所示。

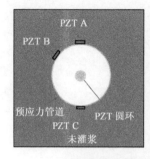 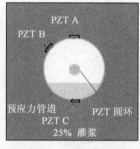 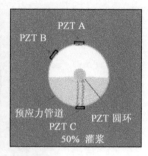

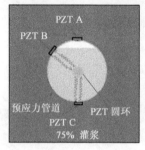 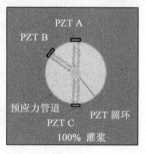

图 8-46　灌浆监测原理图

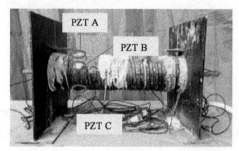 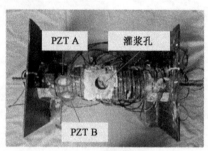

a)正视图　　　　　　　　　　　　　b)俯视图

图 8-47　测试试件

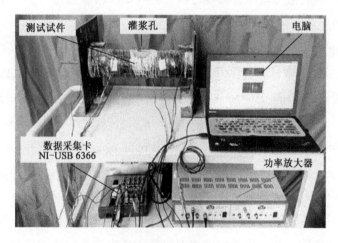

图 8-48　试验设备

208

8.6.2　试验过程

试验中,水泥浆通过灌浆孔灌注,同时预应力管道内部的空气通过灌浆孔排出。由于试验采用时间反演聚焦信号的幅值作为灌浆程度的评判指标,因此不需要分析时间反演聚焦信号的波形。考虑到实际工程结构所处的环境较为复杂,存在各种频率的信号干扰,因此本试验采用宽频的脉冲信号作为激励信号。试验测试过程按照图8-46进行,试验中后张法预应力管道的灌浆过程如图8-49所示。

a)未灌浆　　　b)25%灌浆　　　c)50%灌浆　　　d)75%灌浆　　　e)100%灌浆

图8-49　处在5个不同灌浆水平的测试试件

(1)未灌浆:由于预应力管道内部没有水泥浆,缺乏传递应力波的介质,所以由压电陶瓷圆环激励发出的应力波信号不能被粘贴在预应力管道外表面的压电陶瓷片 PZT A、PZT B 和 PZT C 检测到,因此压电陶瓷圆环也不可能接收到时间反演聚焦信号。

(2)25%灌浆:当预应力管道灌浆水平达到 25%时,水泥浆并未填满压电陶瓷圆环与压电陶瓷片之间的空隙,因此由压电陶瓷圆环发出的应力波信号不能被压电陶瓷片 PZT A、PZT B 和 PZT C 检测到,因此压电陶瓷圆环也不可能接收到时间反演聚焦信号。

(3)50%灌浆:当预应力管道灌浆水平达到 50%时,由中央压电陶瓷圆环发出的应力波通过水泥浆介质传播到达 PZT C,然后将压电陶瓷片 PZT C 接收到的信号在时域内进行反序变换并放大回传。

(4)75%灌浆:当预应力管道灌浆水平达到 75%时,由中央压电陶瓷圆环发出的应力波通过水泥浆介质传播到达压电陶瓷片 PZT B,然后将压电陶瓷片 PZT B 接收到的信号在时域内进行反序变换并放大回传。

(5)100%灌浆:当预应力管道灌浆水平达到 100%时,由中央压电陶瓷圆环发出的应力波通过水泥浆介质传播到达压电陶瓷片 PZT A,然后将压电陶瓷片 PZT A 接收到的信号在时域内进行反序变换并放大回传。

在 50%灌浆、75%灌浆和 100%灌浆情况下压电陶瓷圆环都可以接收到时间反演聚焦信号。因此,通过观测时间反演聚焦信号的峰值变化情况,可以实现灌浆水平达到 50%、75%和 100%的有效监测。如果合理地改变粘贴在外表面的压电陶瓷片的粘贴位置或者增加外表面压电陶瓷片的数量,即可更加准确地监测到各种灌浆水平。例如,在外表面 85%位置处粘贴压电陶瓷片,即可以监测到灌浆到达85%的位置处。由上面的分析可以得出,传感器信号的强度或时间反演信号的聚焦仅取决于灌浆条件,而不是管道的材料类型。因此,该方法可以应用于常用的塑料、复合材料或钢材料的管道。

8.6.3 试验结果

根据试验可知,未灌浆时预应力管道内部不存在水泥浆,缺乏传递应力波的介质,所以由压电陶瓷圆环激励产生的应力波信号不能被粘贴在预应力管道外表面的压电陶瓷片(PZT A、PZT B和PZT C)接收,因此压电陶瓷圆环也不可能接收到时间反演聚焦信号,所以所有压电陶瓷片(PZT A、PZT B和PZT C)接收到的信号均为噪声信号。当预应力管道灌浆水平达到50%时,由中央压电陶瓷圆环发出的应力波可通过水泥浆介质传播到达PZT C,然后将PZT C接收到的信号在时域内进行反序变换并放大回传,其中反向回传信号的电压放大25倍。因此,压电陶瓷圆环在灌浆到达50%时可接收到时间反演聚焦信号。压电陶瓷圆环与PZT C在灌浆水平为0%和50%灌浆水平时的时域信号如图8-50和图8-51所示。当预应力管道灌浆水平达到75%或100%时,由于压电陶瓷圆环与压电陶瓷片之间的空隙被水泥浆介质填充,因此压电陶瓷圆环接收到的时间反演聚焦信号的峰值会突然增大。压电陶瓷圆环与PZT B或PZT A在灌浆水平为75%和100%时接收到的时间反演聚焦信号分别如图8-52和图8-53所示。分析时间反演聚焦信号可知,聚焦信号并未实现完全重构,原因在于采用的脉冲信号的频带范围较宽且试验过程中为了排除低频噪声干扰采用了高通滤波器,因此聚焦信号的波形重构受到了一定程度的影响。

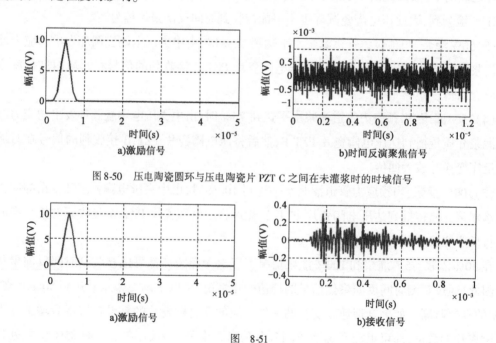

图8-50 压电陶瓷圆环与压电陶瓷片PZT C之间在未灌浆时的时域信号

图 8-51

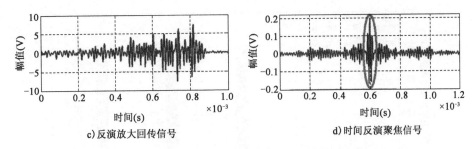

c) 反演放大回传信号　　　　　　　　　d) 时间反演聚焦信号

图 8-51　压电陶瓷圆环与压电陶瓷片 PZT C 之间在 50% 灌浆时的时域信号

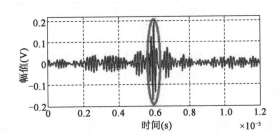

图 8-52　压电陶瓷圆环与压电陶瓷片 PZT B 之间在 75% 灌浆时接收到的时间反演聚焦信号

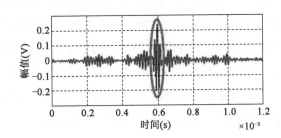

图 8-53　压电陶瓷圆环与压电陶瓷片 PZT A 之间在 100% 灌浆时接收到的时间反演聚焦信号

　　压电陶瓷圆环在灌浆水平分别为 0%、25%、50%、75% 和 100% 时接收到的时间反演聚焦信号的峰值如图 8-54 所示。由图 8-54 可得,在未灌浆和灌浆水平为 25% 时,由于压电陶瓷圆环和压电陶瓷片之间没有介质可以传播应力波,因此,时间反演聚焦信号的峰值几乎为零。当预应力管道灌浆水平达到 50% 时,压电陶瓷圆环与 PZT C 之间充满水泥浆,因此应力波可通过水泥浆介质传播,所以时间反演聚焦信号的峰值急剧增加。相似地,当预应力管道灌浆水平达到 75% 和 100% 时,压电陶瓷圆环与 PZT B 或 PZT A 之间充满水泥浆,所以压电陶瓷圆环与 PZT B 或者压电陶瓷圆环与 PZT A 之间的时间反演聚焦信号的峰值均会突然增加。此外,当压电陶瓷圆环与某一压电陶瓷片(PZT A、PZT B 和 PZT C)之间的空隙被水泥浆填满后,则该压电陶瓷片(PZT A、PZT B 和 PZT C)与压电陶瓷圆环之间的时间反演聚焦信号的峰值,几乎不会随着灌浆过程的继续而发生变化。

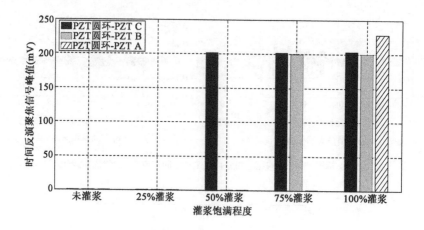

图 8-54　聚焦信号峰值与灌浆程度之间的关系

8.6.4　试验结论

针对预应力管道灌浆不充分的问题,本章提出了一种基于波动法和时间反演理论去监测预应力管道灌浆密实度的方法。该方法既可应用于金属预应力管道,也可应用于塑料或者复合材料预应力管道。具体方法为:将压电陶瓷圆环安装在预应力钢筋上,并将分布式的压电陶瓷片粘贴在预应力管道的外表面上,通过压电陶瓷圆环接收到的时间反演聚焦信号的峰值变化情况监测预应力管道的灌浆质量。试验结果表明,通过监测压电陶瓷圆环接收到的时间反演聚焦信号的峰值变化情况可以实现对预应力管道灌浆质量的有效监测。因此,在实际工程结构中,将压电陶瓷传感器合理地布设于相应位置就可以实现预应力管道灌浆密实度的监测,当时间反演聚焦信号峰值出现突然增大时,即表明灌浆达到相应的位置。

本章参考文献

[1]　Lerosey G,De R J,Tourin A,et al. Time reversal of electromagnetic waves[J]. Physical Review Letters,2004,92 (19):193904.

[2]　Wang C H,Rose J T,Chang F K. A synthetic time-reversal imaging method for structural health monitoring[J]. Smart Materials & Structures,2004,13(2):415-423.

[3]　Wandowski T,Malinowski P,Ostachowicz W. Guided waves-based damage localization in riveted aircraft panel [C]//Health Monitoring of Structural and Biological Systems,2013.

[4]　Wang X,Tse P W,Mechefske C K,et al. Experimental investigation of reflection in guided wave-based inspection for the characterization of pipeline defects[J]. NDT & E International,2010,43(4):365-374.

[5]　朱金颖,陈龙珠,严细水. 混凝土受力状态下超声波传播特性研究[J]. 工程学,1998,15(3):3-5.

[6]　Jiang T,Kong Q,Wang W,et al. Monitoring of Grouting Compactness in a Post-Tensioning Tendon Duct Using Piezoceramic Transducers[J]. Sensors,2016,16(8):1343.

［7］ Feng Q,Kong Q,Jiang J,et al. Detection of Interfacial Debonding in a Rubber-Steel-Layered Structure Using Active Sensing Enabled by Embedded Piezoceramic Transducers［J］. Sensors,2017,17(9):2001.

［8］ Wang T,Song G B,Wang Z G,et al. Proof-of-concept study of monitoring bolt connection status using a piezoelectric based active sensing method［J］. Smart Materials and Structures,2013,22(8):5.

［9］ Shao J H,Wang T,Yin H Y,et al. Bolt Looseness Detection Based on Piezoelectric Impedance Frequency Shift［J］. Applied Sciences-Basel,2016,6(10):11.

［10］ Huo L S,Chen D D,Liang Y B,et al. Impedance based bolt pre-load monitoring using piezoceramic smart washer［J］. Smart Materials and Structures,2017,26(5):7.

［11］ Huo L S,Wang B,Chen D D,et al. Monitoring of Pre-Load on Rock Bolt Using Piezoceramic Transducer Enabled Time Reversal Method［J］. Sensors,2017,17(11):12.

［12］ Kee S H,Zhu J Y. Using piezoelectric sensors for ultrasonic pulse velocity measurements in concrete［J］. Smart Materials and Structures,2013,22(11):11.

［13］ 陈惠发.混凝土和土的本构方程［M］.北京:中国建筑工业出版社,2005.

［14］ 赵晓燕,李宏男.一种改进的小波分析消噪方法及其在健康监测中的应用［J］.振动与冲击,2007,26(10):137-139.

［15］ Donoho D L,Mallat S,Sachs R. Estimating covariances of locally stationary processes:consistency of best basis methods ［C］// Proceedings of International Symposium on Time-Frequency and Time-Scale Analysis (TFTS-96),Paris,France,1996:337-340.

［16］ 孙威.利用压电陶瓷的智能混凝土结构健康监测技术［D］.大连:大连理工大学,2009.

［17］ Yan S,Sun W,Song G,et al. Health monitoring of reinforced concrete shear walls using smart aggregates. Smart Materials & Structures,2009,18(4):3149-3160.

［18］ Sonebi M,Bartos P J M. Filling ability and plastic settlement of self-compacting concrete［J］. Materials & Structures,2002,35(8):462-469.

［19］ Kovler K,Roussel N. Properties of fresh and hardened concrete［J］. Cement & Concrete Research,2011,41(7):775-792.

［20］ Khayat,K H. Workability,testing,and performance of self-consolidating concrete［J］. Materials Journal,1999,96(3):346-353.

［21］ Madhavi T C,Raju L S,Mathur D,et al. Durabilty and Strength Properties of High Volume Fly Ash Concrete［J］. Journal of Civil Engineering Research,2014,4(2A):7-11.

［22］ Dinakar P,Babu K G,Santhanam M. Durability properties of high volume fly ash self compacting concretes［J］. Cement & Concrete Composites,2008,30(10):880-886.

［23］ Dinakar P,Reddy M K,Sharma M. Behaviour of self compacting concrete using Portland pozzolana cement with different levels of fly ash［J］. Materials & Design,2013,46(4):609-616.

［24］ Durán-Herrera A,Juárez C A,Valdez P,et al,Evaluation of sustainable high-volume fly ash concretes［J］. Cement & Concrete Composites,2011,33(1):39-45.

［25］ 周玲珠,郑愚,罗远彬,等.高粉煤灰掺量自密实混凝土性能研究[J].混凝土,2017(11):63-67.

［26］ Bouzoubaâ N,Zhang M H,Malhotra V M. Mechanical properties and durability of concrete made with high-volume fly ash blended cements using a coarse fly ash[J]. Cement & Concrete Research,2001,31(10): 1393-1402.

［27］ Atiş C D. Strength properties of high-volume fly ash roller compacted and workable concrete,and influence of curing condition[J]. Cement & Concrete Research,2005,35(6):1112-1121.

［28］ Weerdt K D,Haha M B,Saout G L,et al. Hydration mechanisms of ternary Portland cements containing limestone powder and fly ash[J]. Cement & Concrete Research,2011,41(3):279-291.

［29］ De Weerdt K,Kjellsen K,Sellevold E,et al. Synergy between fly ash and limestone powder in ternary cements [J]. Cement and concrete composites,2011,33(1):30-38.

［30］ Berry E E,Hemmings R T,Cornelius B J. Mechanisms of hydration reactions in high volume fly ash pastes and mortars[J]. Cement & Concrete Composites,1990,12(4):253-261.

［31］ Branco F A,Mendes P,Mirambell E. Heat of hydration effects in concrete structures[J]. Materials Journal, 1992,89(2):139-145.

［32］ Zou X,Wu N,Tian Y,et al. Miniature fiber optic temperature sensor for concrete structural health monitoring [J]. Proceedings of SPIE - The International Society for Optical Engineering,2012,8345(9):83454V.

［33］ Xu Q,Ruiz J M,Hu J,et al. Rasmussen,Modeling hydration properties and temperature developments of early-age concrete pavement using calorimetry tests[J]. Thermochimica Acta,2011,512(1):76-85.

［34］ Voigt T,Grosse C U,Sun Z,et al. Comparison of ultrasonic wave transmission and reflection measurements with P- and S-waves on early age mortar and concrete[J]. Materials & Structures,2005,38(8):729-738.

［35］ Voigt T,Ye G,Sun Z,et al. Early age microstructure of Portland cement mortar investigated by ultrasonic shear waves and numerical simulation[J]. Cement & Concrete Research,2005,35(5):858-866.

［36］ 郭永彦. 超声波法探测混凝土内部缺陷研究[J].混凝土,2017,39(7):154-156.

［37］ Wang T,Song G,Wang Z,et al. Proof-of-concept study of monitoring bolt connection status using a piezoelectric based active sensing method[J]. Smart Materials & Structures,2013,22(8):087001.

［38］ Shao J,Wang T,Yin H,et al. Bolt looseness detection based on piezoelectric impedance frequency shift[J]. Applied Sciences,2016,6(10):298.

［39］ Feng Q,Kong Q,Jiang J,et al. Detection of Interfacial Debonding in a Rubber-Steel-Layered Structure Using Active Sensing Enabled by Embedded Piezoceramic Transducers[J]. Sensors,2017,17(9):2001.

［40］ Huo L,Chen D,Liang Y,et al. Impedance based bolt pre-load monitoring using piezoceramic smart washer[J]. Smart Materials and Structures,2017,26(5):057004.

［41］ Huo L,Wang B,Chen D,et al. Monitoring of Pre-Load on Rock Bolt Using Piezoceramic-Transducer Enabled Time Reversal Method[J]. Sensors,2017,17(11):2467.

［42］ Mccarter W J. A parametric study of the impedance characteristics of cement-aggregate systems during early hydration[J]. Cement & Concrete Research,1994,24(6):1097-1110.

[43] Talakokula V, Bhalla S, Gupta A. Monitoring early hydration of reinforced concrete structures using structural parameters identified by piezo sensors via electromechanical impedance technique[J]. Mechanical Systems & Signal Processing,2018,99:129-141.

[44] Yang Y, Divsholi B S, Soh C K. A Reusable PZT Transducer for Monitoring Initial Hydration and Structural Health of Concrete[J]. Sensors,2010,10(5):5193-5208.

[45] Tawie R, Lee H K. Impedance-based monitoring of bonding between steel rebar and concrete[C]. Proceedings of SPIE in Sensors and Smart Structures Technologies for Civil, Mechanical, and Aerospace Systems, 2010:764721.

[46] Choi S K, Tareen N, Kim J, et al. Real-Time Strength Monitoring for Concrete Structures Using EMI Technique Incorporating with Fuzzy Logic[J]. Applied Sciences,2018,8(1):75.

[47] Kim J, Lee C, Park S. Artificial neural network-based early-age concrete strength monitoring using dynamic response signals. Sensors,2017,17(6):1319.

[48] Kim J W. Real-time strength development monitoring for concrete structures using wired and wireless electro-mechanical impedance techniques[J]. Ksce Journal of Civil Engineering,2013,17(6):1432-1436.

[49] Song G, Gu H, Mo Y L, et al. Health monitoring of a concrete structure using piezoceramic materials[J]. in Smart Structures and Materials. 2005.

[50] Kong Q, Robert R H, Silva P, et al. Cyclic crack monitoring of a reinforced concrete column under simulated pseudo-dynamic loading using piezoceramic-based smart aggregates[J]. Applied Sciences,2016,6(11):341.

[51] Kong Q, Song G. A Comparative Study of the Very Early Age Cement Hydration Monitoring using Compressive and Shear Mode Smart Aggregates[J]. IEEE Sensors Journal,2016,17(2):256-260.

[52] Oh T, Kim J, Zhang A, et al. Concrete strength evaluation in an early-age curing process using SVM with ultrasonic harmonic waves[J]. Insight-Non-Destructive Testing and Condition Monitoring,2016,58(11):609-616.

[53] Yoon H, Kim Y J, Kim H S, et al. Evaluation of Early-Age Concrete Compressive Strength with Ultrasonic Sensors[J]. Sensors,2017,17(8):1817.

[54] Lee C, Park S, Bolander J E, et al. Monitoring the hardening process of ultra high performance concrete using decomposed modes of guided waves[J]. Construction and Building Materials,2018,163:267-276.

[55] Kim J W, Kim J, Park S, et al. Integrating embedded piezoelectric sensors with continuous wavelet transforms for real-time concrete curing strength monitoring[J]. Structure & Infrastructure Engineering, 2015, 11(7): 897-903.

[56] Kong Q, Hou S, Ji Q, et al. Very early age concrete hydration characterization monitoring using piezoceramic based smart aggregates[J]. Smart Materials & Structures,2013,22(8):085025.

[57] Zhu J, Tsai Y T, Kee S H. Monitoring early age property of cement and concrete using piezoceramic bender elements[J]. Smart Materials & Structures,2011,20(20):115014.

[58] Ravanfar S A, Razak H A, Ismail Z, et al. A Hybrid Procedure for Structural Damage Identification in Beam-Like Structures Using Wavelet Analysis[J]. Advances in Structural Engineering,2015,18(11):1901-1913.

215

［59］ Xu B,Zhang T,Song G,et al. Active interface debonding detection of a concrete-filled steel tube with piezoelectric technologies using wavelet packet analysis［J］. Mechanical Systems & Signal Processing,2013,36(1): 7-17.

［60］ Sohn H,Park G,Wait J R,et al. Wavelet-based active sensing for delamination detection in composite structures ［J］. Smart Materials and structures,2003,13(1):153.

［61］ Du G,Kong Q,Zhou H,et al. Multiple Cracks Detection in Pipeline Using Damage Index Matrix Based on Piezoceramic Transducer-Enabled Stress Wave Propagation［J］. Sensors,2017,17(8):1812.

［62］ Zhang L,Wang C,Song G. Health status monitoring of cuplock scaffold joint connection based on wavelet packet analysis［J］. Shock and Vibration,2015:695845.

［63］ Huo L,Chen D,Kong Q,et al. Smart washer-a piezoceramic-based transducer to monitor looseness of bolted connection［J］. Smart Material Structures,2017,26(2):025033.

［64］ Nagaratnam B H,Faheem A,et al. Mechanical and durability properties of medium strength self-compacting concrete with high-volume fly ash and blended aggregates［J］. Periodica Polytechnica Civil Engineering,2015, 59(2):155-164.

［65］ Schutter G D,Bartos P J M,Domone P,et al. Self-Compacting Concrete［M］. Boca Raton:CRC Press,2008.

［66］ Baert G, De Belie N, De Schutter G. Thermal analysis of cement－fly ash pastes ［C］. Proceedings of the 5th International RILEM Symposium on Self-Compacting Concrete,Ghent,2007:583-588.

［67］ 刘彦.后张法锚具变形预应力损失的简化计算［J］.沈阳建筑大学学报(自然科学版),2012,28(4): 645-649.

［68］ 张武毅.预应力孔道灌浆密实度检测评价技术体系的研究［J］.四川理工学院学报:自然科学版,2015. 28(1):46-49.

［69］ 张俊光,张勇.冲击回波在预应力混凝土桥梁孔道压浆质量检测中的应用［J］.内蒙古公路与运输,2015 (1):37-39.

［70］ Zhu E Y,Liu C,He L,et al. Stress Analysis and Experimental Verification on Corroded Prestressed Concrete Beam［J］. Key Engineering Materials,2006:302-303,676-683.

［71］ 徐莹.岩土预应力锚固工程注浆无损检测及其应用研究［D］.重庆:重庆交通大学,2012.

［72］ 李达,屈仆,赵颖超.冲击回波法主频在预制箱梁压浆密实度检测中的应用［J］.筑路机械与施工机械化,2013,30(12):83-86.

［73］ Muldoon R,Chalker A,Forde M C,et al. Identifying voids in plastic ducts in post-tensioning prestressed concrete members by resonant frequency of impact-echo,SIBIE and tomography［J］. Construction & Building Materials,2007,21(3):527-537.

［74］ Han Q B,Cheng J,Fan H H,et al. Ultrasonic Nondestructive Testing of Cement Grouting Quality in Corrugated Pipes Based on Impact-echo［J］. Journal of Advanced Concrete Technology,2014,12(11):503-509.

［75］ 刘洋希.基于冲击回波法的预应力管道压浆质量检测［D］.长沙:湖南大学,2013.

［76］ Zou C J,Chen Z Z,Dong P,et al. Influencing factors on impact-echo characteristic frequency in a box beam

［J］. Journal of Vibration & Shock,2010,29(7):126-131.

［77］ 朱自强,密士文,鲁光银,等.金属预应力管道注浆质量超声检测数值模拟［J］.中南大学学报(自然科学版),2012,43(12):4888-4894.

第9章 基于压电传感器宽频响应的多功能监测

9.1 引 言

压电陶瓷传感器具有较宽的频率响应范围,宽频响应特性是压电陶瓷传感器具有多功能特性的主要原因之一。被动监测中,在 0～300kHz 的宽频范围内,压电陶瓷传感器的信号成分往往是低频结构应力响应信号和结构内部破坏所致高频声发射信号的组合。然而,目前在应用压电陶瓷传感器的结构健康监测中,往往仅用到某一段频率范围的传感器信号,且监测目标比较单一。近年来,随着数据采集仪器和数字信号处理技术的进步,利用高频采集仪器长时间采集压电陶瓷传感器的宽频响应信号已成为可能。对压电陶瓷的低频应力响应信号和高频声发射信号加以区分和利用,能够降低成本,使压电陶瓷传感器发挥更多用途,达到事半功倍的效果。

本章分析了压电陶瓷传感器在混凝土结构监测中的多功能应用,提出了一种应用压电陶瓷传感器进行振动测试和声发射监测的多功能监测方法。利用小波 Mallat 分解提取压电陶瓷传感器信号的振动响应成分和声发射成分;以钢筋混凝土梁动态弯曲破坏试验为例,分析了压电陶瓷传感器在混凝土构件监测中的多功能应用;进行了钢筋混凝土框剪结构模型的地震破坏试验,利用压电陶瓷传感器的多功能性,同时进行结构的振动监测和声发射监测。

9.2 声发射信号与结构振动信号

9.2.1 声发射信号

当材料内部发生破坏时,会产生大量的能量,这些能量以弹性波的形式向四周扩散[2]。一部分弹性波被声发射传感器捕捉到,通过传感器端部的压电陶瓷,传感器将应力波转换为电信号;随后前置放大器对转换来的电信号进行放大和初步的滤波,并将这些信号导入到采集卡和主机中;通过对电信号的进一步滤波和处理,主机将声发射信号以波形的形式展现出来,并通过对波形细节的定义来获取一部分声发射常用的参考参数,如声发射事件数、幅值、能量、上

升时间、持续时间、振铃计数、频率、RMS 和 ASL
等。一个声发射事件的各特性参数如图 9-1
所示。

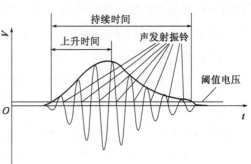

图 9-1　声发射波形与参数示意图

1）事件数

声发射事件是指声发射源一次释放能量形成
的完整的脉冲波形。声发射事件的探测，首先需
要设置阈值电压，通过在阈值电压以上的一段声
发射信号的完整包络线来判断一次声发射事件。
声发射事件数是一定测量时间内累积的声发射事
件数，揭示了材料内部断裂而导致的能量释放的频繁程度。

2）幅值

声发射幅值是指信号波形的最大幅值，表达式为：

$$A_{\mathrm{dB}} = 20\log\left(\frac{V_{\max}}{1\mu v}\right) - P \tag{9-1}$$

式中：$V_{\max}$——最大电压；

$\quad\;\; P$——前置放大器的放大倍数；

$\quad\; A_{\mathrm{dB}}$——幅值，（dB），其与材料的破坏程度有直接的关系，常被用于波源的类型鉴别、强
度以及衰减性的测量。

3）能量

声发射的能量定义为信号波形包络线下的面积，其反映了材料破坏的强度，与幅值有着相
似的特点，但是比幅值有着更好的灵敏度，能更精细地刻画破坏的程度，可用于波源类型的鉴
别。在实际运用中，更多的是使用累计能量，其定义式如下：

$$W = \sum_{i=1}^{n} A_i(t)^2 \mathrm{d}t \tag{9-2}$$

其中，W 表示声发射信号的累计能量；$A_i(t)$ 表示第 i 个声发射事件的信号。W 反映了声
发射信号的强度。尽管式(9-2)的表述没有实际的物理含义，但对于评估材料的断裂以及损伤
程度具有重要意义。Landis[3] 通过标准试件的试验证实了声发射的累计能量与水泥砂浆的断
裂有一定的相关性。

4）持续时间

声发射信号的持续时间是指信号第一次越过门槛值到最终降至门槛值以下所经历的时
间，一般以 μs 来表示。其常被用于特殊波源类型和噪声的鉴别。

5）上升时间

声发射的上升时间是指声发射信号超过阈值电压到信号峰值的持续时间。声发射的上升

时间与声发射源的断裂模式密切相关。日本建筑与材料标准（JCMS-IIIB5706）提供了一种基于声发射上升时间和持续时间的检测方法,用来判断混凝土材料的破坏模式[4]。

6）振铃计数

声发射信号的振铃计数是指通过阈值电压的脉冲计数,通常统计声发射信号上升或下降通过阈值电压的次数来计算声发射信号的振铃数。其与声发射信号的阈值电压、介质的衰减、声发射信号的峰值、频率等有关,能粗略地估计声发射信号的频率和强度,且适用于突发和连续型的声发射信号,故广泛用于材料断裂和损伤的评估中。

7）声发射信号的频率

声发射信号的频率是指通过傅立叶变换后得到的频谱分析。通过傅立叶变换或小波变换,将声发射信号从时间域转换到频率域,可以更直观地分辨出不同的破坏类型,也可以用于信号的去噪。

8）有效值电压 RMS 与 ASL

声发射的有效值电压（RMS）为采样时间内信号的均方根;声发射的平均信号电平（ASL）为采样时间内信号电平的均值。RMS 与 ASL 均与声发射信号的大小有关,其测量简单,适用于连续信号,对幅度动态范围要求高而时间分辨率要求不高的连续型信号尤为有用。

9.2.2 结构振动信号与声发射信号的识别

用于监测结构破坏历程的压电陶瓷传感器,其信号包括两部分,即振动引起的结构应力响应和结构发生破坏而引起的声发射信号。土木工程结构振动引起的结构应力信号一般集中于零到几百赫兹的低频范围,而声发射信号的频率则在上千赫兹到几兆赫兹的高频范围内分布。从频率范围上讲,两者几乎没有重叠部分,故从频率上将两者的信号进行区分是可行的。选取紧支撑的正交小波基,对压电陶瓷传感器信号 $f_{pzt}(t)$ 进行 j 级 Mallat 分解,体现结构动态特性的信号成分 S_V 是取小波分解后近似小波系数的重构信号,声发射信号成分 S_A 用细节信号的累加来表示,见式(9-3)和式(9-4):

$$S_V = f_{Aj}(t) \tag{9-3}$$

$$S_A = \sum_{i=1}^{j} f_{Di}(t) \tag{9-4}$$

9.3 声发射的 b 值理论与小波分析

9.3.1 b 值理论

b 值最早是在地震学领域,由 Richter[5] 提出的,后来逐步应用到声发射信号分析中。b 值理论是基于如下的事实提出的:对于频率较低的 AE 事件,其幅值通常比较高;相反,频率高的声发射事件的幅值都很低,因此,Richter 通过计算幅值分布的斜率,即 b 值来统计 AE 事件的幅值分布规律。b 值由式(9-5)给出:

$$\log_{10}M = a - b(A_{\mathrm{dB}}/20) \tag{9-5}$$

式中:M——地震中震级的幅值;

a、b——系数[6]。

公式中增量频率的对数值与地震幅值之间存在线性关系;显然,b 是斜率,反映了所有地震中低震级地震的比例。因此,随着地震幅值的增加,b 值会降低。

b 值实质是 AE 的幅值统计信息,体现了结构的开裂状态[7]。图 9-2 表示两种裂纹状态的 b 值:当处于微裂纹拓展的状态时,幅值较大的 AE 信号,其事件数较小,而幅值较小的 AE 信号;其事件数较大,因此 b 值较大。当裂纹状态由微观裂纹发展到宏观裂纹阶段时,幅值较大的 AE 事件数逐渐增多,幅值较小的 AE 事件数减少,b 值也随之降低。因此,b 值的降低说明了裂纹由微观裂纹向宏观裂纹的转变,b 值的变化捕捉了裂纹形成发展的过程。

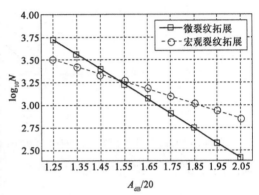

图 9-2 两种裂纹状态下的幅值分布

此外,b 值也提供了其他的断裂信息[8]。AE 事件的幅值与裂纹长度有如下关系:

$$A_{\mathrm{dB}} \propto 2 \log_{10}L \tag{9-6}$$

式中:L——裂纹长度。

b 值理论提供了不同幅值 AE 事件的统计信息,同时也提供了不同开裂长度的 AE 事件的统计信息。结合式(9-5)和式(9-6),得到 b 值与裂纹长度的关系如下式:

$$N(\geq L) = c\,L^{-2b} \tag{9-7}$$

式中:$N(\geq L)$——裂纹长度大于 L 的累积 AE 事件数。

裂纹的产生和增长是结构损伤的主要原因,诸多损伤指数都是由裂纹的长度或断裂区域的面积来定义的。裂纹数量越多、长度越长,则累积损伤就越大。长度较大的裂纹,其数量增长越快,破坏就越严重。因此,b 值理论也提供了结构的损伤状态,某一幅值的 AE 事件数增多,就意味着某一长度的裂纹增多,结构的损伤就越严重。

在 b 理论分析中,参数 a 和 b 都是时间历程上的参数。因此,将结构的损伤状态表示成某一级 AE 事件数增长的速度。用以电压为单位的幅值 A_0 重新表示式(9-5),并引入了一种声发射累积的时间参数 β_t 如下[9]:

$$N(\geq A_0, t) = 10^{a(t)}A_0^{-b(t)} = t^{\beta_t} \tag{9-8}$$

式中:$N(\geq A_0,t)$——幅值$\geq A_0$的累积 AE 事件数;

　　　β_t——损伤增长的速度。

如图 9-3 所示,$\beta_t = 1$ 作为一个损伤的临界值:当 $\beta_t < 1$ 时,N 的增长速度缓慢;当 $\beta_t > 1$ 时,N 急剧增长,结构损伤严重,承载力丧失,结构濒临倒塌的状态。

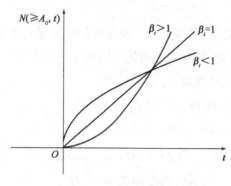

图 9-3　β_t 的 3 种情况

在 b 值的曲线拟合过程中,因为低幅值和高幅值点的分布不均匀,会导致拟合过程较为困难,为了克服这个困难,Shiotani[10,11]提出了 b 值的改进方法,即 Ib 值。其定义式如下:

$$Ib = \frac{\log_{10} N(\mu - \alpha_1\sigma) - \log_{10} N(\mu - \alpha_2\sigma)}{(\alpha_1 + \alpha_2)\sigma} \tag{9-9}$$

式中:μ——平均幅值;

　　　σ——标准差;

　　　N——信号的峰值幅值(以 dB 为单位)大于 A_{dB} 的累积 AE 事件数;

　　　α_1——与较小幅值相对应的系数;

　　　α_2——与破坏程度相对应的系数。

与 b 值法相比,Ib 值得到的数据更容易拟合。

9.3.2　小波分析的 Mallat 分解

小波分析是一种时频分析方法,它继承了短时傅立叶变换局部化的思想,同时又跳出了短时傅立叶变换中窗口大小不随频率变化的特点,能够提供一个随频率改变的"时间-频率"窗口,最终达到了对高频信号时域的细分、对低频信号频域的细分。小波分析的 Mallat 算法是一种塔式多分辨率分析与重构的快速算法[12],具体内容为:引入了一个重要的分析函数——尺度函数 $\varphi(t)$,经过伸缩和平移之后得到函数族 $\{\varphi_{j,n}(t)\}_{n \in Z}$ 构成尺度空间 V_j 的正交规范基,于是信号 $f(t)$ 在 V_j 上的正交投影,即近似信号 $f_{Aj}(t)$ 可表示为在 $\{\varphi_{j,n}(t)\}_{n \in Z}$ 上的正交展开式,展开式的系数 $a_j(n)$ 为近似部分的小波系数。类似的,正交小波函数 $\psi(t)$ 经过二进伸缩和平移之后得到函数族 $\{\psi_{j,n}(t)\}_{n \in Z}$ 构成小波空间 W_j 的正交基。$f(t)$ 在 W_j 上的正交投影,即细

节信号 $f_{Dj}(t)$ 也表示为正交展开的形式,展开式的系数 $d_j(n)$ 是细节部分的小波系数。在 Mallat 算法中,将用数字滤波器 $h(n)$ 和 $g(n)$ 代替尺度函数和小波函数,$g(n)$ 和 $h(n)$ 分别表示为:

$$h(n) = \sqrt{2}\int_{-\infty}^{\infty} \phi(t)\phi(2t - n)\mathrm{d}t \tag{9-10}$$

$$g(n) = \sqrt{2}\int_{-\infty}^{\infty} \psi(t)\Psi(2t - n)\mathrm{d}t \tag{9-11}$$

Mallat 分解算法表达式如下:

$$a_{j+1}(n) = \sum_k h(k - 2n)a_j(k) \tag{9-12}$$

$$d_{j+1}(n) = \sum_k g(k - 2n)a_j(k) \tag{9-13}$$

式(9-12)和式(9-13)意义如下:信号 $f(t)$ 在第 2^{j+1} 尺度(第 $j+1$ 层)的近似部分的小波系数 a_{j+1} 是通过第 2^j 尺度(第 j 层)的近似部分的小波系数 a_j 与分解滤波器 h 卷积,然后将卷积结果隔点采样得到的。而信号 $f(t)$ 在 2^{j+1} 尺度的细节部分,即高频部分的小波系数 d_{j+1} 是通过第 2^j 尺度(第 j 层)的离散逼近系数 a_j 与分解滤波器 g 卷积,将卷积结果逐点采样得到的。Mallat 分解算法的过程如图 9-4 所示。

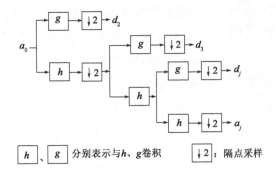

图 9-4　Mallat 分解算法

分解前,若信号 $f(t)$ 的频率范围为 $0 \sim f$,经过 j 级 Mallat 分解后,近似信号 $f_{Aj}(t)$ 的频率范围为 $0 \sim f/2^j$,细节信号 $f_{Dj}(t)$ 的频率范围为 $f/2^j \sim f/2^{j-1}$。

9.4　钢筋混凝土梁弯曲试验的多功能监测

本节以钢筋混凝土动态弯曲破坏试验为例,介绍了压电陶瓷传感器在混凝土构件失效监测中的多功能应用[13]。

9.4.1　试验介绍

梁的尺寸和配筋如图 9-5 所示。混凝土强度为 C30。纵筋为 HRB335 钢,直径为 18mm。

箍筋是 HPB235 钢,直径为 6.5mm,间距为 200mm。纵筋的配筋率为 1.4%,箍筋的配筋率为 0.22%。粗集料的最大尺寸仅为 10mm,与梁相比非常小,因此所提出的方法可以忽略集料的影响。

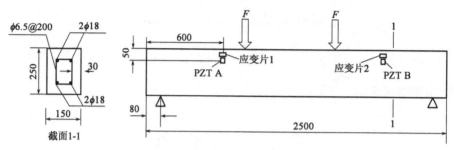

图9-5　试验构件(尺寸单位:mm)

　　两个压电陶瓷传感器布置在距离每个梁端 600mm 的位置处,距离样品的上边缘 50mm 处。应变传感器布置在每个压电陶瓷传感器附近。这些传感器如图 9-6 所示。每个压电陶瓷的厚度为 1mm,尺寸为 10mm×10mm。小尺寸的压电陶瓷传感器对接收 AE 信号更敏感。为

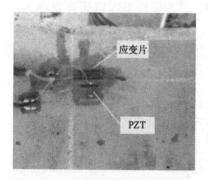

图9-6　压电陶瓷传感器和应变片布置图

了在压电陶瓷粘贴的灵敏度和便利性之间进行权衡,压电陶瓷传感器的尺寸选择为 10mm×10mm×1mm。粘贴的压电陶瓷的位置如图 9-6 所示,压电陶瓷信号用 PXI 虚拟仪器以 200kHz 的采样率进行采样。采用 2500kN 的混凝土动态三轴试验机,加载速率为 30mm/s。使用两组试样(1 和 2),载荷-挠度曲线如图 9-7 所示。具体试验中存在离散性。即使在相同类型的情况下,对于不同的样品,裂缝也不会发生在同一区域。因此,加载曲线也彼此不同。

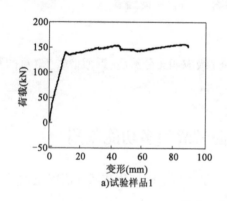

a)试验样品1

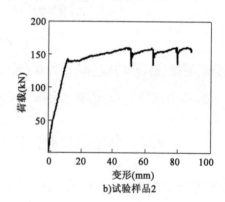

b)试验样品2

图9-7　荷载-挠度曲线

9.4.2　压电陶瓷传感器信号的声发射分量

收集的压电陶瓷信号如图 9-8 所示。该信号包含混凝土梁的应变响应分量和裂缝引起的

声发射分量。通过使用 db25 小波基,传感器信号被分解并重建为 5 个小波基。如式(9-4)所示,逼近信号是低频结构应变响应信号,并且细节信号是由结构故障所释放的声发射信号累积而成。

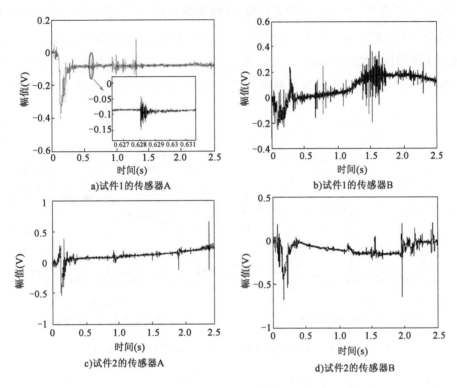

a)试件1的传感器A   b)试件1的传感器B

c)试件2的传感器A   d)试件2的传感器B

图 9-8   压电陶瓷传感器信号

图 9-9 和图 9-10 分别为试样 1 和试样 2 中,压电陶瓷传感器的低频电压信号和附近位置电阻应变传感器得到的应变信号的波形对比。从图中可以看出,压电陶瓷传感器的波形与电阻应变传感器的波形相似;它们在图 9-9a)中略有不同。图 9-9a)显示应变信号的幅度在 0 到 13×10^{-4} 的范围内,远大于其他应变信号的幅度范围。应注意,图 9-9 a)中的纵坐标范围与图 9-9 b)不同,而图 9-10 a) 中的纵坐标范围与图 9-10 b)不同。如图 9-10 a) 和图 9-10 b) 所示,所有这些信号都处于相同的噪声水平。两个传感器信号之间的波形差异可能是由试样 1 中的应变传感器的异常引起的。这些图中的不同坐标刻度是为了说明两个绘制信号的坐标,并证明使用压电陶瓷换能器作为应变仪和 AE 传感器来监测结构的健康状态的可行性。因此,从压电陶瓷传感器提取的应变响应分量可以有效地反映结构应变的变化。

9.4.3   压电陶瓷传感器信号中的结构应变响应

混凝土梁受弯破坏全过程可分为 3 个阶段。如图 9-11 所示,在第 Ⅰ 阶段,从荷载-挠度曲线上来看,荷载-挠度呈线性关系,梁的工作情况与匀质弹性梁相似。由于混凝土的极限拉应变远远小于钢筋的极限拉应变,在此阶段随着梁挠度的增大,声发射源以梁底部的混凝土微裂纹逐渐形成和拓展为主。在第Ⅱ阶段,在梁底部的宏观裂纹开始形成并逐渐加剧,受拉区尚未开裂的混凝土只承受很小的拉力,拉力主要由钢筋承担,在此阶段的声发射源以混凝土达到极限拉应变引起的宏观开裂为主。在第Ⅲ阶段,受拉钢筋屈服,裂缝宽度沿梁高向上延伸,随着中和轴的不断上移,受压区高度进一步减小,最后受压区混凝土达到极限抗压强度而破坏。这一阶段混凝土的拉伸断裂已经完成,声发射源主要以钢筋与混凝土界面的失稳为主。钢筋混凝土梁在弯曲破坏 3 个阶段的声发射源的形成机理有所不同,故声发射信号的波形特性也有所差异。

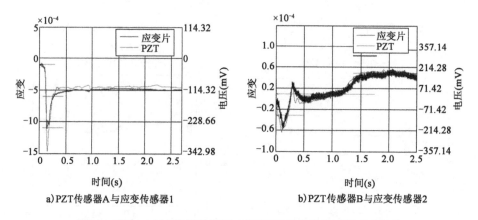

a) PZT传感器A与应变传感器1　　　　　　b) PZT传感器B与应变传感器2

图9-9　试样 1 上压电陶瓷传感器的电压信号和的应变传感器的应变信号

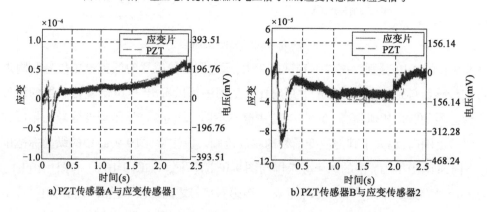

a) PZT传感器A与应变传感器1　　　　　　b) PZT传感器B与应变传感器2

图9-10　试样 2 上压电陶瓷传感器的电压信号和的应变传感器的应变信号

全波形声发射信号可以提供更全面和详细的声发射信号特征信息。压电传感器在 10kHz～100kHz 范围内得到的声发射信号波形如图9-12 所示,其中(1)～(5)表示声发射信号中能量较高的几段波形信号。(1)部分是声发射信号的第一阶段,具有 10000 个数据点的长度。(2)部分是声发射信号的第二阶段。(3)、(4)、(5)部分表示第三阶段中具有 60000 个数据点的长度的较高能量声发射信号。

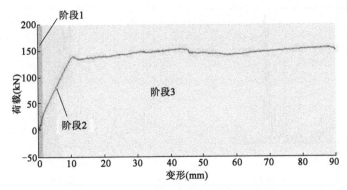

图 9-11　钢筋混凝土梁弯曲失效的 3 个阶段

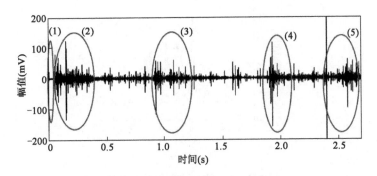

图 9-12　压电陶瓷传感器的声发射信号

第(1)～(5)部分中信号功率谱密度的分析如图 9-13 所示。可以看出,第(1)部分的信号频谱图的峰值主要集中在 20kHz～40kHz 的范围内。在第(2)部分的信号频谱图中,幅值较大的频率点主要集中在 40kHz 和 51.17kHz。在第(3)部分中,40kHz、51.17kHz 和 52.27kHz 的频率点具有较大的幅度。在第(4)部分中,幅值较大的频率点除了 40kHz、52.27kHz 外,还包括 54kHz、66.8kHz 和 70kHz。在第(5)部分的信号周期中,频谱峰值主要集中在 48kHz～72kHz 的范围内。在损伤过程中,声发射信号频谱峰值的趋势逐渐增加。随着损伤的发展,声发射波的峰值频率点也会上升。因此,通过分析声发射信号的频谱,可以进一步估计钢筋混凝土梁的损坏程度。

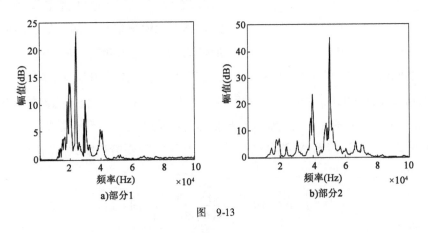

图　9-13

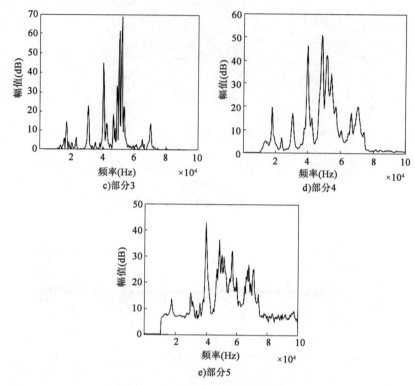

图9-13 压电陶瓷传感器的声发射信号

提取整个时间历程上的声发射事件,并统计每个声发射事件的幅值信息。提取声发射事件的具体方法为:首先设定阈值电压,当声发射信号的包络超过阈值电压时,截取超过阈值电压后一段的声发射信号,如图9-14所示。阈值电压应高于背景噪声并低于 AE 信号。在该部分中,阈值电压是5mV,声发射信号的数据长度是200点。

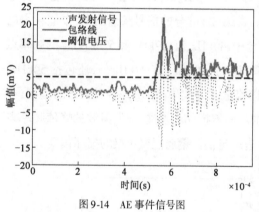

图9-14 AE 事件信号图

根据前面所述的粘贴式、嵌入式压电陶瓷传感器动态应变(力)传递机制,在宽频范围的激励下,传感器的输出信号与测量值之间的关系与驱动频率有关,故驱动频率不同的情况下,压电陶瓷传感器信号的幅值与实际测量幅值间并非简单的线性关系。声发射信号的频率分布范围广,在上千赫兹到几兆赫兹的范围内都有声发射信号发生。应用压电陶瓷传感器的高频声发射信号时,须考虑声发射信号的频率对传感器输出信号与测量值之间关系的影响。

对于粘贴式压电陶瓷传感器,被测结构的应变与压电陶瓷沿长度方向的应变存在如下的关系:

$$\int_0^{l_p} \varepsilon_s(x)\,\mathrm{d}x = \frac{1}{K(\omega)} \int_0^{l_p} \varepsilon_p(x)\,\mathrm{d}x \qquad (9\text{-}14)$$

228

利用被测结构与压电陶瓷沿长度方向的应变比$K(\omega)$调整粘贴式压电陶瓷传感器接收到的声发射信号幅值,来消除驱动频率对压电陶瓷传感器动态应变传递特性的影响。图9-15所示为试验所用粘贴式压电陶瓷与钢筋混凝土梁的应变比$K(\omega)$随频率的分布,利用图9-15所示的应变比随频率的分布,对压电陶瓷传感器所接收到的声发射信号幅值进行调整,调整前声发射信号的幅值为A_1,则调整后声发射信号的幅值A_2为:

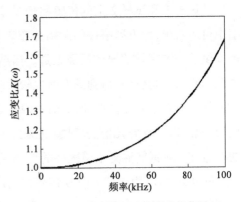

图9-15 压电陶瓷传感器与梁结构的应变比

$$A_2 = A_1 \frac{1}{K(\omega)} \tag{9-15}$$

混凝土和岩石材料的声发射事件幅值分布服从b值理论。图9-16所示分别为调整前后由试样1和试样2中A传感器信号提取的声发射事件的幅值分布。从图中可以看出,与调整前相比较,调整后声发射事件的幅值分布更满足b值理论所述的线性关系。因此,依据压电陶瓷传感器的动态特性对幅值进行调整后,压电陶瓷传感器获取的声发射信号幅值更能体现出实际声发射应力波的幅值大小。

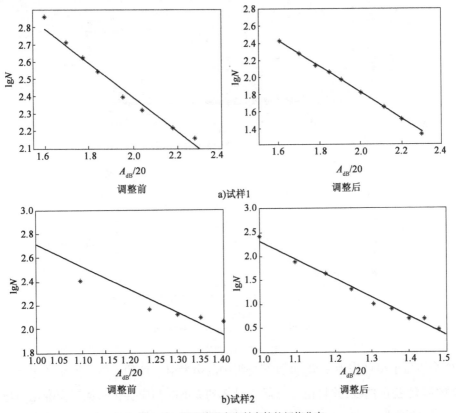

图9-16 调整前后声发射事件的幅值分布

从试样 1 和试样 2 上的传感器信号中提取的声发射事件的振幅分布如图 9-16 所示。从图中可以看出,声发射事件的振幅分布满足 b 值理论描述的线性关系。b 值理论为混凝土结构提供了一种有效的损伤预警工具。当结构处于微观裂纹累积的阶段时,幅值小的声发射事件比例较大,由其计算得到的 b 值也较大。当微观裂纹累积到一定程度形成宏观裂纹时,幅值较大的声发射事件比例增加,此时计算的 b 值较小。因此,b 值由大到小的转变说明了结构出现宏观裂纹。当结构出现宏观裂纹,则意味着局部出现了较严重的损伤。因此,可通过声发射的 b 值理论对钢筋混凝土梁试件的局部损伤情况做出预警。

图 9-17 所示为试件 2 中 B 传感器的声发射事件的幅值分布。其中,图 9-17a) 的声发射事件频率范围 10kHz~100kHz。可以看出,阶段 I 中声发射事件的能量较小,声发射事件的数量和幅度在阶段 II 和 III 中得到显著改善。图 9-17b) 是低于 10kHz 的声发射事件分布,通常为 1kHz~5kHz。可以看出,这一频率范围的声发射事件的幅值较大,并且它们中的大多数集中在第 II 阶段,即以混凝土材料宏观开裂为主的阶段。在一定程度上,该频率范围内的声发射信号反映了混凝土的宏观裂缝。

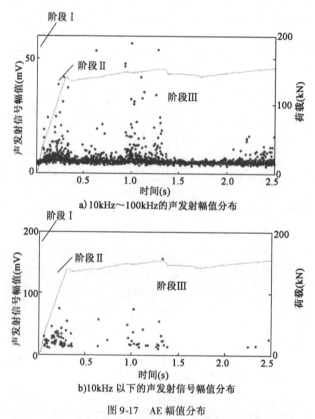

a) 10kHz~100kHz 的声发射幅值分布

b) 10kHz 以下的声发射信号幅值分布

图 9-17 AE 幅值分布

将 70 个声发射事件作为一组,并计算每组中的声发射事件的 b 值。图 9-18 显示了试样 1 和试样 2 的荷载-挠度曲线,并且由传感器 A 计算的 b 值的相应变化随偏转而变化。当偏转达到 2.58mm(用圆圈标记)时,b 值开始减小。因为第一个低 b 值峰值可用于估计宏观裂纹的发生和塑性阶段的发展。结果表明,混凝土梁的开裂状态由微裂纹发展到宏观裂缝。此外,从荷载-挠度曲线可以看出,当挠度增加到2.58mm时,由于混凝土中的宏观裂缝,结构的承载力开始逐渐减小,梁进入弹塑性阶段。当偏转增加到10mm(用方框标记)时,b值最低,这表明幅度较大的声发射事件占总事件的比例最大,此时混凝土的宏观破裂现象最严重。荷载-挠度曲线还可以表明梁的断裂表面逐渐形成并且梁开始进入屈服阶段。因此,b值的下降表明宏观破裂的开始,并且b值分析可以作为对混凝土结构的局部损坏的警告方法。因此,通过压电陶瓷传感器发射声发射信号,可以提供对混凝土梁局部损坏的有效警告。传感器的低频响应信号可用于分析结构的应变状态。另外,传感器信号的声发射分量可以用于通过应用压电陶瓷传感器的宽带响应来监测结构的局部损坏,结构的应变响应和局部损坏可以同时监测。

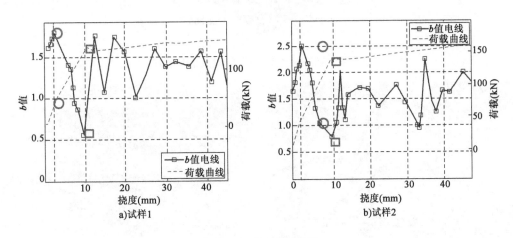

图9-18　b值和荷载曲线

9.5　框剪结构地震模拟试验的多功能监测

9.5.1　试验概况

　　本节进行了钢筋混凝土框剪结构地震破坏的压电陶瓷传感器多功能监测试验,利用压电陶瓷传感器的宽频响应来分析结构整体动态特性和局部破坏情况。模型为1/5尺寸的双向双跨三层钢筋混凝土偏心框架剪力墙结构,尺寸如图9-19所示。模型中的受力纵筋采用3mm的镀锌铁丝,0.9mm的镀锌铁丝作为箍筋,剪力墙和板中的配筋为直径2mm、间距20mm的双层镀锌铁丝网,结构采用微粒混凝土进行浇筑[14]。基础底座采用C30混凝土浇筑。柱子的截面尺寸为80mm×80mm,梁截面为50mm×100mm,板厚30mm。

　　采用嵌入式压电陶瓷传感器,压电陶瓷片厚度为1mm,型号为压电陶瓷-4型,在压电陶瓷外涂抹一层厚度为0.4mm的环氧树脂作为防水层,外包层材料为水泥砂浆,外包层的厚度为5mm。在浇筑混凝土前,将传感器绑扎在钢筋上,如图9-20所示。传感器布置如图9-19所示,编号为 E-1 到 E-7。用 dSPACE 系统采集压电陶瓷传感器信号,采样频率为 10kHz,并同步测量了每层水平方向和竖直方向的加速度。图 9-21 是试验模型的照片。

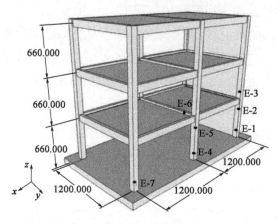

图 9-19　模型的尺寸及传感器布置(尺寸单位:mm)

图 9-20　嵌入式压电陶瓷传感器

图 9-21　试验照片

　　试验是在大连理工大学海岸与近海工程国家重点试验室的地震模拟振动台上进行的,加载为水平方向(Y 方向)和竖直方向(Z 方向)同时进行激振,采用 1940 年 El-Centro 波南北分量和竖向分量作为本次试验的地震动输入,如图 9-22 所示。输入的地震波工况见表 9-1,共分 13 组工况输入,每种工况下地震波具有不同的幅值。

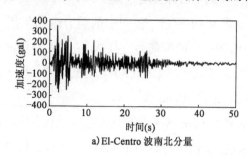

a)El-Centro 波南北分量

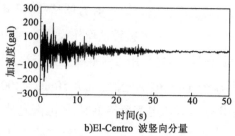

b)El-Centro 波竖向分量

图 9-22　El-Centro 波

所输入的地震波 表9-1

地震波	EC-1	EC-2	EC-3	EC-4	EC-5	EC-6	EC-7	EC-8	EC-9	EC-10	EC-11	EC-12	EC-13
峰值 ($\times 10^{-2}$)	16	24	33	40	45	50	54	58	60	66	70	73	86

9.5.2 试验结果

同步采集了压电陶瓷及速度传感器的数据,选择 db25 小波基,通过 4 级小波分解,根据式(9-3)和式(9-4)获得结构振动的应力响应信号 S_V 和声发射信号 S_A。图 9-23 所示为 EC-13 加载得到的 E-1 的压电陶瓷传感器的信号,以及 S_V 和 S_A。

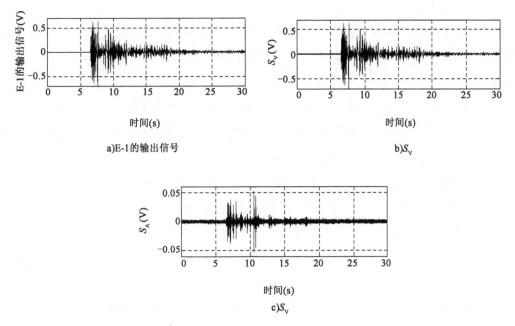

a)E-1的输出信号

b)S_V

c)S_V

图 9-23 EC-13 加载得到的 E-1 的信号以及 S_V 和 S_A

图 9-24 所示为各级加载中,2 层水平方向加速度传感器和 E-2 得到的前三阶频率随地震波加速度峰值变化的曲线。从图中可以看出,E-2 得到的前三阶频率与加速度传感器的测量结果相近,随着地震波峰值加速度的增加,结构破坏不断加剧,结构自振频率逐渐降低。

根据文献[9],b 值可用声发射振铃数 N^* 近似地计算,故可用声发射振铃数来近似地计算幅值分布的时间参数 β_t。计算声发射信号的累积振铃数,具体方法为:取阈值电压为 5mV,当声发射信号的波形下降段经过阈值电压时,记录一次振铃数。图 9-25 所示为 E-7 传感器在 EC-10 加载过程中的声发射信号和累积声发射振铃数。

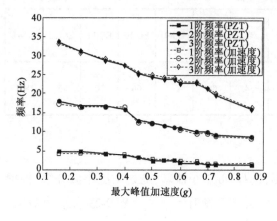

图 9-24 前三阶频率曲线

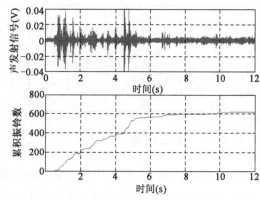

图 9-25 E-7 传感器在 EC-10 加载过程中的声发射
信号和累积声发射振铃数

　　将加载时间和累计声发射振铃数归一化,并以式(9-8)为拟合目标,用最小二乘法计算声发射幅值累积时间参数 β_t。图 9-26 所示为 EC-11 加载过程中,归一化的 $t - N *$ 曲线和最小二乘法算得的 β_t,其中,R-square 为拟合方程的确定系数。可用看出,由 E-7、E-4、E-1 传感器的声发射信号计算得到的 β_t 大于 1,说明该加载过程中,这 3 个传感器附近区域的声发射现象急剧增长,破坏较严重。图 9-27 所示为所有地震波加载完成后,E-1 到 E-7 的声发射信号的累计振铃数。比较结构底端的传感器信号,E-7 的累计振铃数最多,E-4 次之,E-1 振铃数相对较少,这与图 9-26 的结果相对应。说明边柱的底部破坏较严重,中柱次之,相对而言,与剪力墙相连的柱底破坏较轻。这是因为沿着 X 方向的结构刚度分布不均匀,剪力墙一侧刚度较大而边柱一侧的刚度较小,导致边柱的变形要大于剪力墙的变形,因此沿着 X 方向破坏变得越来越严重。图 9-28 所示为 E-1、E-4、E-7 附近的破坏照片,从图中也可以看出,E-1 附近有未贯穿的裂缝,E-4 底部有贯穿的裂缝,而 E-7 有两条以上的贯穿裂缝,通过照片所判断的结果与分析相符。通过压电陶瓷传感器得到的声发射信号,能够监测传感器附近的构件的破坏状况,判断结构的局部损伤。

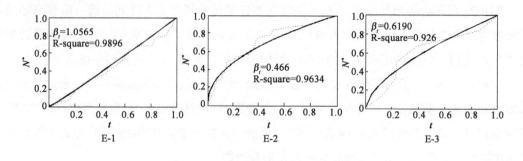

图 9-26

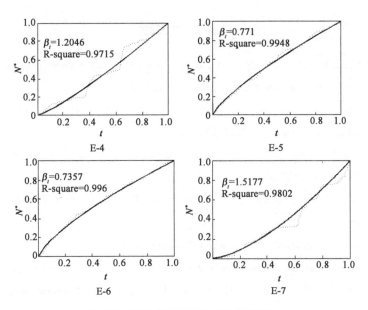

图 9-26　EC-11 加载过程的 t-N^* 曲线以及 β_t

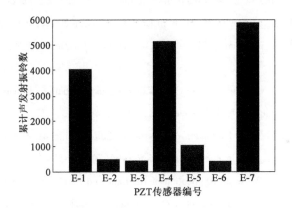

图 9-27　E-1 到 E-7 总的声发射振铃数

图 9-28　E-1、E-4、E-7 附近的破坏照片

本章参考文献

[1] Liu P F, Chu J K, Liu Y L, et al. A study on the failure mechanisms of carbon fiber/epoxy composite laminates using acoustic emission[J]. Materials & Design, 2012(37):228-235.

[2] Geng J, Sun Q, Zhang Y, et al. Studying the dynamic damage failure of concrete based on acoustic emission[J]. Construction and Building Materials 2017,(149):9-16.

[3] Landis E N, Baillon L. Experiments to relate acoustic emission energy to fracture energy of concrete[J]. Journal of Engineering Mechanics-ASCE, 2002, 128(6):698-702.

[4] 秦四清,李造鼎. 岩石声发射参数与断裂力学参量的关系研究[J]. 东北工学院学报,1991,12(5): 437-444.

[5] Richter C F. Elementary seismology[M]. NewYork:Freeman,1958.

[6] Cox S J D, Meredith P G. Microcrack formation and material softening in rock measured by monitoring acoustic emissions[J]. International Journal of Rock Mechanics and Mining Sciences & Geomechanics Abstracts 1993,30 (1):11-24.

[7] Colombo I S, Main I G, Forde M C. Assessing damage of reinforced concrete beam using "b-value" analysis of acoustic emission signals[J]. Journal of Materials in Civil Engineering 2003,15(3):280-286.

[8] Chang C C, L C J. A practical guide to support vector classification [Z]. Taiwan:National Taiwan University,2003.

[9] Carpinteri A, Lacidogna G, Niccolini G, et al. Critical defect size distributions in concrete structures detected by the acoustic emission technique[J]. Meccanica,2008,43(3):349-363.

[10] Shiotani T, Fujii K, Aoki T, et al. Evaluation of progressive failure using AE sources and improved b-value on slope model tests[C]//Progress in Acoustic Emission. 1994(7):529-534.

[11] Shiotani T, Yuyama S, Li Z W, et al. Application of AE improved b-value to quantitative evaluation of fracture process in concrete materials[J]. Journal of Acoustic Emission,2001,19:118-133.

[12] 李刚,陈建辉,连光耀,等. 小波分析在模拟电路故障特征提取中的应用[J]. 仪表技术,2008,15(10): 44-46.

[13] Huo L, Li X, Chen D, et al. Structural health monitoring using piezoceramic transducers as strain gauges and acoustic emission sensors simultaneously[J]. Computers & Concrete 2017,20(5):595-603.

[14] 张皓. 材料应变率效应对钢筋混凝土框—剪结构地震反应的影响[D]. 大连:大连理工大学,2012.